D.K. Awasthi
Archana Dixit
Rachna Srivastava

Ciências do Ambiente

D.K. Awasthi
Archana Dixit
Rachna Srivastava

Ciências do Ambiente

ScienciaScripts

Imprint

Any brand names and product names mentioned in this book are subject to trademark, brand or patent protection and are trademarks or registered trademarks of their respective holders. The use of brand names, product names, common names, trade names, product descriptions etc. even without a particular marking in this work is in no way to be construed to mean that such names may be regarded as unrestricted in respect of trademark and brand protection legislation and could thus be used by anyone.

Cover image: www.ingimage.com

This book is a translation from the original published under ISBN 978-620-7-46839-3.

Publisher:
Sciencia Scripts
is a trademark of
Dodo Books Indian Ocean Ltd. and OmniScriptum S.R.L publishing group

120 High Road, East Finchley, London, N2 9ED, United Kingdom
Str. Armeneasca 28/1, office 1, Chisinau MD-2012, Republic of Moldova, Europe
Printed at: see last page
ISBN: 978-620-7-93389-1

Conteúdo

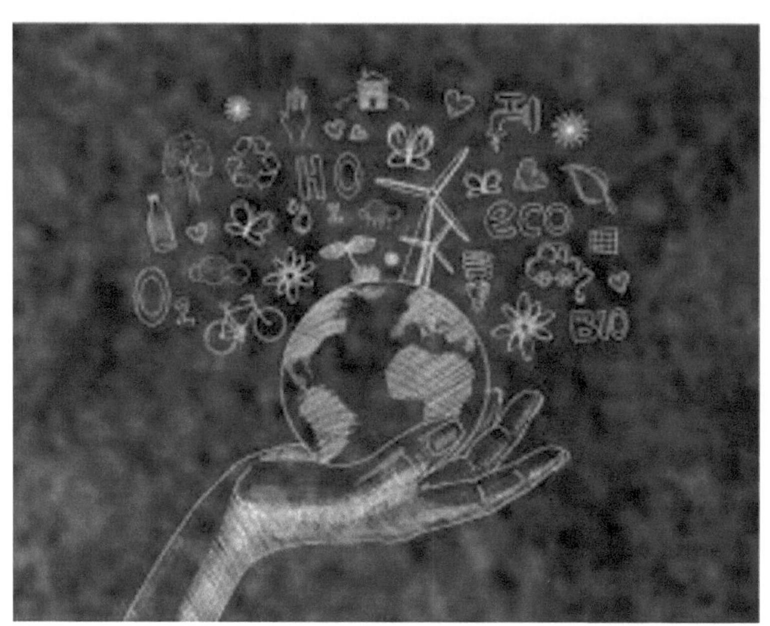

A Dra. Archana Dixit é Professora Assistente no Departamento de Química do DGPG College Kanpur. Tem mais de 30 publicações em revistas internacionais e nacionais. É membro de 6 conselhos editoriais e editou mais de 20 livros.

O Prof. Devendra Awasthi é Professor e Diretor do Departamento de Química no Sri J.N.P.G College, Lucknow, com uma experiência de ensino elaborada de mais de 30 anos. Tem mais de 150 publicações em revistas internacionais e nacionais. É membro de vários conselhos editoriais e editou mais de 30 livros.

A Prof. Rachna Srivastava é Professora e Directora do Departamento de Química no Dayanand Girls P.G.College, Kanpur, tendo uma experiência de ensino elaborada de mais de 33 anos. Tem mais de 40 publicações em revistas internacionais e nacionais. É membro de vários conselhos editoriais e editou mais de 25 livros.

PREFÁCIO

A literacia ambiental pode ser definida como: "o grau em que as pessoas têm uma compreensão objetiva e bem informada das questões ambientais". Atualmente, é extremamente importante ter uma compreensão das questões ambientais. Isto porque a economia humana está envolvida numa vasta gama de actividades que estão a causar enormes danos aos ecossistemas que sustentam tanto a nossa espécie como o legado de biodiversidade da Terra. À nossa volta, a poluição, o aquecimento climático, o colapso das pescas, a desflorestação, a degradação dos solos agrícolas, a extinção e a ameaça de extinção de espécies e outros danos são testemunhos disso.

A poluição ambiental é um dos problemas mais graves que a humanidade e outras formas de vida do nosso planeta enfrentam atualmente. "A poluição ambiental é definida como "a contaminação dos componentes físicos e biológicos do sistema terra/atmosfera a tal ponto que os processos ambientais normais são afectados negativamente". Os poluentes podem ser substâncias ou energias que ocorrem naturalmente, mas são considerados contaminantes quando excedem os níveis naturais. Qualquer utilização dos recursos naturais a um ritmo superior à capacidade da natureza para se restabelecer pode resultar na poluição do ar, da água e da terra. A poluição ambiental é de diferentes tipos, nomeadamente do ar, da água, do solo, sonora e luminosa. Estas causam danos ao sistema vivo. A forma como a poluição interage com a saúde pública, a medicina ambiental e o ambiente sofreu uma mudança dramática.

Essa transformação dependerá do facto de os cidadãos terem uma boa compreensão das questões ambientais. Qualquer imposição de restrições ao acesso aos recursos será inicialmente incómoda para muitas pessoas. No entanto, acredito que as pessoas estarão mais dispostas a alterar o seu estilo de vida se compreenderem as razões para essas alterações no contexto da subsistência das gerações futuras e da sustentabilidade ecológica em geral. Com esse entendimento, a maioria das pessoas apoiará mudanças económicas e sociais que conservem a qualidade do seu próprio ambiente e dos ambientes futuros.

HIDROSFERA

**Archana Dixit 1 , Rachna Prakash Srivastava 2 , Shailendra Kumar Shukla 3 &
D.K.Awasthi 4**

Departamento de Química
Colégio P.G.Girls Dayanand, Kanpur 1&2
Colégio DBS, Kanpur 3
&
Sri J.N.P.G.College,Lucknow 4

Hidrosfera, camada descontínua de água à superfície da Terra ou perto dela. Inclui todas as águas superficiais líquidas e congeladas, as águas subterrâneas retidas no solo e nas rochas e o vapor de água atmosférico.

A água é a substância mais abundante à superfície da Terra. Cerca de 1,4 biliões de km cúbicos (326 milhões de milhas cúbicas) de água em estado líquido e congelado constituem os oceanos, lagos, ribeiros, glaciares e águas subterrâneas que aí se encontram. É este enorme volume de água, nas suas várias manifestações, que forma a camada descontínua, que envolve grande parte da superfície terrestre, conhecida como hidrosfera.

No centro de qualquer discussão sobre a hidrosfera está o conceito de ciclo da água (ou ciclo hidrológico). Este ciclo consiste num grupo de reservatórios que contêm água, nos processos pelos quais a água é transferida de um reservatório para outro (ou transformada de um estado para outro) e nas taxas de transferência associadas a esses processos. Estas vias de transferência penetram em toda a hidrosfera, estendendo-se para cima até cerca de 15 km (9 milhas) na atmosfera terrestre e para baixo até profundidades da ordem dos 5 km (3 milhas) na sua crosta.

Ciclo hidrológico

Este diagrama mostra como, no ciclo hidrológico, a água é transferida entre a superfície terrestre, o oceano e a atmosfera.

Em geografia física, o termo **hidrosfera** (o grego *hydro* significa "água") descreve a massa colectiva de água que se encontra sobre, sob e sobre a superfície de um planeta. A hidrosfera da Terra consiste principalmente nos oceanos, mas tecnicamente inclui nuvens, mares interiores, lagos, rios e águas subterrâneas.

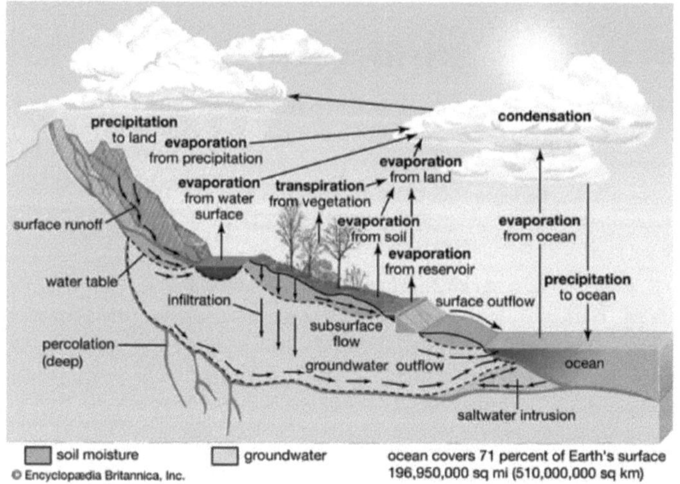

A abundância de água na Terra é uma caraterística única que distingue o nosso "planeta azul" de outros no sistema solar. Cerca de 70,8 por cento da Terra está coberta por água e apenas 29,2 por cento é *terra firme*. A profundidade média dos oceanos da Terra é de 3.794 m (12.447 pés) - mais de cinco vezes a altura média dos continentes. A massa dos oceanos é de aproximadamente 1,35 × 1018 toneladas, ou cerca de 1/4400 da massa total da Terra.

A hidrosfera desempenha um papel fundamental no desenvolvimento e sustentação da vida. Pensa-se que os primeiros organismos vivos surgiram provavelmente numa sopa aquosa. Além disso, cada vida humana começa no ambiente aquoso do útero da sua mãe, as nossas células e tecidos são maioritariamente água e a maioria das reacções químicas que fazem parte dos processos da vida ocorrem na água.

Importância da hidrosfera

Quase não pensamos no papel que o planeta desempenha para nos manter vivos, uma vez que damos por adquirido o papel da hidrosfera. O principal significado da hidrosfera é o facto de a água sustentar várias formas de vida. Além disso, desempenha um papel essencial nos ecossistemas e regula a atmosfera.

A hidrosfera abrange toda a água presente na superfície da Terra. É constituída por água salgada, água doce e água congelada, bem como por águas subterrâneas e água nos níveis inferiores da atmosfera.

Importância da água nas células

Cada célula de um organismo vivo é composta por cerca de 75% de água, o que permite que a célula funcione corretamente. Se não tivéssemos água, as células não seriam capazes de funcionar normalmente, uma vez que a vida não pode existir sem ela.

O homem precisa de água

Os seres humanos utilizam a água de várias formas. A água potável é a utilização mais óbvia, mas também a utilizamos para fins domésticos, como a lavagem e a limpeza, e na indústria. Além disso, também utilizamos a água para produzir eletricidade através da energia hidroelétrica.

A água oferece um habitat

A hidrosfera oferece um espaço para a vida de várias plantas e animais. Na água estão dissolvidos muitos gases como o CO_2 e o O_2, nutrientes como o amónio e o nitrito ($NO-2$) e outros iões. A presença destas substâncias é importante para a existência de vida na água.

Regular o clima

O calor específico da água é a sua caraterística única. Isto significa que a água necessita de muito tempo para aquecer e de muito tempo para arrefecer. Ajuda a regular as temperaturas na Terra, uma vez que estas se mantêm num intervalo aceitável para a existência de vida na Terra.

Componentes da hidrosfera

Qualquer área de armazenamento de água na Terra que contenha água líquida é considerada parte da hidrosfera. Por este motivo, existe uma extensa lista de formações que constituem a hidrosfera, incluindo

- **Os oceanos:** A maior parte da água do nosso planeta é salgada, e a grande maioria desta água salgada está presente nos oceanos.
- **Água doce:** A água doce é muito menos abundante do que a água salgada e está presente numa variedade de locais diferentes.
- **Água de superfície:** As fontes superficiais de água doce consistem em lagos, rios e riachos.
- **Água subterrânea:** A água doce armazenada no subsolo constitui uma pequena porção da água doce na Terra.
- **Água glaciar:** Água que derrete dos glaciares.

Impactos humanos na hidrosfera

Como sabemos, os seres humanos estão a ter um grande impacto no ambiente, o mesmo acontecendo com a hidrosfera. Esta sofreu alterações drásticas devido à poluição da água, ao represamento de rios, à drenagem de zonas húmidas, às alterações climáticas e à irrigação.

Além disso, quando lançamos fertilizantes e esgotos nas áreas de armazenamento de água, isso resulta em eutrofização, o que faz com que os ambientes aquáticos sejam artificialmente enriquecidos com nutrientes.

A proliferação excessiva de algas pode causar condições de hipoxia nocivas na água. As chuvas ácidas provocadas pelas emissões de SOx e NOx resultantes da combustão de combustíveis fósseis causaram a acidificação de componentes da hidrosfera, o que prejudica os ecossistemas circundantes.

Por último, as nossas actividades também alteram o fluxo natural da água na hidrosfera quando desviamos e represamos rios. Por outras palavras, isso prejudica os ecossistemas circundantes que dependem da fonte de água.

Distribuição e quantidade das águas da Terra

As águas dos oceanos e as águas aprisionadas nos espaços porosos dos sedimentos constituem a maior parte da hidrosfera atual. A massa total de água nos oceanos equivale a cerca de 50 por cento da massa das rochas sedimentares atualmente existentes e a cerca de 5 por cento da massa da crosta terrestre como um todo. As águas subterrâneas profundas e pouco profundas constituem uma pequena percentagem da água total encerrada nos poros das rochas sedimentares - da ordem dos 3 a 15 por cento. A quantidade de água na atmosfera em qualquer altura é trivial, equivalente a cerca de 13 000 km cúbicos (cerca de 3 100 milhas cúbicas) de água líquida, ou cerca de 0,001% do total à superfície da Terra. Esta água, no entanto, desempenha um papel importante no ciclo da água.

Atualmente, o gelo retém um pouco mais de 2% da água da Terra e pode ter representado até 3% ou mais durante o auge das glaciações da Época Pleistocénica (2,6 milhões a 11.700 anos atrás). Embora o armazenamento de água nos rios, lagos e na atmosfera seja pequeno, a taxa de circulação da água através do sistema chuva-rio-oceano-atmosfera é relativamente rápida. A quantidade de água descarregada anualmente nos oceanos a partir da terra é aproximadamente igual à massa total de água armazenada em qualquer momento nos rios e lagos.

A humidade do solo representa apenas 0,005% da água à superfície da Terra. No entanto, é esta pequena quantidade de água que exerce a influência mais direta na evaporação dos solos. A biosfera, embora principalmenteH2O

Massas de água à superfície da Terra		
reservatório	volume (em quilómetros cúbicos)	percentagem do total
oceanos	1,338,000,000	96.5
calotas polares, glaciares e neve permanente	24,064,000	1.74
gelo terrestre e permafrost	300,000	0.22
águas subterrâneas (total)	23,400,000	1.69
águas subterrâneas (frescas)	10,530,000	0.76
águas subterrâneas (salinas)	12,870,000	0.93
lagos (total)	176,400	0.013
lagos (frescos)	91,000	0.007
lagos (salinos)	85,400	0.006
humidade do solo	16,500	0.001
atmosfera-	12,900	0.001
água do pântano	11,470	0.0008
rios	2,120	0.0002
biota	1,120	0.0001
total**	1,409,560,910	101.67

-Como equivalente líquido do vapor de água.

*-O total ultrapassa 100 por cento devido ao arredondamento para cima dos volumes

em composição, contém muito pouca água total na superfície terrestre, apenas cerca de 0,00004 por cento, mas a biosfera desempenha um papel importante no transporte de vapor de água de volta para a atmosfera através do processo de transpiração.

Como se verá na próxima secção, as águas da Terra não são H2O puro, mas contêm materiais dissolvidos e partículas. Assim, as massas de água à superfície da Terra são grandes receptáculos de substâncias inorgânicas e orgânicas, e o movimento da água desempenha um papel dominante no transporte destas substâncias pela superfície do planeta.

Propriedades biogeoquímicas da hidrosfera

<u>Água da chuva</u>

Cerca de 107.000 km cúbicos (quase 25.800 milhas cúbicas) de chuva caem sobre a terra todos os anos. O total de água na atmosfera é de 13.000 km cúbicos e esta água, devido à precipitação e evaporação, muda a cada 9,6 dias. A água da chuva não é pura, mas contém gases e sais dissolvidos, partículas finas, substâncias orgânicas e até bactérias. As fontes dos materiais presentes na água da chuva são os oceanos, os solos, os fertilizantes, a poluição atmosférica e a combustão de combustíveis fósseis.

Observou-se que as chuvas sobre as ilhas oceânicas e perto das costas têm rácios dos principais constituintes dissolvidos muito próximos dos encontrados na água do mar. A descoberta do elevado teor de sal da chuva perto das costas foi algo surpreendente, porque os sais marinhos não são voláteis e seria de esperar que o processo de evaporação da água da superfície do mar "filtrasse" os sais. No entanto, foi demonstrado que uma grande percentagem dos sais da chuva provém do rebentamento de pequenas bolhas à superfície do mar devido ao impacto das gotas de chuva ou à rebentação das ondas, o que resulta na injeção de aerossol marinho na atmosfera. Este aerossol marinho evapora-se, com a consequente precipitação dos sais sob a forma de partículas minúsculas que são subsequentemente transportadas para o alto da atmosfera por ventos turbulentos. Estas partículas podem então ser transportadas sobre os continentes e cair sob a forma de chuva ou de deposição seca.

Assumindo o equilíbrio com a pressão parcial de dióxido de carbono atmosférico (PCO2) de 10-3,5 (0,00035) atmosfera, a composição média aproximada da água da chuva é em partes por milhão (ppm): sódio (Na+), 1,98; potássio (K+), 0,30; magnésio (Mg2+), 0,27; cálcio (Ca2+), 0,09; cloreto (Cl-), 3,79; sulfato (SO42-), 0,58; e bicarbonato (HCO3-), 0,12. Para além destes iões, a água da chuva contém pequenas quantidades de sílica dissolvida - cerca de 0,30 ppm. O valor médio do pH da água da chuva é de 5,6. (O termo pH é definido como o logaritmo negativo da concentração de iões de hidrogénio em moles por litro. A escala de pH varia de 0 a 14, com números mais baixos indicando maior acidez). Numa base global, 35% do sódio, 55% do cloro, 15% do potássio e 37% do sulfato na água dos rios podem ser derivados dos oceanos através da geração de aerossóis marinhos.

Foi disponibilizada uma quantidade considerável de dados sobre os aerossóis marinhos.

Estes aerossóis são importantes porque:
(1) são vitais para qualquer processo biogeoquímico global
(2) podem ter um
(3) são um sumidouro,

$$EF_{crust} = \frac{(X/Al)_{air}}{(X/Al)_{crust}} \, ,$$

descrição do ciclo do impacto de um elemento no clima,

através de reacções químicas heterogéneas, para os gases vestigiais atmosféricos, e (4) influenciam a precipitação de nuvens e gotículas de chuva. Para muitos metais vestigiais, o rácio entre o fluxo atmosférico e o fluxo fluvial para as zonas costeiras e oceânicas remotas pode ser superior a um, o que indica a importância do transporte atmosférico. Foram preparadas figuras que ilustram os factores de enriquecimento (EF) dos aerossóis marinhos do Atlântico Norte e da matéria em suspensão nas águas do Atlântico Norte em relação à crosta (ou seja, fontes terrestres), em que e $(X/Al)_{ar}$ e $(X/Al)_{crosta}$ se referem, respetivamente, ao rácio da concentração do elemento X em relação à do Al, alumínio (que é um componente terrestre facilmente observável dos aerossóis), na atmosfera e no material médio da crosta. A comparação dos factores de enriquecimento dos aerossóis marinhos com os da matéria em suspensão na coluna de água indica qualitativamente a importância dos aerossóis marinhos como fonte que altera a composição da matéria em suspensão marinha e, consequentemente, a sua importância para a sedimentação do mar profundo. Além disso, essas comparações ajudam a identificar a importância das fontes terrestres tanto para os aerossóis marinhos como para a água abaixo.

Em alguns casos, os rácios de iões na água da chuva desviam-se significativamente dos da água do mar. Os mecanismos propostos para este fracionamento são, por exemplo, a fuga de cloro sob a forma de cloreto de hidrogénio gasoso (HCl) do aerossol de sal marinho, com o consequente enriquecimento em sódio, borbulhamento e difusão térmica. Além disso, a libertação de gases biogénicos, como o sulfureto de dimetilo (DMS), da superfície do mar e a sua subsequente reação na atmosfera oceânica em sulfato pode alterar os rácios de iões da água da chuva em relação à água do mar. As partículas do solo também podem influenciar a composição da água da chuva. A precipitação sobre o sudoeste dos Estados Unidos contém concentrações relativamente altas de sulfato devido a partículas contendo sulfato que foram sopradas para a atmosfera a partir de solos desérticos. A chuva perto de áreas industriais contém normalmente elevados teores de sulfato, nitrato e dióxido de carbono (CO_2), em grande parte derivados da queima de carvão e petróleo. Existem dois processos principais que levam à conversão do dióxido de enxofre (SO_2) em ácido sulfúrico ácido (H_2SO_4). Trata-se de reacções com radicais hidroxilo (-OH) e com peróxido de hidrogénio (H_2O_2) na atmosfera:

$$SO_2 + OH \longrightarrow \text{intermediate species} \longrightarrow H_2SO_4 \qquad (1)$$

$$SO_2 + H_2O_2 = H_2SO_4. \qquad (2)$$

O ácido sulfúrico dissocia-se então em iões de hidrogénio e de sulfato:

$$H_2SO_4 = 2H^+ + SO_4^{2-}. \qquad (3)$$

No caso dos gases <u>azotados óxido nítrico</u> (NO) e dióxido de azoto (NO_2) libertados pela queima de combustíveis fósseis, as suas reacções atmosféricas conduzem à produção de <u>ácido nítrico</u> (HNO_3) e à sua dissociação em iões de hidrogénio (H^+) e nitrato (NO_3^-). Estas reacções são responsáveis pelas condições de <u>chuva ácida</u> que ocorreram no nordeste <u>dos Estados Unidos</u>, no sudeste do <u>Canadá</u> e na <u>Europa</u> Ocidental durante a segunda metade do século XX (*ver abaixo* <u>Chuva ácida</u>). Os elevados valores <u>de sulfato</u> da chuva no nordeste dos Estados Unidos reflectem as condições <u>de precipitação ácida</u> desta <u>região</u>.

Águas fluviais e oceânicas

Rio Mekong - Uma parte do delta do rio Mekong que atravessa o sul do Vietname e desagua no Mar da China Meridional.

A descarga dos rios constitui a principal fonte de água para os oceanos. A água do mar tem uma composição mais uniforme do que a água dos rios. Contém, em peso, cerca de 3,5 por cento de sais dissolvidos, enquanto a água dos rios tem apenas 0,012 por cento. A densidade média dos oceanos do mundo é cerca de 2,75 por cento maior do que a da água típica dos rios. Da média de 35 partes por mil de sais da água do mar, o sódio e o cloro constituem quase 30 partes, e o magnésio e o sulfato contribuem com outras quatro partes. Da restante parte da salinidade, o cálcio e o potássio constituem 0,4 partes cada e o carbono, como carbonato e bicarbonato, cerca de 0,15 partes. Assim, nove elementos (hidrogénio, oxigénio, enxofre, cloro, sódio, magnésio, cálcio, potássio e carbono) constituem 99% da água do mar, embora a maior parte dos 94 elementos que ocorrem naturalmente tenham sido detectados na água do mar. De importância são os elementos nutrientes fósforo, azoto e silício, juntamente com os oligoelementos micronutrientes essenciais como o ferro, o cobalto e o cobre. Estes elementos regulam fortemente a produção orgânica dos oceanos do mundo.

Em contraste com a água do oceano, a salinidade média dos rios do mundo é baixa - apenas cerca de 0,012 por cento, ou 120 ppm em peso.

Deste teor de sal, o carbono como bicarbonato constitui 58 partes, ou 48%, e o cálcio, o enxofre como sulfato e o silício como ácido silícico monomérico dissolvido perfazem um total de cerca de 39 partes, ou 33%. Os restantes 19% consistem predominantemente em cloro, sódio e magnésio em importância decrescente. É óbvio que as concentrações e proporções relativas das espécies dissolvidas nas águas dos rios contrastam fortemente com as da água do mar. Assim, embora a água do mar seja derivada em parte pela diferenciação química e evaporação da água do rio, os processos envolvidos afectam cada elemento de forma diferente, indicando que a simples evaporação e concentração são inteiramente secundárias em relação a outros processos.

Interações água-rocha como determinantes da composição da água do rio partículas de solo suspensas. O rio Amazonas perto de Manaus, Brasil. A cor castanha da água é o resultado das chuvas que arrastam para o rio partículas de solo provenientes das terras circundantes e da agitação da lama no leito do rio.

De um modo geral, a composição da água dos rios e, por conseguinte, a dos lagos, é controlada pelas interacções água-rocha. O ataque da chuva e das águas do solo carregadas de dióxido de carbono aos minerais individuais das rochas continentais leva à produção de constituintes dissolvidos para lagos, rios e ribeiros. Também dá origem a produtos de alteração sólidos que constituem os solos ou as partículas em suspensão nos sistemas aquáticos de água doce. O teor de dióxido de carbono das águas da chuva e do solo é de particular importância nos processos de meteorização. O pH da água da chuva em equilíbrio com a pressão parcial do dióxido de carbono atmosférico de $10^{-3,5}$ (0,00032) atmosfera é de 5,6. Nas regiões industriais, os valores de pH da água da chuva podem ser mais baixos devido à libertação e subsequente hidrólise de gases ácidos - nomeadamente, dióxido de enxofre e óxidos de azoto (NO_x) provenientes da combustão de combustíveis fósseis. Depois de a água da chuva entrar nos solos, as suas características mudam acentuadamente. As habituais poucas partes por milhão de sais na água da chuva aumentam substancialmente à medida que a água reage. A parte superior do solo é uma zona de intensa atividade bioquímica. A população bacteriana perto da superfície é grande, mas diminui rapidamente para baixo. Um dos principais processos bioquímicos das bactérias é a oxidação da matéria orgânica, o que leva à libertação de dióxido de carbono. Os gases do solo obtidos acima da zona de saturação de água podem conter 10 a 40 vezes mais dióxido de carbono do que a atmosfera livre e, nalguns casos, foi demonstrado que o dióxido de carbono representa 30% dos gases do solo, em comparação com 0,03% da atmosfera livre. Para além dos efeitos ácidos do dióxido de carbono, existe um microambiente altamente ácido criado pelas raízes das plantas vivas. Valores de pH tão baixos como 2 foram medidos imediatamente adjacentes aos pêlos das raízes. O comprimento combinado dos pêlos radiculares de uma planta pode ser de vários quilómetros, pelo que os seus efeitos químicos na água ácida são formidáveis.

Reacções de meteorização congruentes e incongruentes

Estas soluções ácidas no ambiente do solo atacam os minerais das rochas, as bases do sistema, produzindo produtos de neutralização dos constituintes dissolvidos e das partículas sólidas. Ocorrem dois tipos gerais de reacções: congruentes e incongruentes. Na primeira, um sólido dissolve-se, adicionando elementos à água de acordo com as suas proporções no mineral. Um exemplo deste tipo de reação de meteorização é a solução da calcite ($CaCO_3$) nos calcários:

$$CaCO_3 + CO_2(g) + H_2O = Ca^{2+} + 2HCO_3^-. \qquad (4)$$

Neste caso, um dos iões HCO3- provém da calcite e o outro do CO2(g) presente na água de reação. A quantidade de dióxido de carbono dissolvido de acordo com a reação (4) depende da temperatura, da pressão, do teor original de bicarbonato da solução de meteorização e da pressão parcial do dióxido de carbono. O dióxido de carbono e a temperatura são as variáveis mais importantes. O aumento de uma ou de ambas as variáveis leva a um aumento da quantidade de calcite dissolvida. Por exemplo, para uma pressão de dióxido de carbono de 10-3,5 (0,00032) atmosfera, a quantidade de cálcio que pode ser dissolvida até à saturação é de cerca de 10-3,3 (0,0005) mole, ou 20 ppm, a 25 °C (77 °F). Para uma pressão atmosférica de dióxido de carbono de 10-2 (0,01) atmosfera e para uma atmosfera do solo de dióxido de carbono quase puro, os valores são 65 e 300 ppm, respetivamente. A meteorização da calcite leva à libertação de iões de cálcio e de bicarbonato nas águas do solo e nas águas subterrâneas, e estes constituintes acabam por chegar aos sistemas lacustres e fluviais. Os resíduos insolúveis de quartzo (SiO2), minerais de argila e óxidos de ferro (por exemplo, FeOOH) na rocha calcária constituem os solos vermelhos profundos que se formam a partir da meteorização do calcário. Estas partículas podem ser transportadas para os cursos de água por escoamento superficial e, consequentemente, para os lagos e oceanos, tornando-se parte da carga em suspensão destes sistemas.

Um exemplo de uma reação de meteorização incongruente - isto é, uma reação em que apenas parte de um sólido é consumida - é a que envolve aluminossilicatos. Uma dessas reacções é o ataque agressivo da água do solo carregada de dióxido de carbono ao mineral K-spar (KAlSi3O8), uma fase importante encontrada em rochas continentais. A reação é

$$2KAlSi_3O_8 + 2CO_2 + 11H_2O =$$
$$Al_2Si_2O_5(OH)_4 + 2K^+ + 2HCO_3^- + 4H_4SiO_4. \qquad (5)$$

Águas do lago

Circulação em lagos temperados - Padrões de circulação anual num lago dimíctico. O lago dimíctico típico tem camadas distintas que se misturam completamente duas vezes por ano. Sofre uma estratificação no verão e uma reviravolta completa no outono e na primavera. Durante o inverno, o gelo à superfície impede uma maior mistura pelo vento. Existem pequenas diferenças de densidade e temperatura, com a água mais fria (0 °C [32 °F]) a permanecer perto da superfície e a água mais quente e densa (4 °C [39,2 °F]) a estender-se até ao fundo.

Embora as águas dos lagos constituam apenas uma pequena percentagem da água na hidrosfera, são um importante reservatório efémero de água doce. Para além do seu uso recreativo, os lagos constituem uma fonte de água para usos domésticos, agrícolas e industriais. As águas dos lagos são também muito susceptíveis a alterações na composição química devido a estas utilizações e a outros factores.

Em geral, as águas doces da superfície continental evoluem a partir das suas fontes rochosas através do enriquecimento em cálcio e sódio e do empobrecimento em magnésio e potássio. Nas águas muito moles, os alcalinos podem ser mais abundantes do que os alcalino-terrosos e, nas águas mais concentradas dos sistemas fluviais abertos, o cálcio > magnésio > sódio > potássio. Quanto aos aniões, em geral, o HCO_3^- ultrapassa o SO_4^{2-}, cuja concentração é superior à do Cl^-. Nesta fase, vale a pena considerar alguns dos principais mecanismos que controlam a composição global das águas superficiais. Estes mecanismos são a precipitação atmosférica, as reacções nas rochas e a evaporação-precipitação.

O principal mecanismo responsável pelas águas de muito baixa salinidade é a precipitação. Estas águas tendem a formar-se em regiões tropicais de relevo pouco acidentado e com rochas de origem muito lixiviadas. Nestas regiões, a precipitação é elevada e os volumes de água doce (rios, ribeiros afluentes, charcos, etc.) numa bacia hidrográfica são geralmente dominados pelos sais trazidos pela precipitação. Estas águas constituem uma parte de uma cadeia de volumes de água que começa com a queda da precipitação e termina com a libertação de água no oceano, para a qual a parte final da cadeia representa volumes de água dominados por contribuições de sais dissolvidos das rochas e solos das suas bacias. Estas águas têm uma salinidade moderada e são ricas em cálcio e bicarbonato dissolvidos. São, por sua vez, o "membro final" de outra série que se estende desde as águas doces ricas em cálcio e de salinidade média até às águas de elevada salinidade, dominadas por cloreto de sódio, de que a água do mar é um exemplo. A composição da água do mar, no entanto, não evolui diretamente a partir da composição das águas doces e da precipitação de carbonato de cálcio; estão envolvidos outros mecanismos que controlam a sua composição. Factores como o relevo e a vegetação também podem afetar a composição das águas superficiais do mundo, mas a precipitação atmosférica, as reacções água-rocha e os processos de evaporação-cristalização parecem ser os mecanismos dominantes que regem a química das águas superficiais continentais.

As águas doces continentais evaporam-se depois de entrarem em bacias fechadas e os sais que as constituem precipitam-se no fundo das bacias. A composição destas águas pode evoluir por vários caminhos diferentes, consoante a sua composição química inicial.

Os processos biológicos afectam fortemente a composição das águas lacustres e são responsáveis, em grande medida, pelas diferenças de composição entre a camada superior (epilimnion) e a camada inferior (hipolimnion) dos lagos. O ponto de partida é a fotossíntese, representada pela seguinte reação:

$$106CO_2 + 16NO_3^- + HPO_4^{2-} + 122H_2O + 18H^+ \xrightarrow[\text{micro-nutrients}]{\text{radiant energy}}$$

$$C_{106}H_{263}O_{110}N_{16}P + 138O_2. \tag{6}$$

A inversão desta reação é a oxidação-respiração que conduz à libertação dos nutrientes azoto e fósforo, bem como do dióxido de carbono. Num lago estratificado, o carbono, os nutrientes e a sílica são extraídos da camada superior durante a fotossíntese. Este processo conduz a concentrações reduzidas de nitratos, fosfatos e sílica nestas águas e, durante os períodos de máxima produção orgânica diurna, à supersaturação da camada superior em relação ao oxigénio dissolvido. A matéria orgânica produzida pelo fitoplâncton pode ser consumida pelo zooplâncton e por outros organismos ou decomposta por bactérias. No entanto, uma parte da matéria orgânica afunda-se na camada inferior. Aí é decomposta, especialmente por bactérias, resultando na libertação de fósforo e azoto dissolvidos e no consumo de oxigénio. As concentrações de oxigénio são, portanto, reduzidas nestas águas inferiores do lago, porque a estratificação impede a troca de oxigénio com a atmosfera. Além disso, o carbonato inorgânico e os esqueletos siliciosos dos organismos mortos que se afundam na camada inferior podem dissolver-se, dando origem a concentrações acrescidas de sílica dissolvida e de carbono inorgânico nas águas profundas dos lagos estratificados. Esta dissolução resulta da sub-saturação das águas da camada inferior em relação à sílica opalina e ao carbonato de cálcio que constituem os esqueletos do plâncton morto e que se afunda. Estes processos biológicos naturais foram acelerados em alguns lagos devido ao excesso de nutrientes introduzidos pela atividade humana, resultando na eutrofização das águas dos lagos e dos sistemas marinhos

Águas subterrâneas

As águas subterrâneas obtêm as suas composições a partir de uma variedade de processos, incluindo reacções de dissolução, hidrólise e precipitação; adsorção e troca de iões; oxidação e redução; troca de gases entre as águas subterrâneas e a atmosfera; e processos biológicos.

Os processos biológicos de maior importância são o metabolismo microbiano, a produção orgânica e a respiração (oxidação). O processo global mais importante para os principais constituintes da água subterrânea é, de longe, o das reacções da água mineral.

Assim, a composição das águas subterrâneas reflecte fortemente os tipos de minerais de rocha que as águas encontraram no seu movimento através da subsuperfície.

Em geral, os elementos mais móveis na água subterrânea - ou seja, os mais facilmente libertados pela meteorização dos minerais das rochas - são o cálcio, o sódio e o magnésio. O silício e o potássio têm mobilidades intermédias e o alumínio e o ferro são essencialmente imóveis e estão presos em fases sólidas.

As águas subterrâneas são altamente susceptíveis de contaminação devido às actividades humanas e ao facto de os seus constituintes dissolvidos derivarem, em grande medida, da lixiviação de materiais superficiais. Parte do azoto e do fósforo aplicados aos solos como fertilizantes e pesticidas orgânicos pode ser lixiviada e infiltrar-se nos sistemas de águas subterrâneas, conduzindo a concentrações acrescidas de amónio e fosfato. Os resíduos radioactivos, os produtos químicos industriais, os materiais domésticos e os resíduos de minas são outras fontes antropogénicas de substâncias dissolvidas que foram detectadas nos sistemas de águas subterrâneas.

ICE

O gelo é quase um sólido puro e, como tal, acomoda poucos iões estranhos na sua estrutura. Contém, no entanto, partículas e gases, que ficam presos em bolhas no interior do gelo. A alteração da composição destes materiais ao longo do tempo, registada nas sucessivas camadas de gelo, tem sido utilizada para interpretar a história do ambiente à superfície da Terra e o impacto das actividades humanas neste ambiente. O aumento do teor de chumbo no gelo glaciar continental, com a diminuição da idade do gelo até meados da década de 1970, por exemplo, reflecte a entrada progressiva de chumbo tetraetilo no ambiente global a partir da queima de gasolina. (A regulamentação ambiental rigorosa que surgiu na década de 1970 relativamente à utilização de gasolina com chumbo levou a uma diminuição das concentrações de chumbo nos gelos depositados desde essa altura). Além disso, as concentrações atmosféricas de dióxido de carbono e metano, que aumentaram significativamente durante o século passado devido às actividades antropogénicas, são fielmente registadas nas bolhas de gelo das espessas camadas de gelo continentais. Em 2016, as concentrações atmosféricas de dióxido de carbono e metano tinham aumentado mais de 43% e mais de 150%, respetivamente, em relação às suas concentrações de há 200 anos; estes últimos valores de concentração foram obtidos a partir de medições dos gases no ar aprisionado no gelo.

Chuva ácida

A chuva ácida é constituída por gotículas de água altamente ácidas devido às emissões atmosféricas, mais especificamente aos níveis desproporcionados de enxofre e azoto emitidos pelos veículos e pelos processos de fabrico. É frequentemente designada por chuva ácida, uma vez que este conceito contém muitos tipos de precipitação ácida.

A deposição ácida ocorre de duas formas: húmida e seca. A deposição húmida é qualquer forma de precipitação que retira os ácidos da atmosfera e os coloca à superfície da terra. Na ausência de precipitação, a deposição seca de partículas e gases poluentes fixa-se no solo através do pó e do fumo.

A chuva ácida ocorre quando o dióxido de enxofre (SO2) e os óxidos de azoto (NOX) são emitidos para a atmosfera e transportados pelo vento e pelas correntes de ar. O SO2 e os NOX reagem com a água, o oxigénio e outros produtos químicos para formar os ácidos sulfúrico e nítrico. Estes misturam-se depois com a água e outros materiais antes de caírem no solo.

Embora uma pequena parte do SO2 e dos NOX que causam a chuva ácida provenha de fontes naturais, como os vulcões, a maior parte provém da queima de combustíveis fósseis. As principais fontes de SO2 e NOX na atmosfera são:

•   Queima de combustíveis fósseis para produzir eletricidade. Dois terços do SO2 e um quarto dos NOX na atmosfera provêm de geradores de energia eléctrica.

•   Veículos e equipamentos pesados.

•   Indústria transformadora, refinarias de petróleo e outras indústrias.

Os ventos podem soprar SO2 e NOX a longas distâncias e através das fronteiras, tornando a chuva ácida um problema para todos e não apenas para os que vivem perto destas fontes.

Chuva ácida, precipitação com um pH de cerca de 5,2 ou inferior, produzida principalmente a partir da emissão de dióxido de enxofre (SO2) e de óxidos de azoto (NOx; a combinação de NO e NO2) provenientes de actividades humanas, sobretudo a combustão de combustíveis fósseis. Em paisagens sensíveis à acidez, a deposição ácida pode reduzir o pH das águas superficiais e diminuir a biodiversidade. Enfraquece as árvores e aumenta a sua suscetibilidade aos danos causados por outros factores de stress, como a seca, o frio extremo e as pragas. Em zonas sensíveis à acidez, a chuva ácida também esgota o solo de importantes nutrientes e tampões para as plantas, como o cálcio e o magnésio, e pode libertar alumínio, ligado às partículas do solo e às rochas, na sua forma tóxica dissolvida. A chuva ácida contribui para a corrosão de superfícies expostas à poluição atmosférica e é responsável pela deterioração de edifícios e monumentos de calcário e mármore.

A acidez é uma medida da concentração de iões de hidrogénio (H^+) numa solução. A escala de pH mede se uma solução é ácida ou básica. As substâncias são consideradas ácidas abaixo de um pH de 7, e cada unidade de pH abaixo de 7 é 10 vezes mais ácida, ou tem 10 vezes mais H^+, do que a unidade acima dela. Por exemplo, a água da chuva com um pH de 5,0 tem uma concentração de 10 microequivalentes de H^+ por litro, enquanto que a água da chuva com um pH de 4,0 tem uma concentração de 100 microequivalentes de H^+ por litro.

Ciclo do enxofre - As principais fontes produtoras de enxofre são as rochas sedimentares, que libertam gás sulfídrico, e as fontes humanas, como as fundições e a combustão de combustíveis fósseis, que libertam dióxido de enxofre para a atmosfera.

A água da chuva normal é fracamente ácida devido à absorção de dióxido de carbono (CO_2) da atmosfera - um processo que produz ácido carbónico - e de ácidos orgânicos gerados pela atividade biológica. Além disso, a atividade vulcânica pode produzir ácido sulfúrico (H_2SO_4), ácido nítrico (HNO_3) e ácido clorídrico (HCl), dependendo das emissões associadas a determinados vulcões.

Outras fontes naturais de acidificação incluem a produção de óxidos de azoto a partir da conversão do azoto molecular atmosférico (N_2) pelos relâmpagos e a conversão do azoto orgânico pelos incêndios florestais. No entanto, a extensão geográfica de qualquer fonte natural de acidificação é pequena e, na maioria dos casos, baixa o pH da precipitação para não mais do que cerca de 5,2.

As actividades antropogénicas, em especial a queima de combustíveis fósseis (carvão, petróleo, gás natural) e a fundição de minérios metálicos, são as principais causas da deposição ácida. Nos Estados Unidos, as empresas de eletricidade produzem quase 70% das emissões de SO2 e cerca de 20% das emissões de NOx. Os combustíveis fósseis queimados pelos veículos são responsáveis por cerca de 60 por cento das emissões de NOx nos Estados Unidos. Na atmosfera, os ácidos sulfúrico e nítrico são gerados quando o SO2 e o NOx, respetivamente, reagem com a água. As reacções mais simples são:

$$SO_2 + H_2O \rightarrow H_2SO_4 \longleftrightarrow H^+ + HSO_4 \longleftrightarrow 2H^+ + SO_4^2$$
$$NO_2 + H_2O \rightarrow HNO_3 \longleftrightarrow H^+ + NO_3$$

Estas reacções na fase aquosa (por exemplo, na água das nuvens) criam produtos de deposição húmida. Na fase gasosa, podem produzir deposição seca ácida. A formação de ácidos também pode ocorrer em partículas na atmosfera.

Quando o consumo de combustíveis fósseis é elevado e não existem controlos de emissões para reduzir as emissões de SO2 e NOx, a deposição ácida ocorrerá em zonas a sotavento das fontes de emissão, frequentemente a centenas ou milhares de quilómetros de distância. Nessas zonas, o pH da precipitação pode atingir uma média anual de 4,0 a 4,5, e o pH de precipitações individuais pode por vezes descer abaixo de 3,0. Além disso, a água das nuvens e o nevoeiro nas zonas poluídas podem ser muitas vezes mais ácidos do que a chuva que cai na mesma região.

Muitos problemas de poluição atmosférica e de deposição atmosférica estão interligados e têm frequentemente a mesma causa, nomeadamente a queima de combustíveis fósseis. Para além da deposição ácida, as emissões de NOx, juntamente com as emissões de hidrocarbonetos, são ingredientes-chave na formação de ozono ao nível do solo (smog fotoquímico), que é uma das formas mais generalizadas de poluição atmosférica. As emissões de SO2 e NOx podem gerar partículas finas, que são nocivas para o sistema respiratório humano. A combustão do carvão é a principal fonte de mercúrio atmosférico, que também entra nos ecossistemas por deposição húmida e seca. (Uma série de outros metais pesados, como o chumbo e o cádmio, e várias partículas são também produtos da combustão não regulamentada de combustíveis fósseis). A deposição ácida de azoto resultante das emissões de NOx cria problemas ambientais adicionais. Por exemplo, muitos lagos, estuários e sistemas marinhos costeiros recebem demasiado azoto da deposição atmosférica e do escoamento terrestre. Esta eutrofização (ou enriquecimento excessivo) provoca o crescimento excessivo de plantas e algas. Quando estes organismos morrem e se decompõem, esgotam o fornecimento de oxigénio dissolvido necessário para a maior parte da vida aquática nas massas de água. A eutrofização é considerada um problema ambiental grave nos ecossistemas lacustres, costeiros, marinhos e estuarinos de todo o mundo.

Processo químico

A combustão dos combustíveis produz dióxido de enxofre e óxidos nítricos. Estes são convertidos em ácido sulfúrico e ácido nítrico.

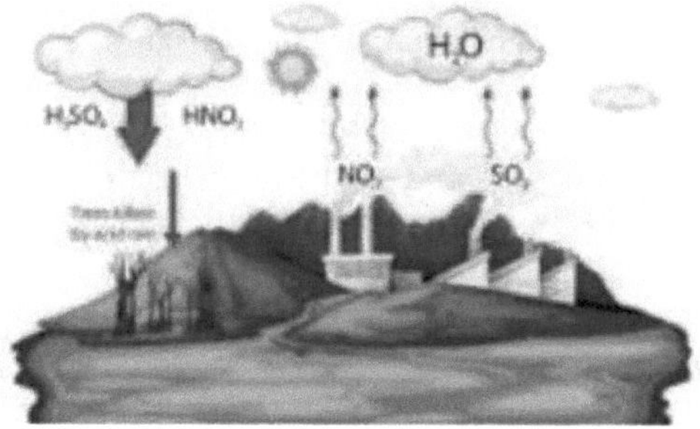

Química da fase gasosa

Na fase gasosa, o dióxido de enxofre é oxidado por reação com o radical hidroxilo através de uma reação intermolecular:

SO2 + OH- → HOSO2-

que é seguido por:

HOSO2- + O2 → HO2- + SO3

Na presença de água, o trióxido de enxofre (SO3) converte-se rapidamente em ácido sulfúrico:

SO3 (g) + H2O (l) → H2SO4 (aq)

O dióxido de azoto reage com OH para formar ácido nítrico:

Isto mostra o processo de libertação da poluição atmosférica na atmosfera e as áreas que serão afectadas.

NO2 + OH- → HNO3

Química em gotículas de nuvens

Quando as nuvens estão presentes, a taxa de perda de SO2 é mais rápida do que pode ser explicado apenas pela química da fase gasosa. Isto é devido a reacções nas gotículas de água líquida.

Hidrólise

O dióxido de enxofre dissolve-se na água e depois, tal como o dióxido de carbono, hidrolisa-se numa série de reacções de equilíbrio:

SO2 (g) + H2O ≠ SO2⅛O

ASSIM2 ⅛O ≠ H+ + HSO3-

HSO3- ≠ H+ + SO3²-

Oxidação

Há um grande número de reacções aquosas que oxidam o enxofre de S(IV) para S(VI), levando à formação de ácido sulfúrico. As reacções de oxidação mais importantes são as do ozono, do peróxido de hidrogénio e do oxigénio (as reacções com o oxigénio são catalisadas pelo ferro e pelo manganês presentes nas gotículas das nuvens).

Efeitos da chuva ácida

•   A chuva ácida é muito prejudicial para a agricultura, as plantas e os animais. A chuva ácida elimina todos os nutrientes necessários para o crescimento e a sobrevivência das plantas. A chuva ácida afecta a agricultura pela forma como altera a composição do solo.

* Provoca problemas respiratórios nos animais e nos seres humanos.

* Quando a chuva ácida cai e corre para os rios e lagoas, afecta o ecossistema aquático. Altera a composição química da água para uma forma que é efetivamente prejudicial à sobrevivência do ecossistema aquático e causa poluição da água.

* A chuva ácida também provoca a corrosão das condutas de água, o que resulta na lixiviação de metais pesados como o ferro, o chumbo e o cobre para a água potável.

* Danifica os edifícios e monumentos feitos de pedras e metais.

Exemplos da vida real

* **O Taj Mahal**, uma das 7 maravilhas do mundo, é largamente afetado pela chuva ácida. A cidade de Agra tem muitas indústrias que emitem óxidos de enxofre e de azoto para a atmosfera. As pessoas continuam a utilizar carvão e lenha de baixa qualidade como combustível doméstico, o que contribui para agravar o problema. A chuva ácida tem a seguinte reação com o mármore (carbonato de cálcio):

$CaCO_3(s) + H_2SO_4(l) \rightarrow CaSO_4(s) + H_2O(l) + CO_2(g)$

A formação de sulfato de cálcio provoca a corrosão deste belo monumento.

* **A Estátua da Liberdade**, que é feita de cobre, também foi danificada pela ação cumulativa da chuva ácida e da oxidação durante mais de 30 anos e está, por isso, a tornar-se verde.

Prevenção da chuva ácida

* A única precaução que podemos tomar contra as chuvas ácidas é controlar as emissões de óxidos de azoto e de enxofre.

* A chuva ácida é prejudicial para os animais, as plantas e os monumentos.

* Como cidadãos responsáveis, devemos estar conscientes dos efeitos nocivos que provocam e das indústrias que emitem resíduos de compostos de azoto e enxofre de forma pouco ética.

Q1- O que é a chuva ácida e como é provocada?

A chuva ácida é causada por uma reação química que começa quando compostos como o dióxido de enxofre e os óxidos de azoto são libertados no ar. Estas substâncias podem subir muito alto na atmosfera, onde se misturam e reagem com a água, o oxigénio e outros produtos químicos, formando poluentes mais ácidos, denominados chuva ácida.

Q2- Quais são os efeitos da chuva ácida?

As consequências ecológicas da chuva ácida são mais visíveis nos habitats marinhos, como ribeiros, lagos e pântanos, onde os peixes e outros animais selvagens podem ser tóxicos. A água da chuva ácida pode lixiviar o alumínio das partículas de argila do solo à medida que flui através do solo e depois é inundada por riachos e lagos.

Q3- **O que é que vai acontecer se** não **pararmos a chuva ácida?**

O dióxido de enxofre e o óxido de azoto são os principais produtos químicos da chuva ácida. A chuva ácida também pode afetar os seres humanos, uma vez que o ácido entra nos frutos, legumes e animais. Por outras palavras, podemos ficar muito doentes se a chuva ácida não parar e se comermos essas coisas. Em geral, a chuva ácida afecta os homens, mas não diretamente.

Q4- **O que é a chuva ácida? Quais são os seus efeitos nocivos?**

Foi demonstrado que a chuva ácida tem efeitos prejudiciais nas árvores, nas águas doces e nos solos, destrói insectos e formas de vida aquáticas, provoca o descasque de tintas, a corrosão de estruturas de aço, como pontes, e o desgaste de edifícios e esculturas de pedra, bem como impactos na saúde humana.

Q5- **Quais são as três formas de reduzir a chuva ácida?**

Devem ser utilizadas fontes de energia alternativas, como a energia solar e eólica. As fontes de energia renováveis estão a ajudar a reduzir a chuva ácida, uma vez que produzem muito menos emissões. Existem também outras fontes de eletricidade, como a energia nuclear, a energia hidroelétrica e a energia geotérmica. Entre estas, as mais utilizadas são a energia nuclear e a energia hidroelétrica.

Q6- **Como é que a chuva ácida afecta as plantas?**

A chuva ácida pode afetar a saúde das plantas. A chuva ácida altera o pH do solo onde a planta cresce, afectando assim o crescimento geral das plantas. Além disso, liga ou dissolve minerais essenciais do solo, como o azoto e o fósforo, e transporta-os para longe.

Q7- **De que é feita a chuva ácida?**

A chuva ácida é constituída por gotículas de água altamente ácidas devido às emissões atmosféricas, nomeadamente aos níveis desproporcionados de dióxido de enxofre e de dióxido de azoto emitidos pelos veículos e pelos processos de fabrico. O dióxido de enxofre e o dióxido de azoto combinam-se com as moléculas de água para formar ácido sulfúrico e ácido nítrico.

Q8- **Qual é a principal fonte de chuva ácida?**

As centrais eléctricas são a principal causa da chuva ácida. Libertam a maior parte do dióxido de enxofre e do dióxido de azoto durante a queima de combustíveis fósseis. O dióxido de enxofre e o dióxido de azoto combinam-se com as moléculas de água para formar ácido sulfúrico e ácido nítrico, provocando a chuva ácida.

Q9- **A chuva ácida pode danificar os edifícios?**

Sim, a chuva ácida prejudica os edifícios. Descasca os materiais e corrói os metais dos edifícios. Exemplo: Manchamento do Taj Mahal.

Q10- **A chuva ácida pode queimar a pele?**

Não, a chuva ácida não pode queimar a pele.

Efeito de estufa

Efeito de estufa, aquecimento da superfície da Terra e da troposfera (a camada mais baixa da atmosfera) causado pela presença de vapor de água, dióxido de carbono, metano e outros gases no ar. Destes gases, conhecidos como gases com efeito de estufa, o vapor de água é o que tem maior efeito.

Em geral, o **efeito de estufa** refere-se a qualquer situação em que os comprimentos de onda curtos da luz passam através de um meio (pode ser vidro ou a atmosfera) e são absorvidos, enquanto os comprimentos de onda mais longos da radiação infravermelha passam, são irradiados de novo a partir de objectos e depois não conseguem passar através do meio. Isto resulta no aprisionamento dos comprimentos de onda mais longos e numa temperatura mais elevada no interior do meio.

Quando se refere ao clima da Terra, o **efeito de estufa** é o aquecimento da superfície do planeta devido à absorção da radiação infravermelha ou térmica emitida pelos gases atmosféricos com efeito de estufa, como o metano, o dióxido de carbono e o vapor de água. A existência do efeito de estufa é um componente vital de uma Terra habitável, uma vez que mantém a superfície a uma temperatura habitável - sem ele, a Terra seria muito mais fria, com uma temperatura média de cerca de -18°C (ver Temperatura da Terra sem GEE).

A figura mostra um diagrama que ilustra como o efeito de estufa natural funciona na Terra para manter uma temperatura confortável.

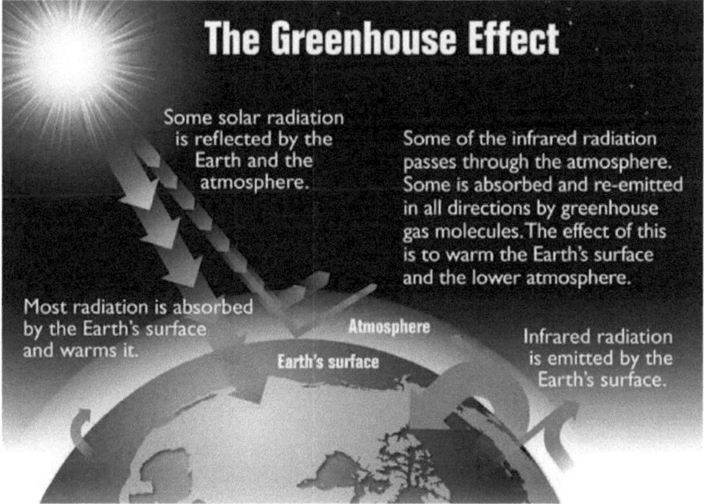

Figura. Um diagrama que mostra como funciona o efeito de estufa na Terra.

Embora o efeito de estufa seja um fenómeno natural, há preocupações com algo conhecido como **efeito de estufa reforçado**. O efeito de estufa reforçado é geralmente o que se fala quando as pessoas se referem ao efeito de estufa e às alterações climáticas. Este efeito refere-se ao aumento do aquecimento da superfície da Terra em resultado de uma maior quantidade de gases com efeito de estufa libertados para a atmosfera pelas actividades humanas. Estes gases com efeito de estufa retêm mais radiação emitida pela superfície da Terra, o que significa que menos radiação escapa para o espaço e o planeta aquece.

Gases com efeito de estufa

A atmosfera natural é composta por 78% de azoto, 21% de oxigénio, 0,9% de árgon e apenas cerca de 0,1% de gases naturais com efeito de estufa. Embora em pequena quantidade, estes gases com efeito de estufa fazem uma grande diferença - são os gases que permitem a existência do efeito de estufa, retendo algum calor que de outra forma escaparia para o espaço.

No entanto, quando presentes na atmosfera superior em grandes concentrações, estes gases com efeito de estufa contribuem para as alterações climáticas globais. A causa desta contribuição deve-se à absorção e reemissão de radiação na gama dos infravermelhos. Os seres humanos introduzem na atmosfera gases com efeito de estufa que, de outro modo, não chegariam à atmosfera, afectando o equilíbrio natural;

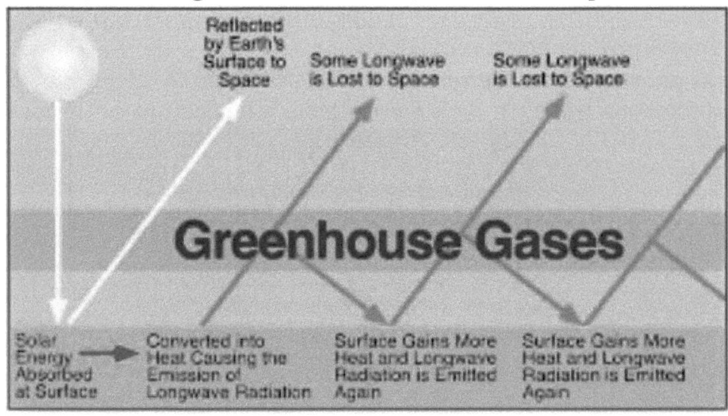

Os gases com efeito de estufa (também conhecidos como GEE) são gases presentes na atmosfera terrestre que retêm o calor. Durante o dia, o sol brilha através da atmosfera, aquecendo a superfície da Terra. À noite, a superfície da Terra arrefece, libertando o calor de volta para o ar. Mas uma parte do calor é retida pelos gases com efeito de estufa na atmosfera, o que mantém a temperatura da Terra a uma média de 14°C (57°F).

Gases com efeito de estufa e o efeito de estufa:
Os gases actuam como as paredes de vidro de uma estufa - daí o nome, gases com efeito de estufa. Sem este efeito de estufa, as temperaturas desceriam para valores tão baixos como -18°C (-0,4°F); demasiado frio para sustentar a vida na Terra.

Mas as actividades humanas estão a alterar o efeito de estufa natural da Terra com um aumento dramático da libertação de gases com efeito de estufa. Os cientistas concordam que os gases com efeito de estufa são a causa do aquecimento global e das alterações climáticas.

Desde a Revolução Industrial, os seres humanos têm vindo a libertar maiores quantidades de gases com efeito de estufa para a atmosfera. No último século, essa quantidade aumentou drasticamente, com o efeito de arrastamento do aquecimento global. As temperaturas globais aceleraram nos últimos 30 anos e são agora as mais elevadas desde que há registos.

Quais são os principais gases com efeito de estufa?

Dióxido de carbono (CO2)

O CO2 é libertado através de processos naturais, como as erupções vulcânicas, a respiração das plantas e a respiração dos animais e dos seres humanos. Mas a concentração atmosférica de CO2 aumentou 50% desde o início da Revolução Industrial, no século XIX, devido a actividades humanas como a queima de combustíveis fósseis e a desflorestação em grande escala. Devido à sua abundância, o CO2 é o principal fator que contribui para as alterações climáticas.

Metano

O metano é produzido naturalmente através da decomposição. Mas, mais uma vez, a atividade humana alterou o equilíbrio natural. Grandes quantidades de metano são libertadas pela criação de gado, pelos aterros sanitários, pela cultura do arroz e pela produção tradicional de petróleo e gás.

Óxido nitroso

O óxido nitroso é produzido através da utilização em grande escala de fertilizantes comerciais e orgânicos, da combustão de combustíveis fósseis, da produção de ácido nítrico e da queima de biomassa.

Vapor de água

O vapor de água é o gás com efeito de estufa mais abundante. Aumenta à medida que a atmosfera terrestre aquece, mas ao contrário do CO2, que pode permanecer na atmosfera terrestre durante séculos, o vapor de água persiste durante alguns dias.

GEE naturais e artificiais

O grupo de gases acima referido é produzido naturalmente, mas a sua crescente concentração atmosférica é provocada pelo homem.

Em contrapartida, os três gases fluorados industriais - hidrofluorocarbonetos (HFC), perfluorocarbonetos (PFC) e hexafluoreto de enxofre (SF6) - são produzidos exclusivamente pelo homem durante os processos industriais e não ocorrem na natureza. Embora estejam presentes em concentrações muito pequenas na atmosfera, retêm o calor de forma muito eficaz, o que significa que são extremamente potentes.

O SF6, que é utilizado em equipamentos eléctricos de alta tensão, tem um "Potencial de Aquecimento Global" 23 000 vezes superior ao do CO2.

O efeito de estufa não é uma coisa má. Sem ele, o nosso planeta seria demasiado frio para a vida tal como a conhecemos. Mas se a quantidade de gases com efeito de estufa na atmosfera se alterar, a intensidade do efeito de estufa também se altera. Esta é a causa das alterações climáticas provocadas pelo homem: ao adicionarmos gases com efeito de estufa à atmosfera, estamos a reter mais calor e todo o planeta fica mais quente.

A tónica no "carbono"

No que respeita às alterações climáticas, o gás com efeito de estufa mais importante é o dióxido de carbono, razão pela qual se ouvem tantas referências ao "carbono" quando se fala de alterações climáticas. Há três razões principais pelas quais o CO2 é tão importante para o aquecimento global que está a ocorrer atualmente. Em primeiro lugar, existe em grande quantidade: atualmente, adicionamos mais de 35 mil milhões de toneladas de CO2 à atmosfera todos os anos, principalmente através da queima de combustíveis ricos em carbono, como o carvão e o petróleo, que anteriormente estavam retidos no solo. Em segundo lugar, o CO2 dura muito tempo na atmosfera. O CO2 que emitimos hoje permanecerá acima de nós, reflectindo calor durante centenas de anos. Isto significa que, mesmo que paremos todas as novas emissões de CO2 amanhã, serão necessárias muitas vidas para que o efeito de aquecimento das nossas emissões passadas se desvaneça.

Por último, muitas indústrias diferentes dependem de combustíveis ricos em carbono ou de outros processos que libertam CO2. Isto inclui a queima de combustíveis fósseis para a produção de eletricidade e calor e para alimentar os nossos veículos, mas também inclui o fabrico de betão e aço, o processo de refinação de petróleo bruto e gás, a fermentação (por exemplo, para produzir álcool ou produtos farmacêuticos) e a decomposição de matéria vegetal (como depois de as árvores serem cortadas). Todos estes sectores podem fazer alterações para emitir menos CO2, mas as mesmas soluções não funcionarão para todos eles

Aquecimento global

O aquecimento global descreve o atual aumento da temperatura média do ar e dos oceanos da Terra.

O aquecimento global é frequentemente descrito como o exemplo mais recente das alterações climáticas.

O clima da Terra mudou muitas vezes. O nosso planeta passou por várias eras glaciares, nas quais os lençóis de gelo e os glaciares cobriram grandes porções da Terra. Passou também por períodos quentes, em que as temperaturas eram mais elevadas do que são atualmente.

As alterações passadas na temperatura da Terra ocorreram muito lentamente, ao longo de centenas de milhares de anos.

No entanto, a recente tendência de aquecimento está a acontecer muito mais rapidamente do que alguma vez aconteceu.

Os ciclos naturais de aquecimento e arrefecimento não são suficientes para explicar a quantidade de aquecimento que temos experimentado em tão pouco tempo - apenas as actividades humanas o podem explicar. Os cientistas receiam que o clima esteja a mudar mais rapidamente do que alguns seres vivos conseguem adaptar-se a ele. Em 1988, o Comité Meteorológico Mundial

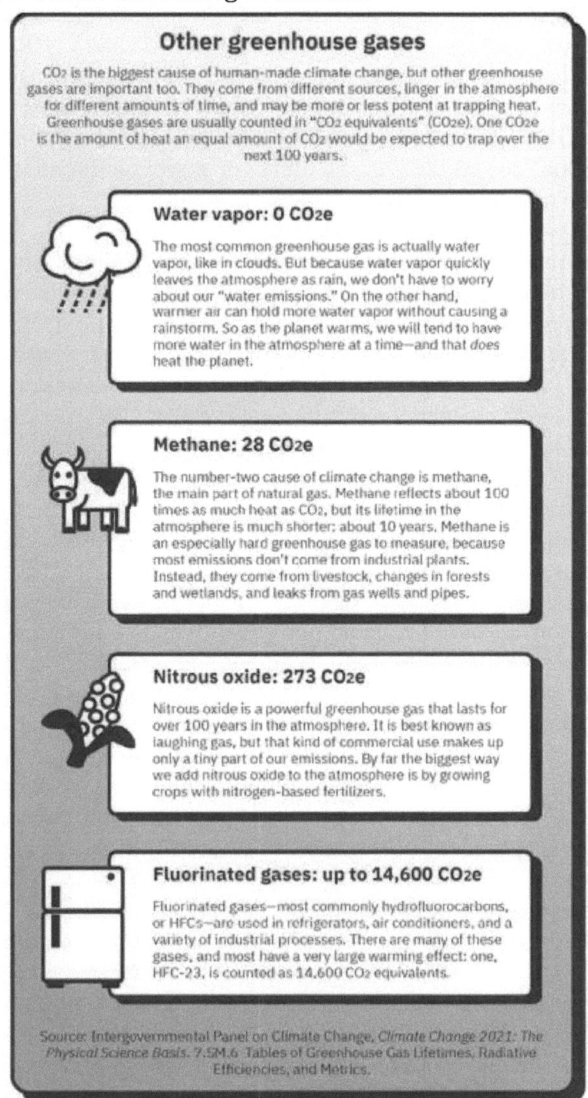

Organização das Nações Unidas para o Ambiente e a
O Programa IPCC criou um comité de climatologistas, meteorologistas, geógrafos e outros cientistas de todo o mundo. Este Painel Intergovernamental sobre as Alterações Climáticas (IPCC) inclui

milhares de cientistas que analisam a investigação mais actualizada disponível relacionada com o aquecimento global e as alterações climáticas. O IPCC avalia o risco de alterações climáticas causadas por actividades humanas.

De acordo com o relatório mais recente do IPCC (em 2007), as temperaturas médias à superfície da Terra aumentaram cerca de 0,74 graus Celsius (1,33 graus Fahrenheit) nos últimos 100 anos. O aumento é maior nas latitudes setentrionais. O IPCC concluiu também que as regiões terrestres estão a aquecer mais rapidamente do que os oceanos. O IPCC afirma que a maior parte do aumento da temperatura desde meados do século XX se deve provavelmente às actividades humanas.

O efeito de estufa

As actividades humanas contribuem para o aquecimento global através do aumento do efeito de estufa. O efeito de estufa ocorre quando certos gases - conhecidos como gases de estufa - se acumulam na atmosfera da Terra. Estes gases, que ocorrem naturalmente na atmosfera, incluem o dióxido de carbono, o metano, o óxido de azoto e os gases fluorados, por vezes conhecidos como clorofluorocarbonetos (CFC).

Os gases com efeito de estufa deixam a luz do sol incidir sobre a superfície da Terra, mas retêm o calor que se reflecte na atmosfera. Desta forma, actuam como as paredes de vidro isolantes de uma estufa. O efeito de estufa mantém o clima da Terra confortável. Sem ele, as temperaturas à superfície seriam mais baixas em cerca de 33 graus Celsius (60 graus Fahrenheit) e muitas formas de vida congelariam.

Desde a Revolução Industrial, no final dos anos 1700 e início dos anos 1800, as pessoas têm libertado grandes quantidades de gases com efeito de estufa para a atmosfera. Essa quantidade disparou no último século. As emissões de gases com efeito de estufa aumentaram 70 por cento entre 1970 e 2004. As emissões de dióxido de carbono, o gás com efeito de estufa mais importante, aumentaram cerca de 80% durante esse período. Atualmente, a quantidade de dióxido de carbono na atmosfera excede em muito o intervalo natural observado nos últimos 650 000 anos.

A maior parte do dióxido de carbono que as pessoas colocam na atmosfera provém da queima de combustíveis fósseis, como o petróleo, o carvão e o gás natural. Carros, camiões, comboios e aviões queimam combustíveis fósseis. Muitas centrais eléctricas também queimam combustíveis fósseis.

Outra forma de as pessoas libertarem dióxido de carbono para a atmosfera é através do abate de florestas. Isto acontece por duas razões. O material vegetal em decomposição, incluindo as árvores, liberta toneladas de dióxido de carbono para a atmosfera. As árvores vivas absorvem o dióxido de carbono. Ao diminuir o número de árvores para absorver o dióxido de carbono, o gás permanece na atmosfera.

A maior parte do metano na atmosfera provém da criação de gado, dos aterros sanitários e da produção de combustíveis fósseis, como a extração de carvão e o processamento de gás natural. O óxido nitroso provém da tecnologia agrícola e da queima de combustíveis fósseis.

Os gases fluorados incluem os clorofluorocarbonetos, os hidroclorofluorocarbonetos e os hidrofluorocarbonetos. Estes gases com efeito de estufa são utilizados em latas de aerossol e na refrigeração.

Todas estas actividades humanas acrescentam gases com efeito de estufa à atmosfera, retendo mais calor do que o habitual e contribuindo para o aquecimento global.

Efeitos do aquecimento global

Mesmo pequenos aumentos nas temperaturas médias globais podem ter efeitos enormes. Talvez o maior e mais óbvio efeito seja o facto de os glaciares e as calotes polares derreterem mais depressa do que o habitual. A água de fusão escorre para os oceanos, provocando a subida do nível do mar e a diminuição da salinidade dos oceanos.

Os mantos de gelo e os glaciares avançam e recuam naturalmente. À medida que a temperatura da Terra se alterou, os mantos de gelo cresceram e encolheram, e o nível do mar desceu e subiu. Corais antigos encontrados em terra na Florida, Bermudas e Bahamas mostram que o nível do mar deve ter sido cinco a seis metros (16-20 pés) mais alto há 130.000 anos do que é atualmente. A Terra não precisa de ficar quente como um forno para derreter os glaciares. Os verões do norte eram apenas três a cinco graus Celsius (cinco a nove graus Fahrenheit) mais quentes durante o tempo desses fósseis antigos do que são hoje.

No entanto, a velocidade a que o aquecimento global está a ocorrer não tem precedentes. Os efeitos são desconhecidos.

Atualmente, os glaciares e as calotes polares cobrem cerca de 10% da massa terrestre do planeta. Contêm cerca de 75 por cento da água doce do mundo. Se todo este gelo derretesse, o nível do mar subiria cerca de 70 metros (230 pés). O IPCC informou que o nível global do mar subiu cerca de 1,8 milímetros (0,07 polegadas) por ano de 1961 a 1993 e 3,1 milímetros (0,12 polegadas) por ano desde 1993.

A subida do nível do mar poderá inundar comunidades costeiras, deslocando milhões de pessoas em áreas como o Bangladesh, os Países Baixos e o estado norte-americano da Florida. A migração forçada teria impacto não só nessas áreas, mas também nas regiões para onde os "refugiados do clima" fogem. Outros milhões de pessoas em países como a Bolívia, o Peru e a Índia dependem da água de degelo dos glaciares para beber, irrigar e produzir energia hidroelétrica. A perda rápida desses glaciares devastaria esses países.

O derretimento dos glaciares já fez subir ligeiramente o nível global do mar. No entanto, os cientistas estão a descobrir formas de o nível do mar aumentar ainda mais rapidamente. Por exemplo, o degelo do glaciar Chacaltaya, na Bolívia, expôs rochas escuras por baixo. As rochas absorvem o calor do sol, acelerando o processo de fusão.

Muitos cientistas utilizam o termo "alterações climáticas" em vez de "aquecimento global". Isto deve-se ao facto de as emissões de gases com efeito de estufa afectarem mais do que apenas a temperatura. Outro efeito envolve alterações na precipitação, como a chuva e a neve. Os padrões de precipitação podem mudar ou tornar-se mais extremos. Ao longo do século XX, a precipitação aumentou nas zonas orientais da América do Norte e do Sul, no norte da Europa e no norte e centro da Ásia. No entanto, diminuiu em partes de África, no Mediterrâneo e em partes do sul da Ásia.

Mudanças no futuro: Ninguém pode olhar para uma bola de cristal e prever o futuro com certeza. No entanto, os cientistas podem fazer estimativas sobre o crescimento futuro da população, as emissões de gases com efeito de estufa e outros factores que afectam o clima. Podem introduzir essas estimativas em modelos informáticos para descobrir os efeitos mais prováveis do aquecimento global.

O IPCC prevê que as emissões de gases com efeito de estufa continuarão a aumentar nas próximas décadas. Como resultado, prevê-se que a temperatura média global aumente cerca de 0,2 graus Celsius (0,36 graus Fahrenheit) por década. Mesmo se reduzirmos as emissões de gases com efeito de estufa e de aerossóis para os níveis de 2000, podemos esperar um aquecimento de cerca de 0,1 graus Celsius (0,18 graus Fahrenheit) por década.

O painel também prevê que o aquecimento global contribuirá para algumas alterações graves no abastecimento de água em todo o mundo. Até meados do século XXI, prevê o IPCC, o escoamento dos rios e a disponibilidade de água aumentarão muito provavelmente nas latitudes elevadas e nalgumas zonas tropicais. No entanto, muitas regiões secas nas latitudes médias e nos trópicos registarão uma diminuição dos recursos hídricos.

Consequentemente, milhões de pessoas podem ficar expostas a situações de escassez de água. A escassez de água diminui a quantidade de água disponível para consumo, eletricidade e higiene. A escassez também reduz a água utilizada para irrigação. A produção agrícola abrandaria e os preços dos alimentos subiriam. Anos consistentes de seca nas Grandes Planícies dos Estados Unidos e do Canadá teriam este efeito.

Os dados do IPCC sugerem também que a frequência das ondas de calor e da precipitação extrema irá aumentar. Os padrões meteorológicos, como as tempestades e os ciclones tropicais, tornar-se-ão mais intensos. As próprias tempestades poderão ser mais fortes, mais frequentes e mais duradouras. A estas tempestades seguir-se-ão fortes vagas de tempestade, a subida imediata do nível do mar que se segue às tempestades. As vagas de tempestade são particularmente prejudiciais para as zonas costeiras porque os seus efeitos (inundações, erosão, danos em edifícios e culturas) são duradouros.

O que podemos fazer: A redução das nossas emissões de gases com efeito de estufa é um passo fundamental para abrandar a tendência do aquecimento global. Muitos governos em todo o mundo estão a trabalhar para atingir este objetivo.

O maior esforço até agora foi o Protocolo de Quioto, que foi adotado em 1997 e entrou em vigor em 2005. Até ao final de 2009, 187 países tinham assinado e ratificado o acordo. Ao abrigo do protocolo, 37 países industrializados e a União Europeia comprometeram-se a reduzir as suas emissões de gases com efeito de estufa.

Há várias formas de os governos, as indústrias e os indivíduos reduzirem os gases com efeito de estufa. Podemos melhorar a eficiência energética das casas e das empresas. Podemos melhorar a eficiência do combustível dos automóveis e de outros veículos. Também podemos apoiar o desenvolvimento de fontes de energia alternativas, como a energia solar e os biocombustíveis, que não envolvam a queima de combustíveis fósseis.

Alguns cientistas estão a trabalhar para capturar o dióxido de carbono e armazená-lo no subsolo, em vez de o deixar ir para a atmosfera. Este processo é designado por sequestro de carbono.

As árvores e outras plantas absorvem dióxido de carbono à medida que crescem. A proteção das florestas existentes e a plantação de novas florestas podem ajudar a equilibrar os gases com efeito de estufa na atmosfera.

As mudanças nas práticas agrícolas também poderiam reduzir as emissões de gases com efeito de estufa. Por exemplo, as explorações agrícolas utilizam grandes quantidades de fertilizantes à base de azoto, que aumentam as emissões de óxido de azoto do solo. A redução da utilização destes fertilizantes reduziria a quantidade deste gás com efeito de estufa na atmosfera.

A forma como os agricultores manuseiam o estrume animal também pode ter um efeito no aquecimento global. Quando o estrume é armazenado como líquido ou chorume em lagoas ou tanques, liberta metano. No entanto, quando seca como um sólido, não liberta.

A redução das emissões de gases com efeito de estufa é de importância vital. No entanto, a temperatura global já se alterou e muito provavelmente continuará a alterar-se nos próximos anos. O IPCC sugere que as pessoas explorem formas de se adaptarem ao aquecimento global, bem como tentem abrandá-lo ou travá-lo. Algumas das sugestões de adaptação incluem:

• Aumentar o abastecimento de água através da captação de chuva, conservação, reutilização e dessalinização.

• Ajustar a localização das culturas, a variedade e as datas de plantação.

• Construir quebra-mares e barreiras contra tempestades e criar pântanos e zonas húmidas como amortecedores contra a subida do nível do mar.

• Criar planos de ação em matéria de saúde térmica, reforçar os serviços médicos de emergência e melhorar a vigilância e o controlo das doenças.

• Diversificar as atracções turísticas, porque as atracções existentes, como as estâncias de esqui e os recifes de coral, podem desaparecer.

• Planeamento de estradas e linhas ferroviárias para fazer face ao aquecimento e/ou às inundações.

• Reforçar as infra-estruturas energéticas, melhorar a eficiência energética e reduzir a dependência de fontes de energia únicas.

Referências:

1 Barford, E. (2013, 25 de agosto). O aumento da acidez dos oceanos vai agravar o aquecimento global. *Nature.* https://doi.org/10.1038/nature.2013.13602

2 Dyurgerov, M. B., & Meier, M. F. (2005) *Glaciers and the changing Earth system: A 2004 snapshot.* Occasional Paper, 58. Universidade do Colorado http://instaar.colorado.edu/uploads/occasional-papers/OP58 dyurgerov meier.pdf

3 Heaton, T. H. E. (1986). Estudos isotópicos da poluição por azoto na hidrosfera e na atmosfera: A review. *Chemical Geology: Isotope Geoscience, 59*, 87-102. https://doi.org/10.1016/0168-9622(86)90059-X

4 Kundzewicz, Z. W. (2008). Hydrosphere. In *Encyclopedia of Ecology,* pp. 1923-1930. https://doi.org/10.1016/B978-008045405-4.00740-0

5 Lindsey, R., (2020). *Alterações climáticas: Nível global do mar.* NOAA Climate.gov. https://www.climate.gov/news-features/understanding-climate/climate-change-global-sea-level

Moore, M. V., Hampton, S. E., Izmest'eva, L. R., Silow, E. A., Peshkova, E. V., & Pavlov,
6 B. K. (2009). Climate change and the world's "Sacred-Sea"- Lake Baikal, Siberia. *Bioscience, 59,* 405-417. https://doi.org/10.1525/bio.2009.59.5.8

7 Mumby, P. J., Elliott, I. A., Eakin, C. M., Skirving, W., Paris, C. B., Edwards, H. J., Enríquez, S., Iglesias-Prieto, R., Cherubin, L. M., & Stevens, J. R. (2011). Projeto de reserva para respostas incertas dos recifes de coral às mudanças climáticas. *Ecologia Letters, 14*(2), 132-140. https://doi.org/10.1111/j.1461-0248.2010.01562.x

8 Osorio, J., Mendoza, B., & Velasco, V. (2008). Tendência do ácido metano sulfónico associada ao berílio-10 e à irradiância solar. *Actas da 30ª Conferência Internacional de Raios Cósmicos,* 1, 501- 504. https://indico.nucleares.unam.mx/event/4/session/40/contribution/

74 0/material/paper/O.pdf

9   Roessig, J., Woodley, C., Cech, Jr, J., & Hansen, L. (2004). Effects of global climate change on marine and estuarine fishes and fisheries. *Reviews in Fish Biology and Fisheries, 14*(2), 251-275. https://doi.org/10.1007/s11160-004- 6749-0

10 Valero, A., Agudelo, A., & Valero, A. (2011). O planeta crepuscular. Um modelo para a atmosfera e a hidrosfera esgotadas. *Energia, 36*(6), 37453753. https://doi.Org/10.1016/j.energy.2010.07.017

11 .https://byjus.com/physics/hydrosphere/

CAPÍTULO 2

DESAFIOS AMBIENTAIS À SEGURANÇA ALIMENTAR

Deepak Singh[1] e Manoj Kumar Sharma[1*]
[1]Departamento de Botânica, J.V. College, Baraut, Baghpat, Uttar Pradesh, Índia
*Autor correspondente: mbhardwaj1501@gmail.com

Resumo

Hoje em dia, o fluxo de tráfego está a aumentar rapidamente, o que provoca a poluição do ar. Para além disso, vários tipos de poluição estão também a tornar-se perigosos. O clima está a mudar rapidamente. A principal fonte de vida humana é a água e os alimentos, pelo que é necessário um local isento de poluição e a alimentação humana e outras fontes estão a ficar sob a influência da contaminação. Neste contexto, a parte comestível dos alimentos presente nas culturas e na vegetação frutícola não é totalmente segura. Polui a fonte alimentar, acrescentando outros tipos de poluição ao ambiente. Devido a isso, estão a ser observadas muitas alterações na nutrição humana e os níveis de nutrientes presentes nos alimentos não são em quantidade suficiente. No clima, se o tráfego, a poluição atmosférica e outros tipos de poluição não forem controlados, a humanidade terá de passar por uma situação de envelhecimento prematuro e morte. Ao familiarizar-se com estas circunstâncias, fica demonstrado. A qualidade dos alimentos presentes na vegetação da cultura será melhorada. O controlo dos vários tipos de poluição existentes tornou-se um desafio. Ao esclarecer este facto, foi decidido que os alimentos podem ser tornados seguros através do controlo da multipoluição. Esta estratégia para resolver questões relacionadas com a segurança alimentar, a agenda de multiatividades humanas e a redução de outros tipos de poluição do ambiente, unindo equipas interdisciplinares para formar um sistema forte. Além disso, o estudo analisa se as políticas energéticas e agrícolas influenciam a produtividade e a segurança alimentar, respetivamente, e fornece um esboço de potenciais ferramentas políticas para mitigar os problemas, mantendo a segurança alimentar.

Palavras-chave: Alterações climáticas, Segurança alimentar, Qualidade dos alimentos, Cadeia alimentar, Poluição

1. Introdução

O termo "segurança alimentar" foi utilizado formalmente pela primeira vez em 1974, na Reunião Mundial de Roma sobre Problemas Alimentares, e a ideia foi posteriormente elaborada e definida de forma mais explícita numa conferência posterior, em 1996. Quando tal é viável do ponto de vista prático e financeiro, a "segurança alimentar" é frequentemente considerada neste sentido.

Normalmente, quando se pensa na disponibilidade física de alimentos, as pessoas pensam na quantidade e diversidade de produtos alimentares que satisfazem a procura efectiva nas suas respectivas localidades. O termo é utilizado para descrever o abastecimento alimentar de um país ou região (Djuraeva 2010). As alterações climáticas já estão a ter consequências de grande alcance e devastadoras nos nossos ecossistemas, e um dos maiores problemas que a humanidade enfrenta é manter a segurança alimentar enquanto o planeta aquece. Embora algumas questões relacionadas com as alterações climáticas estejam apenas a começar a surgir, temos de agir agora para ganharmos tempo suficiente para fortalecer os nossos sistemas de produção agrícola. Todas as pessoas podem ter uma vida ativa e saudável quando têm acesso a alimentos seguros e em quantidade suficiente que satisfaçam as suas necessidades e preferências alimentares, independentemente do local e do momento em que vivem (Cimeira Mundial da Alimentação, 1996). Quatro aspectos da segurança alimentar emergem desta definição: disponibilidade, acessibilidade (tanto financeira como física), utilização (como os alimentos são ingeridos e absorvidos pelo organismo), e muitos outros. Ter acesso a alimentos de alta qualidade em quantidade suficiente, quer sejam produzidos no país ou importados (incluindo a ajuda alimentar). O direito a meios suficientes para comprar alimentos saudáveis para as suas necessidades dietéticas. Os direitos de uma pessoa incluem todos os bens materiais sobre os quais tem controlo em resultado dos sistemas legais, políticos, económicos e sociais da sua comunidade. Isto inclui tanto os direitos modernos como os tradicionais, tais como a capacidade de utilizar recursos partilhados. Atingir o bem-estar nutricional, quando todas as necessidades fisiológicas são satisfeitas, através da utilização de alimentos através de uma dieta suficiente, água potável, saneamento e cuidados de saúde. Para que uma comunidade, família ou pessoa seja considerada segura em termos alimentares, deve ter sempre alimentos suficientes para comer. Nem as ocorrências cíclicas (como a escassez sazonal de alimentos) nem os choques inesperados (como as crises económicas ou climáticas) devem pôr em perigo a sua segurança alimentar. Neste contexto, "estabilidade" significa que os três aspectos da segurança alimentar - disponibilidade, acesso e utilização - são cumpridos. (De acordo com Nyathi e colegas, 2022). Aqueles cuja sobrevivência depende da agricultura enfrentam ameaças ainda maiores ao seu abastecimento alimentar e ao seu bem-estar nutricional em resultado destes perigos acrescidos para a produção agrícola. Podem também afetar a nutrição e a segurança alimentar de pessoas distantes, causando perturbações no comércio e volatilidade dos preços. Assim, os agro-ecossistemas, a produção agrícola, as ramificações económicas e sociais, a segurança alimentar e a nutrição estão todos em perigo devido às alterações climáticas. Como civilização global, enfrentamos um desafio monumental para garantir a segurança alimentar, satisfazer as necessidades de saúde de uma população humana em constante crescimento e proteger os recursos naturais do nosso planeta para o bem das gerações vindouras. A produção alimentar sustentável e a gestão ambiental são cruciais para responder a estas questões e exigirão uma estratégia de saúde única. A ideia subjacente a "uma só saúde" é que o bem-estar humano, animal e ambiental é interdependente. Este método pode ser utilizado para abordar questões relacionadas com a segurança alimentar, a produção sustentável de alimentos e a gestão ambiental através da formação de uma rede de saúde única com equipas interdisciplinares. O mundo tem de garantir que todos têm acesso a alimentos saudáveis, a fim de reduzir a insegurança alimentar, proteger os nossos recursos naturais finitos e melhorar a saúde pública (Garcia e Osburn 2020). A política agrícola e a política energética são ambas examinadas neste estudo para determinar os seus impactos na produtividade e na segurança alimentar, respetivamente. O estudo também oferece um resumo de possíveis ferramentas políticas para mitigar os problemas e garantir a segurança alimentar.

2. Alterações climáticas importantes para os sectores da agricultura

O relatório mais recente do Painel Intergovernamental sobre as Alterações Climáticas (IPCC) reitera os pontos-chave apresentados em relatórios anteriores sobre a evolução do clima e os seus principais impactos físicos, incluindo as implicações das alterações das temperaturas da terra e dos oceanos, a subida do nível do mar e a acidificação dos oceanos. Além disso, clarifica as possíveis alterações na distribuição, intensidade e padrão geográfico da precipitação ao longo do ano. Além disso, as capacidades de modelização melhoradas, juntamente com uma maior recolha e utilização de dados, permitem estimativas a médio prazo mais precisas e exactas. Se quisermos saber quais os efeitos que as coisas podem ter nos sistemas agrícolas e como os prever, estas actualizações são vitais. Seguindo cadeias de evidências que começam com o clima físico e passam para os sistemas intermédios e, finalmente, para os seres humanos, a Síntese do IPCC afirma que os impactos em cascata das alterações climáticas podem agora ser rastreados. Ao longo dos numerosos relatórios do PIAC, os fundamentos científicos da nossa atual compreensão das alterações climáticas foram sendo mais clarificados. A segunda fase do Projeto de Intercomparação de Modelos Acoplados (CMIP) foi concluída no final do ano, pelo que as estimativas das alterações climáticas serão alteradas nos próximos anos. O IPCC oferece o consenso mais fiável sobre as projecções das alterações climáticas até à conclusão do CMIP. As emissões de gases com efeito de estufa (GEE) durante as próximas décadas, induzidas por uma vasta gama de variáveis sociais, económicas e técnicas, bem como pela política climática, terão um impacto significativo na quantidade de aquecimento que ocorrerá no final do século XXI. Um cenário de mitigação rigoroso, vias de concentração representativas de emissões de GEE mais elevadas, o Painel Intergovernamental sobre as Alterações Climáticas e as emissões de poluentes atmosféricos e utilização dos solos são os quatro cenários delineados pelas Vias de Concentração Representativas (RCP) (Pachauri *et al.*, 2014). As emissões históricas de gases com efeito de estufa, a variabilidade climática interna, os aerossóis, as alterações do uso do solo e as erupções vulcânicas ditam o aquecimento global num futuro relativamente próximo, até cerca de meados do século XXI. Em breve estarão disponíveis informações orientadas para o utilizador na área em rápido desenvolvimento da previsão climática decadal (de um ano a várias décadas no futuro) (Meehl *et al.*, 2014).

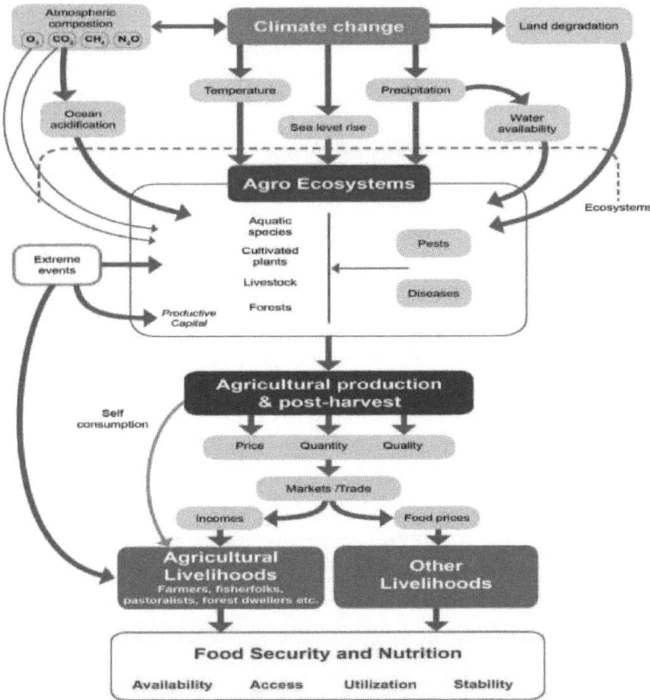

Fig. 1: Representação esquemática dos efeitos em cascata dos impactes das alterações climáticas na segurança alimentar e na nutrição. (Fonte. Lar, Panshak. **2023)**

A gestão das ameaças à segurança alimentar decorrentes da atual variabilidade climática e das condições meteorológicas extremas é crucial, especialmente tendo em conta a variabilidade climática interanual relativamente substancial a curto prazo. Por outro lado, há cada vez mais provas de que as adaptações que estão a ser implementadas atualmente são insuficientes para lidar com os efeitos a longo prazo das alterações climáticas (Niang *et al.*, 2014).

3. **Impactos no agro-ecossistema**

Os padrões climáticos do passado tiveram mais efeitos negativos do que positivos na produção agrícola em muitas partes do mundo. Isto inclui alturas em que os preços dispararam após extremos climáticos em importantes regiões produtoras. Os rendimentos do trigo e do milho foram afectados negativamente pelas alterações climáticas em numerosos locais e à escala global, de acordo com a investigação (Lobell, Schlenker e Costa-Roberts, 2011). O rendimento e a qualidade do arroz foram afectados pelo aumento da frequência de noites excecionalmente quentes na maioria das regiões, o que é uma má notícia para a maioria das culturas. Se quisermos prever a forma como as futuras alterações climáticas influenciarão a produção agrícola, podemos utilizar uma série de abordagens, incluindo uma grande variedade de modelos de culturas. Uma avaliação globalmente consistente e multimodal das alterações climáticas para culturas importantes com uma caraterização clara da incerteza produziu resultados de estudo convergentes (Frieler *et al.*, 2015, Rosenzweig *et al.*, 2014). Provar que os padrões de produção alimentar mundial irão mudar drasticamente devido às alterações climáticas. As localizações tropicais e de latitude modesta devem esperar consequências negativas para a produtividade das culturas decorrentes das alterações climáticas para o trigo, o arroz e o milho, mantendo-se tudo o resto igual, considerando as actuais áreas agrícolas, os níveis de gestão e a tecnologia. Isto é verdade mesmo com níveis modestos de aquecimento. Até à temperatura ideal para o desenvolvimento das culturas, os efeitos da temperatura são normalmente bem conhecidos. Muito menos se sabe sobre os efeitos quando essas temperaturas ideais são ultrapassadas. A investigação também mostra que, dependendo da cultura e da zona, as temperaturas diurnas excessivas entre 30 e 34 graus Celsius têm um efeito negativo significativo no rendimento das culturas. Algumas experiências de modelização prevêem uma diminuição do potencial agrícola devido ao aumento da frequência das secas, ao passo que outros estudos baseados na associação de modelos climáticos e de culturas sugerem que o potencial agro-ecológico da zona produtora de cereais da Eurásia Central pode aumentar devido a temperaturas mais quentes, estações de crescimento mais longas, diminuição das geadas e impacto positivo de concentrações atmosféricas mais elevadas de CO_2 nas culturas (Lioubimtseva, Dronin e Kirilenko, 2015). O aumento das temperaturas no inverno, o prolongamento do período de crescimento e a

O efeito da fertilização com CO_2 nas culturas agrícolas poderá levar a um aumento do potencial de produção de cereais na Federação Russa, na Ucrânia e no Cazaquistão, de acordo com as projecções agro-ecológicas baseadas em cenários de alterações climáticas. Por outro lado, a zona semi-árida mais produtiva poderá registar um aumento dramático da frequência das secas.

Raízes e tubérculos, leguminosas, vegetais, frutas e outros produtos hortícolas com maior conteúdo nutricional têm sido menos investigados do que as culturas de base, apesar da sua importância para a nutrição e opções de subsistência (Nelson *et al.*, 2012). Verificou-se que as uvas, as maçãs e outras culturas hortícolas perenes florescem e amadurecem mais cedo a uma escala global. De acordo com alguns estudos recentes, a mandioca pode ser uma boa candidata porque tem uma temperatura ideal elevada para a fotossíntese e o crescimento e reage positivamente ao aumento do CO2. Prevê-se que a acumulação de frio invernal, um fator crucial para numerosas plantas de frutos e nozes, continue a diminuir. Nos EUA, as maçãs e as cerejas poderão ser afectadas, de acordo com vários estudos. A maioria dos locais de produção de vinho pode antecipar um declínio na adaptabilidade da videira. Prevêem-se zonas óptimas para a relocalização das culturas de cana-de-açúcar e de café no Brasil. De acordo com Porter et al. (2014), é provável que haja uma diminuição de 40% na adequação do café cultivado em El Salvador, Costa Rica e Nicarágua.

4. **Poluição atmosférica e agricultura na cadeia alimentar**

A indústria agrícola produz enormes quantidades de poluentes atmosféricos, incluindo gases com efeito de estufa, amoníaco e partículas em suspensão (Huxham *et al.*, 2015). Em cada fase, a poluição do ar influencia a procura e a oferta de alimentos. A interação entre a cadeia alimentar e a poluição do ar é mostrada na Fig. 1. Os processos naturais (como a excreção) e a produção e utilização de agroinputs exacerbam a contaminação nas explorações agrícolas, onde as plantas e os animais já libertam grandes quantidades de poluentes atmosféricos. No entanto, a poluição do ar pode ter um efeito grave nas operações agrícolas de várias formas, incluindo afetar diretamente o crescimento das plantas e a saúde dos animais e indiretamente a eficácia dos factores de produção agrícola através de processos como a sedimentação, a difusão e a precipitação. A poluição atmosférica pode reduzir a produtividade dos trabalhadores, o que, por sua vez, obstrui o abastecimento alimentar, e os resíduos industriais e as emissões dos veículos criam grandes quantidades de poluentes atmosféricos durante a transformação e distribuição dos alimentos. Por último, as pessoas podem alterar os seus hábitos de compra para reduzir a exposição à poluição atmosférica e os seus potenciais efeitos na saúde. A poluição atmosférica pode alterar os preços dos alimentos devido aos seus efeitos sobre a oferta e a procura no mercado (Erisman *et al.*, 2008).

4.1. **Produção e factores de produção**

Aneja *et al.* (2008) identificaram os gases com efeito de estufa, o amoníaco e as partículas como os principais poluentes libertados pelos sistemas de produção agrícola. O ozono (o3) é outro poluente secundário que pode ser formado por interacções químicas entre óxidos de azoto e moléculas orgânicas voláteis. De acordo com Bellarby *et al.* (2008), os principais canais naturais de poluição atmosférica incluem a ocupação do solo e a atividade microbiana do solo. Os fertilizantes sintéticos e os equipamentos agrícolas são exemplos de insumos industriais que agravam a contaminação. Para saber como as plantas reagem à poluição atmosférica, os cientistas efectuaram uma série de testes de campo em todo o mundo. Hoje em dia, a maioria das pessoas concorda que os poluentes atmosféricos, incluindo o ozono (o3), o dióxido de enxofre (so2), o dióxido de azoto (no2) e as partículas (PM), são maus para as plantas porque alteram a sua composição estrutural e funcional ou bloqueiam a fotossíntese. A poluição atmosférica pode reduzir a eficiência dos factores de produção agrícola, alterando a sua taxa de difusão, sedimentação e precipitação (Alloway, 2013), o que, por sua vez, reduz a produção agrícola. De acordo com Yu e Zhao (2009), os principais componentes de um sistema agrícola moderno incluem terra, mão de obra, maquinaria, agroquímicos (como pesticidas sintéticos e fertilizantes), variedades melhoradas e irrigação.

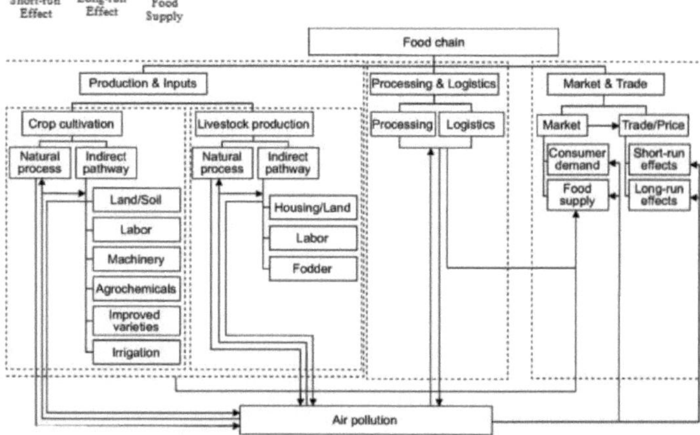

Fig. 2: Poluição atmosférica e agricultura na cadeia alimentar (Fonte: Sun, Feifei. et al., **2017)**

4.1. Processamento

A indústria de transformação de alimentos é crucial para a cadeia alimentar. A poluição atmosférica significativa é o resultado do processamento e embalagem de matérias-primas. A poluição das poeiras orgânicas interiores é caraterística desta indústria, para além das emissões de gases com efeito de estufa e dos gases de escape nocivos resultantes da queima de combustíveis fósseis (Lenters *et al.*, 2010). Numerosos estudos demonstraram que os sectores da transformação de alimentos e da agricultura são os que apresentam os locais de trabalho mais contaminados. De acordo com Astakianakis *et al.* (2007), as fábricas de têxteis são frequentemente utilizadas. A síndrome respiratória aguda, que pode ser causada pela exposição prolongada a ar interior extremamente poluído, pode reduzir drasticamente a produtividade dos trabalhadores, de acordo com a Organização Mundial de Saúde (OMS) (Wyon 2004). (Chang *et al.*, 2016) cita observações feitas numa instalação de embalagem de pêras. Avaliar o impacto das partículas finas na produtividade dos trabalhadores. De acordo com as suas conclusões, a produtividade dos trabalhadores diminui 6% quando a concentração de PM2,5 aumenta em 10 μg m-3. No entanto, os dados recolhidos numa indústria têxtil indiana revelam um impacto reduzido: de acordo com Adhvaryu *et al.* (2014), a eficiência dos trabalhadores é reduzida em apenas 0,3% por cada aumento de 10 μg m-3 na concentração de PM2,5.

4.2. Logística

A distribuição de produtos agrícolas depende em grande medida da logística, que é responsável pela entrega destes produtos das explorações agrícolas aos mercados. As causas mais comuns da poluição atmosférica nos países em desenvolvimento e nas megacidades são as emissões dos transportes, que incluem o desgaste dos travões, o pó das estradas e os gases de escape dos veículos. O monóxido de carbono, os óxidos de enxofre e de azoto, os hidrocarbonetos, as partículas e os metais vestigiais transportados pelo ar são os poluentes rodoviários mais frequentemente registados, com exceção dos gases com efeito de estufa (Zhang e Batterman 2013). Segundo Yamada *et al.* (2011), os motores a gasóleo são conhecidos por libertarem mais poluentes do que outros tipos de motores. O transporte de produtos agrícolas é uma das principais fontes de poluição atmosférica proveniente do tráfego, principalmente devido à utilização de camiões a gasóleo. Em particular, o transporte de produtos agrícolas está a tornar-se mais congestionado devido à rápida urbanização, o que, por sua vez, agrava a poluição atmosférica (Angiola *et al.*, 2010).

4.3. Mercado

4.3.1. Procura dos consumidores

Um estudo que analisou a reação das pessoas no sul da Califórnia aos alertas de smog utilizou uma metodologia de descontinuidade de regressão (Neidell, 2005). Verificaram que, quando eram emitidos alertas de smog, a afluência às instalações ao ar livre diminuía entre 3 e 11%. Assim, a poluição atmosférica a curto prazo pode influenciar os hábitos dos compradores, levando-os a alterar os seus horários de compras e, por sua vez, a alterar a procura de alimentos. Proteja-se tomando medidas preventivas, como a compra de produtos com filtro de ar e o uso de máscaras faciais. Embora a poluição do ar seja um problema real, não parece afetar muito a procura de alimentos a longo prazo, mesmo que prejudique a vida das pessoas todos os dias (Sun *et al.*, 2017).

4.3.2. **Fornecimento de alimentos**

De acordo com Kang *et al.* (2013), o congestionamento do tráfego é agravado pela poluição atmosférica, nomeadamente a poluição por neblina, que reduz a visibilidade. Além disso, é evidente que a qualidade do ar piora durante os engarrafamentos devido ao aumento das emissões dos veículos em comparação com as condições normais de tráfego (Zheng *et al.*, 2013). Para além do ciclo de auto-perpetuação dos engarrafamentos e da poluição atmosférica, a primeira pode fazer com que os condutores adoeçam, atrasando as entregas dos produtos. Do ponto de vista logístico, o abastecimento de alimentos é reduzido devido à poluição atmosférica. Mas, a curto prazo, não fará qualquer diferença (Rank *et al.*, 2001).

4.4. **Comércio**

As alterações nos preços dos alimentos devem resultar de uma mudança no equilíbrio do mercado em consequência dos efeitos da poluição atmosférica sobre a procura e a oferta de alimentos. (Sun *et al.*, 2017) com base em dados diários de preços do mercado grossista ao ar livre de Pequim. No contexto do consumo de alimentos, o armazenamento desempenha um papel significativo, especialmente para itens perecíveis (Gibson e Kim 2012).

5. **Implicações políticas**

5.1. **Política agrícola**

As políticas agrícolas têm o potencial de promover o desenvolvimento agrícola através do funcionamento do mercado, influenciando simultaneamente a qualidade do ar, devido à forte relação entre a oferta, a procura e o comércio agrícolas e a poluição atmosférica (Zilberman *et al.*, 1999). Os instrumentos mais comuns de intervenção governamental são os subsídios aos agricultores e os apoios ao preço dos produtos agrícolas. Os governos de todo o mundo têm vindo a promover programas de subsídios aos factores de produção, especialmente para os fertilizantes sintéticos, desde meados do século. Thirtle *et al.* (2003) concluíram que os subsídios agrícolas foram uma força motriz por detrás da intensificação e da gestão em escala da agricultura, o que, por sua vez, levou a um aumento dramático do crescimento da produtividade agrícola a nível mundial. Este facto, por sua vez, contribuiu para alimentar a população mundial e reduzir a pobreza. Entretanto, a investigação demonstrou que a intensificação da agricultura pode efetivamente reduzir as emissões de gases com efeito de estufa, mesmo quando as emissões de fertilizantes são tidas em conta (Burney *et al.*, 2010). Os pagamentos directos aos agricultores substituíram largamente os apoios aos preços nos países da OCDE desde o início do século (Patton *et al.*, 2008, Heerink *et al.*, 2006). Esta tendência também foi observada em vários países em desenvolvimento, incluindo a China. Em teoria, as políticas agrícolas dissociadas, como os programas de apoio ao rendimento agrícola, não estão ligadas à produtividade, pelo que esta mudança deveria melhorar a qualidade do ar. No entanto, há cada vez mais provas de que a dissociação dos pagamentos directos ligados à terra ainda pode ter um impacto significativo na produtividade, influenciando positivamente a renda da terra. De acordo com Offermann *et al.* (2009), a Política Agrícola Comum (PAC) da União Europeia promove a agricultura biológica e inclui um prémio "verde" para os agricultores. Do mesmo modo, Yu *et al.* (2017) referem que o governo chinês tem procurado promover formas de reduzir as emissões de gases com efeito de estufa através do aumento do subsídio para o cumprimento das normas e da penalização da violência.

5.1. **Política energética**

O interesse global nos biocombustíveis tem sido impulsionado pelo aumento dos preços da energia, pelas preocupações com o abastecimento de petróleo e pelos impactos ambientais prejudiciais da queima de combustíveis fósseis (Hill *et al.,* 2006). Além disso, está provado que os biocombustíveis podem reduzir consideravelmente as emissões de partículas e gases com efeito de estufa quando comparados com a energia proveniente de combustíveis fósseis (Wilson *et al.,* 2011). Por este motivo, muitas nações estão a adotar medidas para incentivar o desenvolvimento e a utilização de biocombustíveis. Em teoria, o uso da terra mudaria como resultado do aumento da procura de matéria-prima utilizada na produção de biocombustíveis, o que seria impulsionado pela política governamental de biocombustíveis (Melillo *et al.,* 2009). De um modo geral, existem duas opções: uma é os agricultores fazerem a transição de pastagens e florestas para novas áreas de cultivo específicas para culturas de biocombustíveis, sem perturbar o atual quadro agrícola. Por outro lado, uma maior utilização da terra alteraria drasticamente o ambiente e agravaria a poluição atmosférica, nomeadamente as emissões de gases com efeito de estufa e de partículas. O segundo ponto é que os agricultores podem aumentar a área plantada com culturas para biocombustíveis ajustando a sua estrutura de plantação, em vez de utilizarem mais terra. Os preços dos alimentos subiriam e os agricultores não teriam outra opção senão converter mais pastagens e florestas em culturas alimentares, devido à rivalidade no uso da terra entre a produção de biocombustíveis e a produção de alimentos (Ajanovic 2011). Os objectivos dos biocombustíveis implicam alterações na utilização dos solos e nos custos dos alimentos. Em 2020, prevêem uma perda mundial de florestas de quase 18,4 milhões de hectares e um aumento de 1-9% no preço da matéria-prima para biocombustíveis primários. Em conformidade com as conclusões de (Searchinger *et al.,* 2008), pode inferir-se do mesmo modelo que a utilização indireta dos solos associada à produção de bioenergia liberta muito mais gases com efeito de estufa do que a utilização direta dos solos. Assim, alguns académicos propuseram a transformação de resíduos agrícolas em biocombustíveis. Para começar, é possível mitigar o problema a baixo custo substituindo os resíduos por culturas destinadas à produção de biocombustíveis, uma vez que esta abordagem não sobrecarrega a utilização dos solos. Mais importante ainda, os biocombustíveis produzidos a partir de biomassa podem transformar resíduos em rendimentos, evitando a poluição atmosférica resultante da queima de resíduos agrícolas (Sarkar *et al.*, 2012).

6. **Resultados e discussão**

Numerosos estudos analisaram a possibilidade de reduzir os níveis de poluição atmosférica utilizando abordagens monetárias e tecnológicas (Tuomisto *et al.*, 2012). Os métodos possíveis para diminuir a poluição atmosférica e garantir a segurança alimentar são descritos nos parágrafos seguintes. Melhorar a maquinaria de fabrico. Quando se trata de emissões de gases com efeito de estufa dos campos de arroz, a gestão da irrigação é fundamental (Nguyen *et al.*, 2015). Hou *et al.* (2012) descobriram que as emissões mundiais de metano e óxido nitroso provenientes dos arrozais poderiam ser drasticamente reduzidas com uma drenagem atempada e adequada. Os agricultores aplicam frequentemente mais fertilizantes do que o sugerido pelos agrónomos, a fim de melhorar a eficiência da utilização de agroquímicos (Ricker-Gilbert *et al.*, 2013). Consequentemente, a tónica deve ser colocada no aumento da eficiência da utilização de fertilizantes e na eliminação dos subsídios aos factores de produção. Temos de encontrar uma forma de pulverizar fertilizantes líquidos e insecticidas de forma mais eficiente, para não os desperdiçarmos. Aumentar a produção Aumentar os rendimentos pode, em qualquer caso, reduzir a utilização dos solos e diminuir o impacto das emissões de gases com efeito de estufa. A lista é longa: investir nas pessoas, utilizar os agroquímicos de forma sensata, melhorar a previsão e a gestão das doenças e das pragas, criar melhores variedades, aumentar as áreas de irrigação, utilizar tecnologias de ponta para o tratamento das águas residuais, otimizar a alimentação dos animais e melhorar o alojamento dos animais. Os regulamentos governamentais devem incentivar a utilização de restos agrícolas como matéria-prima para o fabrico de biocombustíveis, uma vez que esta prática não impõe uma sobrecarga na utilização dos solos e pode ajudar a minimizar a poluição atmosférica relacionada com a combustão. Um número crescente de investigações indica que as alterações alimentares podem ser uma estratégia eficaz para reduzir os níveis de poluição atmosférica. A poluição atmosférica é mais afetada pela produção animal, especialmente a criação de ruminantes, do que pelos sistemas de cultivo. Por isso, em vez de comer carne vermelha e lacticínios, os webers recomendam comer mais aves, peixe, ovos e legumes. Embora ainda haja um longo caminho a percorrer, uma dieta pobre em carne, especialmente uma que contenha pouca ou nenhuma carne vermelha, tem, em teoria, benefícios para a saúde (Garnett 2011).

7. Conclusão

A cadeia alimentar está fortemente associada à poluição atmosférica. Grandes quantidades de gases com efeito de estufa, amoníaco e partículas (PM) são libertadas para a atmosfera em vários pontos da cadeia de abastecimento alimentar, nomeadamente durante a produção, transformação e distribuição. A maioria das emissões agrícolas provém, em média, da criação de animais e da utilização excessiva de fertilizantes químicos nas explorações agrícolas. Uma grande parte da poluição atmosférica no sistema alimentar provém de outras fontes que não as explorações agrícolas, como os resíduos industriais e as emissões dos automóveis. Por outro lado, o ar poluído dificulta a transformação e a distribuição dos alimentos, reduzindo simultaneamente a oferta de matérias-primas. Além disso, a poluição atmosférica pode ter um impacto imediato nas acções dos consumidores. A longo prazo, os preços dos géneros alimentícios podem flutuar devido aos efeitos da poluição atmosférica na oferta e na procura. Por último, mas não menos importante, esta investigação avalia a forma como a política energética afectou a segurança alimentar e como a política agrícola afectou a poluição atmosférica.

8. Investigação futura

Embora muitos estudos tenham analisado a forma como a poluição atmosférica afecta o rendimento das culturas, muito poucos se centraram na identificação do comportamento microbiano na literatura existente. Poderá ser realizada investigação adicional neste domínio. Uma área intrigante para estudos futuros é a forma de incorporar as conclusões da economia comportamental, como a teoria do empurrão, no processo de formulação da política agrícola. O impacto social da imigração reflecte-se na agricultura, tal como as mudanças nas taxas de fertilidade e de mortalidade. A produção agrícola neste contexto, marcado pela forte dependência da tecnologia e dos agro-químicos em detrimento do trabalho humano, será significativamente afetada pelo envelhecimento da mão de obra rural. A poluição atmosférica e outras formas de danos ambientais são resultados inevitáveis. No entanto, a poluição atmosférica tem impactos negativos a curto e a longo prazo na saúde humana, em especial na dos idosos, como já foi referido. A procura de máquinas e produtos agroquímicos pode aumentar ainda mais em consequência da diminuição da produção dos agricultores. Na maior parte dos casos, trata-se de um ciclo interminável. Assim, os académicos e os decisores políticos são atualmente confrontados com uma questão complexa: como garantir a segurança alimentar e, ao mesmo tempo, assegurar a viabilidade a longo prazo da produção agrícola num mundo que está a envelhecer.

9. Agradecimentos

Os autores expressam a sua gratidão ao Departamento de Botânica do

J.V. College, Baraut, Baghpat, Uttar Pradesh, Índia, por ter fornecido as instalações laboratoriais essenciais. A equipa do Departamento é também admirada pelos autores. Por ter dado um apoio importante durante algumas das análises.

10. **Potencial de Conflito de Interesses.** Exatamente zero.

11. **Referências**

• Adhvaryu, A., Kala, N., & Nyshadham, A. (2014). Management and shocks to worker productivity: evidence from air pollution exposure in an Indian garment factory (Gestão e choques na produtividade dos trabalhadores: provas da exposição à poluição atmosférica numa fábrica de vestuário indiana). *Documento de trabalho não publicado, Universidade de Michigan.*

• Ajanovic, A. (2011). Biofuels versus food production: does biofuels production increase food prices. *Energia, 36(4)*, 2070-2076.

• Alloway, B. J. (2013). Sources of heavy metals and metalloids in soils (Fontes de metais pesados e metalóides nos solos). *Heavy metals in soils: trace metals and metalloids in soils and their bioavailability*, 11-50.

• Aneja, V. P., Schlesinger, W. H., & Erisman, J. W. (2008). Farming pollution. *Nature Geoscience, 1(7)*, 409-411.

• Angiola, A., Dawidowski, L. E., Gómez, D. R., & Osses, M. (2010). Emissões de tráfego rodoviário numa megacidade. *Atmospheric Environment, 44(4)*, 483-493.

• Astrakianakis, G., Seixas, N. S., Ray, R., Camp, J. E., Gao, D. L., Feng, Z., & Checkoway, H. (2007). Lung cancer risk among female textile workers exposed to endotoxin (Risco de cancro do pulmão entre trabalhadoras têxteis expostas a endotoxina). *Jornal do Instituto Nacional do Cancro, 99(5)*, 357-364.

• Bellarby, J., Foereid, B., Hastings, A. F. S. J., & Smith, P. (2008). Cool farming: Climate impacts of agriculture and mitigation potential (Impactos climáticos da agricultura e potencial de mitigação).

• Burney, J. A., Davis, S. J., & Lobell, D. B. (2010). Greenhouse gas mitigation by agricultural intensification (Mitigação dos gases com efeito de estufa através da intensificação agrícola). *Actas da Academia Nacional de Ciências, 107(26)*, 12052-12057.

• Chang, T., Graff Zivin, J., Gross, T., & Neidell, M. (2016). Poluição por partículas e a produtividade dos embaladores de pera. *Jornal Económico Americano: Política Económica, 8(3)*, 141-169.

• Djuraeva, D. (2010). Acrescentar o crime de terrorismo internacional ao estatuto do Tribunal Penal Internacional: Definition, Benefits To Justice and Obstacles (Definição, Benefícios para a Justiça e Obstáculos): *Universidade da Europa Central.*

• Erisman, J. W., Bleeker, A., Hensen, A., & Vermeulen, A. (2008). Qualidade do ar agrícola na Europa e perspectivas futuras. *Atmospheric Environment, 42(14)*, 3209-3217.

• Frieler, K., Levermann, A., Elliott, J., Heinke, J., Arneth, A.,

Bierkens, M. F. P., & Schellnhuber, H. J. (2015). Um quadro para a integração intersectorial de projecções de impacto multi-modelo: decisões de uso da terra sob incertezas de impactos climáticos. *Earth System Dynamics, 6*(2), 447-460.

• Garcia, S. N., Osburn, B. I., & jay-russell, M. T. (2020). Uma saúde para a segurança alimentar, segurança alimentar e produção sustentável de alimentos. *Frontiers in Sustainable Food Systems, 4*, 1.

• Garnett, T. (2011). Where are the best opportunities for reducing greenhouse gas emissions in the food system (including the food chain), *Food policy, 36*, S23-S32.

• Gibson, J., & Kim, B. (2012). Testing the infrequent purchases model using direct measurement of hidden consumption from food stocks. *American Journal of Agricultural Economics, 94*(*1*), 257-270.

• Heerink, N., Kuiper, M., & Shi, X. (2006). A nova política de apoio ao rendimento rural da China: Impactos na produção de cereais e na desigualdade do rendimento rural. *China & World Economy, 14*(*6*), 58-69.

• Hill, J., Nelson, E., Tilman, D., Polasky, S., & Tiffany, D. (2006). Environmental, economic, and energetic costs and benefits of biodiesel and ethanol biofuels (Custos e benefícios ambientais, económicos e energéticos dos biocombustíveis biodiesel e etanol). *Actas da Academia Nacional de Ciências, 103*(*30*), 11206-11210.

• Hou, H., Peng, S., Xu, J., Yang, S., & Mao, Z. (2012). Variações sazonais das emissões de CH4 e N2O em resposta à gestão da água em campos de arroz localizados no sudeste da China. *Chemosphere, 89*(*7*), 884-892.

• Huxham, M., Emerton, L., Kairo, J., Munyi, F., Abdirizak, H., Muriuki, T., & Briers, R. A. (2015). Aplicação do desenvolvimento compatível com o clima e da avaliação económica à gestão costeira: um estudo de caso das florestas de mangue do Quénia. *Journal of environmental management, 157*, 168-181.

• Kang, H., Zhu, B., Su, J., Wang, H., Zhang, Q., & Wang, F. (2013). Análise de um episódio de neblina de longa duração em Nanjing, China. *Atmospheric Research, 120*, 78-87.

• Lar, Panshak. (2023). Alterações climáticas e a sustentabilidade da segurança alimentar na Nigéria. Revista eletrónica SSRN. 10.2139/ssrn.4398677.

• Lenters, V., Basinas, I., beane-freeman, L., Boffetta, P., Checkoway, H., Coggon, D., & Vermeulen, R. (2010). Endotoxin exposure and lung cancer risk: a systematic review and meta-analysis of the published literature on agriculture and cotton textile workers. *Cancer Causes & Control, 21*, 523-555.

• Lioubimtseva, E., Dronin, N., & Kirilenko, A. (2015). Tendências da produção de cereais na Federação Russa, Ucrânia e Cazaquistão no contexto das alterações climáticas e do comércio internacional.

Alterações climáticas e sistemas alimentares: avaliações globais e implicações para a segurança alimentar e o comércio. FAO, 211-245.

• Lobell, D. B., Schlenker, W., & costa-roberts, J. (2011). Tendências climáticas e produção agrícola global desde 1980. *Science, 333(6042)*, 616-620.

• Meehl, G. A., Goddard, L., Boer, G., Burgman, R., Branstator, G., Cassou, C., & Yeager, S. (2014). Previsão climática decadal: uma atualização das trincheiras. *Boletim da Sociedade Americana de Meteorologia, 95(2)*, 243-267.

• Melillo, J. M., Reilly, J. M., Kicklighter, D. W., Gurgel, A. C., Cronin, T. W., Paltsev, S., & Schlosser, C. A. (2009). Indirect emissions from biofuels: how important. *science, 326(5958)*, 1397-1399.

• Neidell, M. (2006). Public information and avoidance behavior: Do people respond to smog alerts. *Relatório técnico do Centro de Integração de Ciências Estatísticas e Ambientais, 24*.

• Nelson, G., Cai, Z., Hassan, R., Godfray, C., Santos, M., & Swaminathan, H. (2012). Segurança alimentar e alterações climáticas: A report by the high level panel of experts on food security and nutrition.

• Nguyen, S. G., Guevarra, R. B., Kim, J., Ho, C. T., Trinh, M. V., & Unno, T. (2015). Impactos de fertilizantes iniciais e sistemas de irrigação em metanógenos de arroz e emissão de metano. *Poluição da água, do ar e do solo, 226*, 111.

• Niang, I., Ruppel, o.c., Abdrabo, m.a., Essel, A., Lennard, C., Padgham, J. & Urquhart, P. (2014). Impactos, adaptação e vulnerabilidade. Parte B: Aspectos regionais. pp. 1199-1265.

• Nyathi, D., Ndlovu, J., Phiri, K., & Muzvaba, N. E. (2022). Alterações climáticas e insegurança alimentar: Riscos e respostas no distrito de Bulilima, no Zimbabué. In *Handbook of Climate Change Across the Food Supply Chain* (pp. 421-436).

• Offermann, F., Nieberg, H., & Zander, K. (2009). Dependência das explorações agrícolas biológicas em relação aos pagamentos directos em determinados Estados-Membros da UE: Today and tomorrow. *Food Policy, 34(3)*, 273-279.

• Pachauri, R. K., Allen, M. R., Barros, V. R., Broome, J., Cramer, W., Christ, R., & van Ypserle, J. P. (2014). *Relatório de síntese das alterações climáticas. Contribuição dos Grupos de Trabalho I, II e III para o quinto relatório de avaliação do Painel Intergovernamental sobre Alterações Climáticas* (p. 151). Ipcc.

• Patton, M., Kostov, P., mcerlean, S., & Moss, J. (2008). Assessing the influence of direct payments on the rental value of agricultural land (Avaliação da influência dos pagamentos directos no valor locativo das terras agrícolas). *Food policy, 33(5)*, 397-405.

• Porter, J. R., Xie, L., Challinor, A. J., Cochrane, K., Howden, S. M., Iqbal, M. M., ... & Travasso, M. I. (2014). Segurança alimentar e sistemas de produção alimentar. 485-533.

• Rank, J., Folke, J., & Jespersen, P. H. (2001). Differences in cyclists and car drivers exposure to air pollution from traffic in the city of Copenhagen. *Science of the Total Environment, 279(3)*, 131-136.

• Ricker-Gilbert, J., Mason, N. M., Darko, F. A., & Tembo, S. T. (2013). Quais são os efeitos dos programas de subsídio de insumos nos preços do milho? Evidence from Malawi and Zambia. *Agricultural Economics, 44(6)*, 671686.

• Rosenzweig, C., Elliott, J., Deryng, D., Ruane, A. C., Müller, C., Arneth, A., & Jones, J. W. (2014). Avaliação dos riscos agrícolas das alterações climáticas no século XXI numa intercomparação global de modelos de culturas em grelha. *Actas da Academia Nacional de Ciências, 111(9)*, 3268-3273.

• Sarkar, N., Ghosh, S. K., Bannerjee, S., & Aikat, K. (2012). Bioethanol production from agricultural wastes: an overview. *Renewable energy, 37(1)*, 19-27.

• Searchinger, T., Heimlich, R., Houghton, R. A., Dong, F., Elobeid, A., Fabiosa, J., & Yu, T. H. (2008). Use of US croplands for biofuels increases greenhouse gases through emissions from land-use change. *Science, 319(5867)*, 1238-1240.

• Sun, F., Koemle, D. B., & Yu, X. (2017). Poluição do ar e preços dos alimentos: evidências da China. *Australian Journal of Agricultural and Resource Economics, 61(2)*, 195-210.

• Sun, Feifei & Dai, Yun & Yu, Xiaohua. (2017). Poluição do ar, produção de alimentos e segurança alimentar: Uma revisão na perspetiva do sistema alimentar. Jornal de Agricultura Integrativa. 16. 2945-2962. 10.1016/S2095-3119(17)61814-8.

• Thirtle, C., Lin, L., & Piesse, J. (2003). The impact of research-led agricultural productivity growth on poverty reduction in Africa, Asia and Latin America. *World Development, 31(12)*, 1959-1975.

• Tuomisto, H. L., Hodge, I. D., Riordan, P., & Macdonald, D. W. (2012). Does organic farming reduce environmental impacts-A meta-analysis of European research. *Journal of environmental management, 112*, 309-320.

• Wilson, T. O., mcneal, F. M., Spatari, S., G. Abler, D., & Adler, P. R. (2012). A biomassa densificada pode mitigar de forma económica as emissões de gases com efeito de estufa e abordar a segurança energética em aplicações térmicas. *Environmental science & technology, 46(2)*, 1270-1277.

• Wyon, D. P. (2004). The effects of indoor air quality on performance and productivity (Os efeitos da qualidade do ar interior no desempenho e na produtividade). *Indoor air, 14(7)*, 92-101.

• Xiaohua, Y. U., & Guoqing, Z. H. A. O. (2009). Desenvolvimento agrícola chinês em 30 anos: A literature review. *Frontiers of Economics in China, 4(4)*, 633-648.

• Yamada, H., Misawa, K., Suzuki, D., Tanaka, K., Matsumoto, J., Fujii, M., & Tanaka, K. (2011). Análise detalhada das emissões de escape de veículos a gasóleo: Óxidos de azoto, hidrocarbonetos e distribuições de tamanho de partículas. *Actas do Instituto de Combustão, 33(2)*, 2895-2902.

• Yu, K., Qiu, L., Wang, J., Sun, L., & Wang, Z. (2017). Monitoramento do retorno da palha do trigo de inverno por observações de UAVs em diferentes resoluções. *Jornal Internacional de Sensoriamento Remoto, 38(8)*, 2260-2272.

• Zhang, K., & Batterman, S. (2013). Poluição do ar e riscos para a saúde devido ao tráfego de veículos. *Science of the total Environment, 450*, 307-316.

• Zheng, Y., Liu, F., & Hsieh, H. P. (2013, agosto). U-air: Quando a inferência da qualidade do ar urbano encontra o big data. In *Proceedings of the 19th ACM SIGKDD international conference on Knowledge discovery and data mining* (pp. 1436-1444).

• Zilberman, D., Templeton, S. R., & Khanna, M. (1999). Agriculture and the environment: an economic perspective with implications for nutrition. *Food policy, 24(2)*, 211-229.

CAPÍTULO 3

INCÊNDIOS FLORESTAIS E AMBIENTE

D.K.Awasthi
Departamento de Química
Sri. JNMPG.College ,Lucknow U.P. Lucknow

Um incêndio florestal é simplesmente um fogo descontrolado que está a destruir grandes campos e áreas de terra. Os incêndios florestais são chamas enormes, descontroladas, que se propagam rapidamente e que se propagam com a ação do vento e de tições, que podem destruir uma extensa área de floresta ou de vegetação em poucos minutos. Para que um incêndio se inicie, é necessário que estejam presentes três elementos: oxigénio, calor e combustível. Os silvicultores chamam a isto o **triângulo do fogo.**

Um incêndio florestal, também conhecido como incêndio florestal, incêndio de vegetação, incêndio de relva, incêndio de turfa, incêndio de arbustos (na Austrália) ou incêndio de colinas é um incêndio descontrolado que ocorre frequentemente em áreas selvagens, mas que também pode consumir casas ou recursos agrícolas. Os incêndios florestais começam muitas vezes sem serem notados, mas espalham-se rapidamente, incendiando arbustos, árvores e casas.

O fogo propagar-se-á na direção em que houver abundância de um destes elementos. Tem um grande impacto na sociedade, na vida selvagem e na atmosfera. Pode ser controlado através da utilização de muitas precauções Os incêndios florestais são uma das forças da natureza que causam uma enorme devastação aos seres humanos e ao ambiente. De acordo com o Serviço de Bombeiros dos EUA, todos os anos ocorrem mais de 700 incêndios florestais, que queimam cerca de 7 milhões de acres de terra e destroem mais de 26 000 estruturas. Organizações centrais e locais trabalham em conjunto para controlar dezenas de milhares de incêndios todos os anos. Os EUA gastam mais de 5 mil milhões de dólares para combater os incêndios todos os anos. Assim, a única forma de os apagar ou controlar é limitar significativamente um destes três elementos. Os incêndios florestais que dizimam hectares de terra todos os anos: 90% de todos os incêndios florestais são causados pelo homem. Actos humanos de descuido, como deixar fogueiras sem vigilância e deitar fora pontas de cigarro por negligência, resultam todos os anos em catástrofes provocadas por incêndios florestais. Os acidentes, os actos deliberados de fogo posto, a queima de detritos e o fogo de artifício são também outras causas importantes de incêndios florestais. Seguem-se as explicações pormenorizadas das causas humanas dos incêndios florestais. Um estudo mundial sobre incêndios relacionados com o tabagismo, efectuado por epidemiologistas, refere que o tabagismo é a principal causa de incêndios e mortes a nível mundial. O relatório refere ainda que estes incêndios resultaram num custo estimado de 27,2 mil milhões de dólares a nível mundial em 1998. Os Estados Unidos incorreram num custo estimado de 7 mil milhões de dólares devido a incêndios florestais no mesmo ano. Existe um hábito incontrolado de as pessoas fumarem enquanto conduzem, caminham ou andam de bicicleta e, depois de terminarem, deitam fora a ponta do cigarro sem a apagarem completamente. Por vezes, os fumadores tornam-se negligentes na hora de apagar as pontas de cigarro depois de fumarem. Em algumas ocasiões, as pontas de cigarro não são devidamente apagadas antes de serem deitadas fora. Estes indivíduos não fazem ideia de onde essas beatas vão parar e, na sua maioria, provocam incêndios. É por isso que é importante que os fumadores abandonem estes maus hábitos ou que se assegurem de que as beatas são devidamente apagadas antes de serem deitadas fora. Este tipo de descuido é o que leva a catástrofes de incêndios florestais em muitas áreas, uma vez que a ponta do cigarro pode acabar por iniciar um incêndio. Acampar é uma experiência fascinante e aposto que a maioria das pessoas adora acampar como forma de se relacionar com a natureza e de passar bons momentos ao ar livre. No entanto, durante o campismo ou as actividades ao ar livre, as pessoas deixam normalmente fogueiras acesas ou materiais em combustão sem vigilância, o que pode provocar incêndios florestais. É imperativo que todos os fogos acesos e materiais em combustão sejam totalmente extintos após a sua utilização para evitar catástrofes de incêndios florestais. Os seres humanos provocaram cerca de metade dos 73 110 incêndios florestais em terras selvagens nos Estados Unidos no período entre 2006 e 2015. Nesse período, as fogueiras contribuíram para um terço dos 33 700 incêndios florestais provocados pelo homem. Esses incêndios dizimaram mais de 1,2 milhões de acres de terra. Estes números sublinham a capacidade das fogueiras para provocar um grande incêndio florestal. Hoje em dia, acampar tornou-se uma coisa importante. Os indivíduos, tanto velhos como novos, querem sair das cidades ocupadas, apinhadas e poluídas e dos seus arredores para passar tempo de qualidade na floresta e desfrutar das maravilhas naturais. O fogo é necessário quando as temperaturas descem durante o campismo. As fogueiras podem dar origem a incêndios florestais se não forem devidamente apagadas. Os resíduos e o lixo são, em várias ocasiões, reduzidos a cinzas como forma de reduzir a acumulação de lixo. O que resta após a queima dos resíduos ou do lixo são os detritos que ardem lentamente. Estes resíduos de combustão lenta podem potencialmente incendiar qualquer coisa e iniciar um incêndio devido ao calor. A queima de detritos é comum em áreas remotas para se livrar de lixo, detritos e resíduos de jardim. A maioria das áreas permite a queima desses detritos. Por isso, muitas pessoas tendem a pensar em queimar os detritos como a primeira opção quando eles se acumulam. Mas, em alguns casos, estes incêndios começam a alastrar e a sobrecarregar os indivíduos, conduzindo a grandes focos de incêndio. Alguns governos intervieram para atenuar a situação, exigindo que os indivíduos obtenham licenças de queima antes de queimarem quaisquer detritos. Os fogos de artifício são utilizados pelos seres humanos por várias razões, tais como celebrações, envio de sinais ou iluminação de áreas. Os aniversários, o Natal e o Ano Novo atraem celebrações selvagens acompanhadas de fogo de artifício. No entanto, a sua natureza explosiva pode provocar incêndios florestais. Apenas uma faísca perdida pode dar início a um enorme incêndio florestal, dizimando centenas de hectares e causando ferimentos graves. Além disso, devido à sua taxa de combustão lenta, os pedaços restantes podem cair em locais não intencionais, dando início a um incêndio florestal. Em 2016, o fogo de artifício provocou 57 incêndios no estado do Nebraska, nos Estados Unidos, que culminaram em perdas de 285 365 dólares. Por conseguinte, é fundamental reconhecer a natureza explosiva e o enorme potencial dos fogos de artifício para causar incêndios florestais maciços, se forem lançados nos locais certos. Os acidentes com máquinas, como a explosão de balões de gás e os acidentes de viação, podem provocar incêndios florestais. As faíscas quentes e explosivas de acidentes com máquinas ou motores podem dar início a enormes incêndios florestais ou florestais, se as máquinas estiverem a funcionar dentro ou adjacentes a áreas florestais ou florestais, respetivamente. Aparelhos velhos e obsoletos, tomadas eléctricas defeituosas, extensões, cabos obsoletos e aquecedores de ambiente podem contribuir para a ocorrência de incêndios eléctricos nas habitações quando se avariam. De facto, de acordo com a U.S. Fire Administration, todos os anos, 28 600 incêndios são causados por aparelhos eléctricos avariados. A maioria é acidental, mas se não forem identificados rapidamente, podem resultar em incêndios florestais generalizados. Os cortadores de relva, os acidentes de viação e os balões de gás também podem contribuir para o início de incêndios florestais. Algumas pessoas podem atear fogo intencionalmente para destruir terrenos, casas ou qualquer outra propriedade. Este ato de queima maliciosa de propriedade representa cerca de 30% de todos os incêndios florestais. A pessoa responsável por este ato hediondo é conhecida como incendiário. Os especialistas em fogo posto comprovaram que numerosos incêndios são causados por incendiários e que este ato é responsável por cerca de 30% dos incêndios florestais. Consequentemente, o fogo posto tem um efeito dramático no risco de incêndios florestais e só pode ser evitado se as pessoas desistirem deste tipo de comportamento perverso. As autoridades competentes devem ser informadas logo que sejam testemunhados actos de fogo posto. As causas naturais são responsáveis por cerca de 10% de todos os incêndios florestais. No entanto, os incêndios florestais resultantes de causas naturais variam de uma região para outra, consoante a vegetação, o tempo, o clima e a topografia. Existem apenas duas causas naturais principais, que são os relâmpagos e as erupções vulcânicas. Um número bastante elevado de incêndios florestais é provocado por relâmpagos. É um pouco difícil concordar com este facto, mas os investigadores descobriram que se trata de uma causa comum. A queda de um raio pode produzir uma faísca. Por vezes, o raio pode atingir cabos eléctricos, árvores, rochas ou qualquer outro objeto, o que pode provocar um incêndio. O tipo de raio associado aos incêndios florestais é conhecido como raio quente. Tem correntes de menor tensão mas atinge repetidamente durante períodos mais longos. Como tal, os incêndios são normalmente iniciados pelos relâmpagos quentes persistentes que atingem rochas, árvores, cabos eléctricos ou qualquer outro objeto que possa provocar um incêndio. O magma quente na crosta terrestre é normalmente expelido sob a forma de lava durante uma erupção vulcânica. A lava quente flui depois para os campos ou terrenos próximos, dando início a incêndios florestais

Os incêndios florestais destroem os habitats e as relações intrincadas de uma fauna diversificada, conduzindo à perda de ecossistemas e de biodiversidade. Os incêndios florestais danificam simplesmente as terras habitáveis e adaptáveis a espécies animais e vegetais específicas. Alteram ou matam as características da vida vegetal que sustentam milhares de animais selvagens, obrigando-os a abandonar as regiões ou mesmo a matá-los. Os animais mais pequenos e raros, incluindo aves, esquilos, insectos, coelhos e cobras, correm um risco elevado de morte, enquanto algumas espécies vegetais são reduzidas a cinzas. Além disso, os incêndios florestais podem mesmo levar à extinção de certos animais. Os incêndios florestais podem ser tão graves que dizimam os hábitos e as relações críticas das plantas e dos animais, causando a perda do ecossistema. A maioria dos animais é capaz de detetar os incêndios que se aproximam e migrar cedo. Os que não conseguem deslocar-se mais rapidamente são mortos. Uma vez que a vida vegetal que sustenta a vida na área é queimada, os animais têm de procurar habitats noutros locais. Os incêndios florestais, como os que ocorrem habitualmente nas florestas tropicais secas, são uma das principais causas da degradação das florestas. Sempre que ocorrem incêndios florestais, milhares de hectares de árvores e de vegetação são destruídos. Quase todos os anos, assiste-se a incêndios florestais em diferentes regiões florestais que reduzem persistentemente a qualidade de certas características das florestas, como a fertilidade dos solos, a biodiversidade e os ecossistemas. Todos sabemos que a matéria vegetal viva purifica o ar atmosférico de que dependemos para respirar. Para tal, absorvem dióxido de carbono, <u>gases com efeito de estufa</u> e impurezas do ar, libertando posteriormente oxigénio. Quando a vida vegetal é exterminada pelos incêndios, a qualidade do ar que respiramos diminui e os gases com efeito de estufa aumentam na atmosfera, o que conduz às <u>alterações climáticas</u> e ao <u>aquecimento global</u>. Além disso, as enormes nuvens de fumo provocadas pelos incêndios florestais conduzem a <u>uma poluição atmosférica maciça</u>. As árvores e as coberturas vegetais actuam como purificadores do ar que respiramos, absorvendo o dióxido de carbono e outros gases com efeito de estufa, bem como outras impurezas do ar, e libertando oxigénio. Quando são queimadas, isso significa que mais gases com efeito de estufa aumentam na atmosfera, resultando no <u>aquecimento global</u>. Além disso, grandes quantidades de fumo e poeira são lançadas na atmosfera, <u>causando poluição atmosférica</u>. Os solos florestais estão carregados de nutrientes provenientes dos detritos florestais em decomposição. Os solos florestais também são constituídos por numerosas características naturais que suportam uma infinidade de formas de vida e actividades orgânicas. Os incêndios florestais também matam os microrganismos benéficos do solo, que são responsáveis pela decomposição do solo e pela promoção das actividades microbianas do solo. A queima de árvores e do coberto vegetal também deixa o solo nu, tornando-o facilmente vulnerável à erosão do solo. A elevada temperatura causada pelos incêndios florestais destrói quase todo o valor nutritivo do solo. Muitos já viram na televisão bombeiros a combater incêndios florestais. Isto pode dar uma ideia aproximada dos danos que os incêndios florestais podem causar à vegetação e à vida selvagem. Os incêndios devastam tudo no seu caminho, incluindo propriedades. Para além disso, as autoridades locais gastam milhões de dólares para apagar ou controlar o fogo. Normalmente, é mobilizado um exército de bombeiros para extinguir os incêndios violentos. São utilizados aviões para lançar enormes quantidades de água e adubo fosfatado das alturas, para não falar dos camiões e da logística envolvida. Tudo isto custa dinheiro e a região pode vir a sofrer economicamente. As árvores e a cobertura vegetal actuam como protectores das bacias hidrográficas, uma vez que aproximadamente toda a água provém de lençóis freáticos derivados da floresta. Sempre que ardem, os sistemas naturais de proteção dos lençóis freáticos, ribeiros e rios podem ser afectados. Os incêndios florestais têm contribuído para algumas mortes, afectando especialmente os bombeiros e os salva-vidas.

O efeito do fumo e das poeiras provoca também um intenso desconforto respiratório e pode agravar a saúde das pessoas com alergias e doenças respiratórias. Os incêndios florestais também favorecem a floração e a frutificação de algumas espécies vegetais. Isto deve-se ao facto de as cinzas de madeira serem um dos melhores fertilizantes que existem. As cinzas de madeira contêm quase todos os nutrientes de que as plantas necessitam, incluindo magnésio, potássio e cálcio. As cinzas também contêm carbonatos que ajudam a neutralizar os solos ácidos para permitir o crescimento saudável das plantas. Os efeitos destrutivos dos incêndios florestais podem ser atenuados se formos responsáveis no manuseamento de aspectos que possam desencadear um incêndio e se informarmos atempadamente quando testemunharmos um incêndio provocado pela natureza. Estes ventos aparecem carateristicamente no clima do sul da Califórnia e do norte da Baixa Califórnia durante o outono e o início do inverno. No sul da Califórnia, sob a influência dos ventos de Santa Ana, os incêndios florestais podem mover-se a velocidades tremendas, até 40 milhas num único dia, consumindo até 1.000 acres por hora. Densas nuvens de brasas se deslocam à frente das chamas

Atravessar corta-fogos sem problemas.

Um tornado de fogo ou redemoinho de fogo é apenas um tornado feito de fogo. Ocorre quando, em determinadas condições (dependendo da temperatura do ar e das correntes), adquire uma vorticidade vertical e forma um redemoinho, ou um efeito semelhante a um tornado. Os tornados de fogo podem ser redemoinhos separados das chamas, quer dentro da área queimada, quer fora dela. Um tornado de fogo pode tornar os incêndios mais perigosos - os incêndios florestais que assolaram o noroeste da América em agosto passado foram tão ferozes que tiveram o mesmo efeito no planeta que uma erupção vulcânica.

O fumo e o ecossistema

Embora os incêndios florestais tenham sido sempre uma parte integrante do ecossistema, não só podem reduzir a biodiversidade, como também contribuem para um ciclo de retroação das alterações climáticas, emitindo enormes quantidades de gases com efeito de estufa para a atmosfera, estimulando mais aquecimento, mais secagem e mais queimadas".

Um subproduto de incêndios mais intensos é um fumo mais intenso. O fumo dos incêndios florestais é constituído, em grande parte, por partículas poluentes, também conhecidas como partículas (PM). De facto, cerca de 90% do fumo dos incêndios florestais é constituído por partículas finas (ou seja, partículas com menos de 2,5 mícrones de diâmetro ou "PM2,5"), que são suficientemente pequenas para serem inaladas pelos seres humanos e pelos animais. A inalação destas partículas aumenta o risco de problemas respiratórios e cardiovasculares, e mesmo de morte. De facto, estima-se que a exposição ao fumo dos incêndios florestais seja responsável por cerca de 350 000 mortes por ano em todo o mundo.

Os investigadores descobriram que a exposição ao fumo dos incêndios florestais não só causa uma série de doenças nos seres humanos, mas também na vida selvagem. Pode também afetar a sua demografia. Os incêndios florestais matam a vida selvagem e catalisam o declínio das suas taxas de reprodução - nomeadamente nas espécies de aves. A indústria agrícola também é afetada e, embora se tenha demonstrado que o fumo dos incêndios florestais ajuda algumas plantas a utilizar a luz de forma mais eficiente, também pode reduzir a produtividade, mesmo em terrenos agrícolas que se encontram longe da fonte dos incêndios. Afinal de contas, o fumo dos incêndios florestais pode viajar milhares de quilómetros, afectando a qualidade do ar em áreas muito distantes dos incêndios activos...

Referências

1. Wolfe, V.G.; Santi, P.M.; Ey, J.; Gartner, J.E. 2008. Mitigação eficaz de fluxos de detritos na Barragem de Lemon, Condado de La Plata, Colorado. Geomorphology. 96: 366-377.

2. Foltz, R.B.; Robichaud, P.R.; Rhee, H. 2008. Uma síntese dos tratamentos de estradas pós-incêndio para equipas BAER: métodos, eficácia do tratamento e ferramentas de tomada de decisões para reabilitação. Gen. Tech. Rep. RMRS-GTR-228

Fort Collins, CO: Departamento de Agricultura dos EUA, Serviço Florestal, Estação de Investigação das Montanhas Rochosas. 152 p.

3. Napper, C. 2006. Catálogo de Tratamentos de Resposta a Emergências em Áreas Ardidas. Relatório técnico.   06251801-

SDTDC, Washington, D.C.: U.S.

Departamento de Agricultura, Serviço Florestal, Programa Nacional de Tecnologia e Desenvolvimento, Gestão de Bacias Hidrográficas, Solos e Ar.   266   p.   [Online].   disponível: http://www.fs.fed.us/eng/pubs/pdf/BAERCAT/lo res/06251 801L.

4. Peppin, D.L.; Fule, P.Z.; Sieg, C.H.; Beyers, J.L.; Hunter, M.E.; Robichaud, P.R. 2011. Tendências recentes na sementeira pós-incêndio em florestas do oeste dos EUA: custos e misturas de sementes. International Journal of Wildland Fire 20(5): 702-708.

5. Robichaud, P.R.; Ashmun, L.E.; Foltz, R.B.; Showers, C.G.; Groenier, J.S.; Kesler, 5.J.; DeLeo, C.; Moore, M. 2013. Produção e aplicação aérea de fragmentos de madeira como tratamento de mitigação da erosão de encostas pós-incêndio. Relatório Técnico Geral RMRS-GTR-307. Fort Collins, CO: Serviço Florestal dos EUA, Estação de Investigação das Montanhas Rochosas. 31 p.

6. Robichaud, P.R.; Ashmun, L.E.; Sims, B.D. 2010. Eficácia do tratamento pós-incêndio para a estabilização de encostas. Relatório Técnico Geral. Rep. RMRS-GTR-240. Fort Collins, CO: Departamento de

Agricultura dos EUA, Serviço Florestal, Estação de Investigação das Montanhas Rochosas. 62 p.

7. Robichaud, P.R.; Beyers, J.L.; Neary, D.G. 2000. Avaliação da eficácia dos tratamentos de reabilitação pós-fogo. Gen. Tech. Rep. RMRS- GTR-63. Fort Collins: Departamento de Agricultura dos EUA, Serviço Florestal, Estação de Investigação das Montanhas Rochosas. 85 p.

8. Robichaud, P.R., Brown, R.E. 2002. Silt fences: an economic technique for measuring hillslope soil erosion. Gen. Tech. Rep. RMRS-GTR-94. Fort Collins, CO: Departamento de Agricultura dos EUA, Serviço Florestal, Estação de Investigação das Montanhas Rochosas. 24 p.

9. Robichaud, P.R.; Lewis, S.A.; Brown, R.E.; Ashmun, L.E. 2009. Efeitos do tratamento de reabilitação pós-incêndio de emergência na ecologia da área ardida e na restauração a longo prazo. Fire Ecology Special Issue 5(1):115-128.

10. Robichaud, P.R.; Pierson, F.B.; Brown, R.E.; Wagenbrenner, J.W. 2008. Medição da eficácia de três tratamentos de barreira contra a erosão de encostas pós-incêndio, Montana ocidental, EUA. Hydrological Processes. 22: 159-170.

11. Robichaud, P.R.; Wagenbrenner, J.W.; Brown, R.E.; Wohlgemuth, P.M.; Beyers, J.L. 2008. Avaliação da eficácia das barreiras contra a erosão de troncos de madeira cortados em curvas de nível como tratamento de mitigação do escoamento e da erosão pós-incêndio no oeste dos Estados Unidos. International Journal of Wildland Fire 17:255273.

CAPÍTULO 4

TOXICIDADE DOS METAIS PESADOS E PRODUTIVIDADE DAS PLANTAS MEDICINAIS : UM DESAFIO AGRÍCOLA IMINENTE

Manoj Kumar Sharma
Departamento de Botânica,
Janta Vedic College, Baraut, Baghpat, Uttar Pradesh, Índia
Autor correspondente: mbhardwaj1501@gmail.com

Resumo

A escalada da contaminação por metais pesados nos solos agrícolas surgiu como uma questão crítica com profundas implicações para a produtividade das culturas a nível mundial. Os metais pesados, frequentemente introduzidos através de actividades antropogénicas, têm a capacidade de prejudicar o crescimento e o rendimento das culturas, comprometer a qualidade dos alimentos e representar ameaças significativas para a saúde humana. Este resumo apresenta uma panorâmica concisa do estado atual da toxicidade dos metais pesados nas culturas, do seu impacto na produtividade das culturas e das estratégias de atenuação e prevenção.

Os metais pesados, incluindo o cádmio, o chumbo, o arsénico e o mercúrio, chegam aos solos a partir de várias fontes, tais como descargas industriais, exploração mineira e utilização de água contaminada para irrigação. Níveis excessivos destes metais no solo podem impedir a absorção de nutrientes pelas plantas, levando a um crescimento atrofiado, à redução da fotossíntese e à diminuição do rendimento das culturas. As consequências vão além da redução do rendimento, afectando a qualidade das culturas e tornando vastas extensões de terra impróprias para a agricultura devido à degradação do solo. Em seguida, o estudo analisa os mecanismos pelos quais os metais pesados entram nos tecidos das plantas, afectando subsequentemente o seu crescimento, qualidade nutricional e potência medicinal. A complexa interação das respostas fisiológicas, bioquímicas e moleculares das plantas ao stress causado pelos metais pesados é elucidada, lançando luz sobre os desafios enfrentados pelos cultivadores de plantas medicinais.

Além disso, são explorados os impactos dos metais pesados na qualidade e segurança das plantas medicinais, centrando-se na acumulação de metais tóxicos nos tecidos vegetais e na sua potencial transferência para os utilizadores finais, pondo assim em risco a saúde pública. A contaminação das culturas com metais pesados põe diretamente em perigo a saúde humana. O consumo desses produtos contaminados pode provocar problemas de saúde agudos e crónicos, incluindo envenenamento, cancro, lesões renais e perturbações neurológicas.

Para enfrentar este desafio crescente, é essencial uma abordagem multifacetada. Os testes e a monitorização dos solos devem ser uma rotina para identificar as áreas contaminadas, orientando os esforços subsequentes de remediação. A aplicação de técnicas sustentáveis, incluindo a rotação de culturas, a agricultura biológica e a utilização de correctivos orgânicos do solo, pode atenuar a absorção de metais pesados pelas culturas. A utilização de plantas hiperacumuladoras para a fitorremediação constitui uma estratégia promissora para a limpeza de terrenos contaminados. Além disso, é necessária uma regulamentação mais rigorosa das descargas industriais e das práticas mineiras para evitar uma maior contaminação. A urgência de esforços colectivos por parte de governos, cientistas, agricultores e do público em geral para mitigar a toxicidade dos metais pesados na agricultura. A sustentabilidade do nosso abastecimento e o bem-estar das gerações futuras dependem de uma ação imediata e de um compromisso com práticas seguras.

Este artigo explora os efeitos tóxicos dos metais pesados nas plantas medicinais, lançando luz sobre os potenciais riscos associados à utilização de materiais vegetais contaminados na medicina herbal. Investiga os mecanismos através dos quais os metais pesados entram nas plantas medicinais, o seu impacto na fisiologia das plantas e as consequências para o rendimento e a qualidade dos compostos medicinais. Além disso, discute os desafios de garantir a segurança do produto e a conformidade regulamentar numa indústria que depende de fontes vegetais naturais, colhidas na natureza ou cultivadas.

Palavras-chave: Toxicidade dos metais pesados, produtividade das plantas medicinais, desafio agrícola iminente, rendimento das culturas medicinais, contaminação ambiental, poluição dos solos e implicações para a saúde

1. Introdução

As plantas medicinais têm desempenhado um papel crucial nos cuidados de saúde humanos desde há séculos, constituindo uma fonte rica de compostos naturais com propriedades terapêuticas. Estas plantas têm sido utilizadas em sistemas de medicina tradicional, como a Ayurveda, a medicina tradicional chinesa e as práticas de cura indígenas, bem como no desenvolvimento de produtos farmacêuticos modernos. No entanto, a presença de substâncias tóxicas, nomeadamente metais pesados, nas plantas medicinais constitui uma preocupação significativa. Embora estas plantas tenham o potencial de oferecer uma multiplicidade de benefícios para a saúde, não são imunes aos efeitos adversos dos poluentes ambientais, e a contaminação por metais pesados é um problema crescente que põe em risco a sua segurança, eficácia e qualidade.

À medida que nos aprofundamos na intrincada teia de interacções entre os metais pesados e as plantas medicinais, torna-se claro que a abordagem dos efeitos tóxicos não é apenas um esforço científico, mas também uma questão de saúde pública e de responsabilidade ambiental. Equilibrar as utilizações tradicionais e modernas das plantas medicinais com a necessidade de proteger os consumidores da contaminação por metais pesados é um desafio premente que exige soluções inovadoras e uma maior consciencialização. Este artigo pretende fornecer uma compreensão abrangente das questões em causa, salientando a importância das práticas sustentáveis, do controlo de qualidade e da investigação em curso para salvaguardar o futuro das terapias à base de plantas medicinais.

No domínio da agricultura, a procura de maiores rendimentos das colheitas e de segurança alimentar levou à utilização extensiva de fertilizantes, pesticidas e subprodutos industriais. No entanto, esta busca incessante de produtividade deu inadvertidamente origem a uma preocupação alarmante: a contaminação dos solos por metais pesados. Os metais pesados, como o chumbo, o cádmio, o arsénico e o mercúrio, são elementos que se encontram naturalmente na crosta terrestre. Quando presentes em quantidades excessivas, representam uma ameaça significativa tanto para a saúde humana como para o ambiente. Em particular, a relação entre os metais pesados e a produtividade das culturas é de extrema importância e merece a nossa atenção imediata.

2. **O enigma dos metais pesados**

Os metais pesados não são inerentemente nocivos para as plantas. Alguns são micronutrientes essenciais para o crescimento das plantas, desempenhando papéis cruciais em vários processos metabólicos. No entanto, o delicado equilíbrio entre concentrações essenciais e tóxicas é frequentemente perturbado devido a actividades humanas como a exploração mineira, as descargas industriais e a utilização de água contaminada para irrigação. Estas actividades contribuem para a acumulação de metais pesados nos solos, que são depois absorvidos pelas culturas e, em última análise, acabam por entrar na nossa cadeia alimentar.

A presença de metais pesados em plantas medicinais é, de facto, um enigma que coloca desafios significativos tanto à medicina tradicional à base de plantas como às indústrias farmacêuticas modernas. Seguem-se alguns aspectos fundamentais do "enigma dos metais pesados" relativamente às plantas medicinais:

a) **Absorção Natural vs. Contaminação:** As plantas medicinais podem acumular naturalmente quantidades vestigiais de certos metais pesados do solo, o que é geralmente considerado seguro. No entanto, quando o solo está contaminado com níveis mais elevados de metais pesados devido à poluição industrial, actividades mineiras ou eliminação inadequada de resíduos, estas plantas podem absorver níveis tóxicos de metais pesados, representando um risco para a saúde dos consumidores.

b) **Implicações para a saúde:** O consumo de medicamentos contaminados com níveis elevados de metais pesados pode levar a vários problemas de saúde, incluindo envenenamento por metais pesados, danos nos órgãos e riscos para a saúde a longo prazo. Este facto cria um dilema para os praticantes de fitoterapia e para as entidades reguladoras que têm de equilibrar os potenciais benefícios das plantas medicinais com os riscos associados à contaminação por metais pesados.

c) **Controlo de qualidade:** Garantir a segurança e a qualidade dos produtos à base de plantas medicinais é um desafio significativo. Os fabricantes e fornecedores de produtos à base de plantas têm de implementar medidas rigorosas de controlo de qualidade para detetar e atenuar a contaminação por metais pesados. Isto inclui testar as matérias-primas e os produtos acabados quanto aos níveis de metais pesados e cumprir as directrizes de segurança.

d) **Normas regulamentares:** As agências reguladoras de vários países estabeleceram limites permitidos para metais pesados em produtos à base de plantas. O cumprimento destas normas é crucial, e o não cumprimento pode resultar na recolha de produtos e em danos para a reputação de uma marca.

e) **Fitorremediação:** Algumas plantas medicinais têm sido estudadas pela sua capacidade de absorver e acumular metais pesados de solos contaminados, um processo conhecido como fitorremediação. Embora isto possa oferecer uma solução para a limpeza do solo, também levanta preocupações sobre a segurança da utilização destas plantas na medicina herbal.

f) **Sensibilização dos consumidores:** É importante aumentar a sensibilização dos consumidores para os riscos potenciais da contaminação por metais pesados nos medicamentos. Os consumidores informados podem fazer melhores escolhas e exercer pressão sobre a indústria para que esta dê prioridade à segurança dos produtos.

g) **Sustentabilidade:** As práticas de cultivo sustentáveis, como a agricultura biológica e a seleção cuidadosa dos locais de plantação, podem ajudar a reduzir o risco de contaminação por metais pesados. No entanto, estas práticas podem também limitar o rendimento e a disponibilidade.

h) **Investigação e inovação:** A investigação contínua é essencial para encontrar soluções inovadoras para o problema dos metais pesados. Isto inclui o desenvolvimento de novas técnicas para a deteção de metais pesados, a exploração de métodos de cultivo alternativos e a identificação de plantas medicinais que sejam menos susceptíveis à absorção de metais pesados.

3. **Efeitos tóxicos no rendimento das plantas medicinais**
Os efeitos tóxicos no rendimento das plantas medicinais podem ter implicações significativas tanto na qualidade como na quantidade de compostos medicinais que estas plantas produzem. Vários factores podem contribuir para a redução do rendimento das plantas medicinais devido a substâncias tóxicas, incluindo metais pesados, pesticidas, poluentes e agentes patogénicos. Eis alguns dos efeitos tóxicos mais comuns no rendimento das plantas medicinais:
a) **Redução do rendimento**: A presença de metais pesados em excesso no solo pode dificultar a absorção de nutrientes e a eficiência da utilização de nutrientes pelas plantas. Isto resulta num crescimento atrofiado, numa redução da fotossíntese e, em última análise, numa diminuição do rendimento das culturas. Culturas como o arroz, o trigo e os legumes são particularmente vulneráveis à toxicidade dos metais pesados.
b) **Prejuízo da qualidade**: Para além da redução do rendimento, os metais pesados também afectam a qualidade das culturas. Podem causar deformações, descoloração e menor valor nutricional. Isto não só compromete o valor económico das culturas, como também põe em perigo a saúde humana.
c) **Degradação dos solos**: A contaminação por metais pesados conduz à degradação dos solos, tornando vastas extensões de terras aráveis impróprias para o cultivo de culturas. Este facto não só reduz as terras disponíveis para a agricultura, como também exige esforços de reparação dispendiosos.
d) **Contaminação por metais pesados:** Os metais pesados, como o chumbo, o cádmio e o mercúrio, podem acumular-se no solo e ser absorvidos pelas plantas. Quando presentes em concentrações elevadas, estes metais podem reduzir o crescimento e o rendimento das plantas medicinais. Além disso, podem afetar negativamente a qualidade dos compostos medicinais. A toxicidade dos metais pesados pode levar a um crescimento atrofiado, à diminuição da fotossíntese e a danos nos tecidos das plantas.
e) **Resíduos de pesticidas:** A utilização de pesticidas na agricultura, se não for gerida corretamente, pode deixar resíduos nas plantas medicinais. Estes resíduos podem prejudicar o crescimento da planta e afetar a síntese de compostos medicinais. Em alguns casos, podem mesmo provocar a morte da planta.
f) **Poluição atmosférica:** Os poluentes transportados pelo ar, como o dióxido de enxofre e o ozono, podem danificar as folhas das plantas medicinais, reduzindo a sua capacidade de fotossíntese e de produção de energia. Isto pode levar a uma redução do rendimento e a uma diminuição da qualidade dos compostos medicinais.
g) **Poluição do solo:** Os poluentes do solo, incluindo resíduos industriais e produtos químicos, podem afetar os sistemas radiculares

das plantas medicinais. O solo contaminado pode
limitam o crescimento das raízes, a absorção de nutrientes e a absorção
de água, o que pode levar a uma diminuição do rendimento das plantas.

h) **Patógenos e doenças:** As doenças das plantas causadas por
fungos, bactérias, vírus e outros agentes patogénicos podem ter um
impacto negativo no rendimento das plantas medicinais. Estas doenças
podem enfraquecer as plantas, reduzir o seu crescimento e afetar a
qualidade dos compostos medicinais que produzem.

i) **Espécies invasoras:** As espécies de plantas invasoras podem
competir com as plantas medicinais por recursos como água, nutrientes
e luz solar. Esta competição pode levar à diminuição da produção e ao
comprometimento da saúde das plantas.

j) **Alterações climáticas:** As alterações da temperatura, da
precipitação e dos padrões meteorológicos devidas às alterações
climáticas podem afetar o crescimento e o rendimento das plantas
medicinais. As plantas medicinais podem ser sensíveis a mudanças no
clima, afectando a sua capacidade de produzir compostos medicinais.

k) **Erosão do solo:** A erosão do solo pode resultar de vários factores,
incluindo a desflorestação e más práticas de gestão do solo. A perda da
camada superficial do solo pode reduzir o teor de nutrientes e a
capacidade de retenção de água do solo, o que pode afetar
negativamente a produção de plantas medicinais.

A atenuação dos efeitos tóxicos na produção de plantas medicinais
envolve normalmente uma combinação de estratégias, como a correção
dos solos, a utilização de práticas agrícolas biológicas, a gestão
adequada de pragas e doenças e a escolha de locais de plantação
adequados. A monitorização e a abordagem dos factores ambientais que
podem prejudicar as plantas medicinais são essenciais para garantir a
qualidade e a quantidade dos compostos medicinais produzidos. As
práticas de cultivo sustentáveis e amigas do ambiente são
fundamentais para minimizar os efeitos tóxicos e otimizar o rendimento
das plantas medicinais

4. Implicações para a saúde humana

A contaminação das culturas com metais pesados constitui uma
ameaça direta para a saúde humana. O consumo de alimentos
contaminados com metais pesados pode levar a uma série de problemas
de saúde, desde envenenamento agudo a doenças crónicas como o
cancro, lesões renais e perturbações neurológicas. Esta é uma questão
particularmente preocupante em regiões onde o consumo de produtos
cultivados localmente é predominante, uma vez que a contaminação
representa um risco grave para a saúde pública. A utilização de plantas
medicinais para os cuidados de saúde tem uma longa história, com
muitas culturas a basearem-se em remédios tradicionais à base de
plantas para tratar várias doenças. Embora estas plantas contenham
compostos bioactivos com potenciais benefícios terapêuticos, também

podem ter efeitos tóxicos e implicações para a saúde se não forem utilizadas adequadamente. Aqui, exploramos as implicações para a saúde humana e os efeitos tóxicos das plantas medicinais:

a) **Reacções alérgicas:** Alguns indivíduos podem ser alérgicos a plantas medicinais específicas ou aos seus compostos. As reacções alérgicas podem variar desde erupções cutâneas ligeiras a choques anafilácticos graves. É essencial estar ciente de quaisquer alergias ou sensibilidades ao usar remédios à base de plantas.

b) **Dosagem e toxicidade:** As plantas medicinais podem ser tóxicas se consumidas em quantidades excessivas. A sobredosagem de certos remédios à base de plantas pode provocar efeitos adversos, incluindo náuseas, vómitos, diarreia e, em casos graves, lesões nos órgãos. A dosagem correcta e as directrizes de administração são cruciais.

c) **Interacções medicamentosas:** As plantas medicinais podem interagir com os medicamentos, reduzindo a sua eficácia ou causando efeitos secundários indesejáveis. É essencial consultar um profissional de saúde se estiver a tomar medicamentos e a considerar utilizar remédios à base de plantas.

d) **Contaminação:** As plantas medicinais podem estar contaminadas com metais pesados, pesticidas e outros poluentes ambientais. A exposição prolongada a plantas contaminadas pode provocar toxicidade por metais pesados ou envenenamento por pesticidas.

e) **Variação da planta:** A concentração de compostos bioactivos nas plantas medicinais pode variar com base em factores como a idade da planta, as condições de crescimento e a localização geográfica. Uma potência inconsistente pode dificultar a obtenção de efeitos terapêuticos previsíveis.

f) **Efeitos adversos em órgãos específicos:** Algumas plantas medicinais podem ter efeitos adversos específicos em determinados órgãos. Por exemplo, certas ervas podem ser hepatotóxicas (tóxicas para o fígado) ou nefrotóxicas (tóxicas para os rins). O uso prolongado ou a administração incorrecta podem provocar lesões nos órgãos.

g) **Gravidez e lactação:** As mulheres grávidas ou a amamentar devem ter cuidado ao utilizar plantas medicinais, uma vez que algumas ervas podem ter efeitos adversos no desenvolvimento fetal ou passar para o leite materno.

h) **Efeitos no Sistema Nervoso Central:** Algumas plantas medicinais podem afetar o sistema nervoso central, provocando tonturas, sonolência ou mesmo alucinações. Estes efeitos podem ser perigosos, especialmente quando se utiliza máquinas ou se conduz.

i) **Desconforto gastrointestinal:** Muitos remédios à base de plantas podem causar desconforto gastrointestinal, incluindo inchaço, gases e diarreia. Este pode ser um efeito secundário comum de certas ervas laxantes ou purgativas.

j) **Fotossensibilidade:** Algumas plantas medicinais podem tornar a pele mais sensível à luz solar, podendo provocar queimaduras solares ou erupções cutâneas em indivíduos expostos aos raios UV.

Para garantir uma utilização segura e eficaz das plantas medicinais, é importante

> Procurar orientação junto de um profissional de saúde qualificado ou de um ervanário.

> Utilize produtos à base de plantas de fontes reputadas para minimizar o risco de contaminação.

> Respeitar as doses e os métodos de administração recomendados.

> Ter em atenção os potenciais efeitos secundários e contra-indicações.

> Monitorize a resposta do seu corpo aos medicamentos à base de plantas e interrompa a utilização se ocorrerem efeitos adversos.

> Tenha cuidado ao combinar remédios à base de plantas com medicamentos farmacêuticos.

Embora as plantas medicinais ofereçam um potencial terapêutico valioso, devem ser utilizadas de forma judiciosa e com conhecimentos adequados para evitar os efeitos tóxicos e as implicações para a saúde associados à sua utilização.

5. Mitigação e prevenção

Para enfrentar a ameaça da toxicidade dos metais pesados e o seu impacto na produtividade das culturas, é necessária uma abordagem multifacetada:

a) **Testes e monitorização do solo**: Testes e monitorização regulares do solo podem ajudar a identificar áreas contaminadas e orientar os esforços de remediação.

b) **Práticas agrícolas melhoradas**: A implementação de técnicas agrícolas sustentáveis, como a rotação de culturas, a agricultura biológica e a utilização de correctivos orgânicos do solo, pode ajudar a reduzir a absorção de metais pesados nas culturas.

c) **Fitoremediação**: Certas plantas podem acumular e remover metais pesados do solo. Estas plantas hiperacumuladoras podem ser plantadas estrategicamente para ajudar a limpar terrenos contaminados.

d) **Regulamentação e aplicação da lei**: Os governos e os organismos reguladores devem aplicar controlos mais rigorosos às descargas industriais e às práticas mineiras para evitar uma maior contaminação.

e) **Sensibilização do público**: É essencial educar os agricultores e o público em geral sobre os riscos associados aos metais pesados e a importância de práticas agrícolas seguras.

6. Conclusão

O perigo da contaminação por metais pesados para a produtividade das culturas não deve ser subestimado. As suas consequências de grande alcance afectam não só o ambiente, mas também a saúde humana e a segurança alimentar. A interação entre os metais pesados e a produtividade das plantas medicinais representa um desafio complexo e multifacetado para a agricultura e a fitoterapia. A presença de metais pesados no ambiente representa uma ameaça significativa para a segurança e a eficácia das plantas medicinais, cujas propriedades curativas têm sido utilizadas há séculos. O desafio agrícola iminente evidenciado neste contexto é uma questão de extrema importância, abrangendo uma série de implicações para a saúde humana, a sustentabilidade ambiental e a viabilidade económica da produção de medicamentos à base de plantas.

Os efeitos tóxicos dos metais pesados nas plantas medicinais são uma preocupação crescente, com riscos potenciais para a saúde das pessoas que consomem remédios à base de plantas contaminados com estas substâncias. Além disso, a contaminação por metais pesados pode ter consequências de grande alcance para toda a cadeia de abastecimento, desde a saúde dos solos e a fisiologia das plantas até à qualidade dos produtos e à segurança dos consumidores. Os organismos reguladores e a indústria de medicamentos à base de plantas devem colaborar para estabelecer e aplicar medidas rigorosas de controlo de qualidade para mitigar estes riscos.

Para enfrentar este desafio é necessária uma abordagem multifacetada. As práticas agrícolas sustentáveis, incluindo as técnicas de correção dos solos e o abastecimento responsável, são essenciais para reduzir a exposição das plantas medicinais aos metais pesados. Além disso, a sensibilização dos consumidores para os potenciais perigos da contaminação por metais pesados é um passo crucial para promover escolhas informadas e proteger a saúde pública.

A investigação e a inovação desempenham um papel fundamental na procura de soluções para este desafio iminente. O desenvolvimento de novos métodos de deteção de metais pesados, a identificação de espécies de plantas resistentes e a exploração de práticas de cultivo alternativas são áreas que merecem atenção. Ao equilibrar as utilizações tradicionais e modernas das plantas medicinais com o imperativo de minimizar a toxicidade dos metais pesados, o desafio agrícola em causa pode ser abordado de forma eficaz.

O desafio agrícola iminente do impacto dos metais pesados na produtividade das plantas medicinais sublinha a necessidade de medidas proactivas para garantir a disponibilidade e segurança contínuas dos remédios à base de plantas. Reconhecer a interação entre a saúde humana, a gestão ambiental e as considerações económicas é fundamental à medida que navegamos nas complexidades desta questão. É um desafio que exige cooperação, vigilância e um compromisso inabalável com o bem-estar dos indivíduos e do planeta. É imperativa uma ação imediata para mitigar e prevenir novas contaminações, bem como para desenvolver práticas agrícolas sustentáveis que garantam um futuro mais seguro e saudável para as gerações vindouras. Só através de esforços colectivos de governos, cientistas, agricultores e do público em geral é que podemos esperar resolver esta crise iminente e garantir o futuro do nosso abastecimento alimentar.

7. **Referências**

* Alloway, B. J. (2013). Metais Pesados em Solos: Trace Metals and Metalloids in Soils and their Bioavailability (3a ed.). Springer.

* Baker, A. J. M., & Brooks, R. R. (1989). Plantas Terrestres Superiores que Hiperacumulam Elementos Metálicos: A Review of Their Distribution, Ecology and Phytochemistry. Biorecovery, 1(2), 81126.

* Gupta, D. K., Huang, H. G., & Corpas, F. J. (2017). Tolerância ao chumbo em plantas: Estratégias para fitorremediação. Botânica Ambiental e Experimental, 140, 1-12.

* Kabata-Pendias, A., & Mukherjee, A. B. (2007). Trace Elements from Soil to Human. Springer.

* Liu, J., Luo, Y., Leung, H. M., & Zhang, L. (2018). Remediação de Solos Contaminados com Metais Pesados com Ênfase na Fitorremediação. Poluição da água, do ar e do solo, 229(11), 372.

* Singh, A., Prasad, S. M., Singh, N., & Rai, P. (2010). Tolerância a metais pesados em plantas: Role of Transcriptomics, Proteomics, Metabolomics, and Ionomics. Science of the Total Environment, 468-469, 146-158.

* Uzu, G., Sobanska, S., Sarret, G., & Muñoz, M. (2010). Foliar Lead Uptake by Lettuce Exposed to Atmospheric Fallouts. Environmental Science & Technology, 44(3), 1036-1042.

CAPÍTULO 5

AS NOSSAS GELEIRAS

D.K.Awasthi
Departamento de Química
Sri. Colégio JNMPG de Lucknow

Os glaciares são importantes para a vida na Terra. É tão simples quanto isso. São recursos críticos de água doce e também têm impacto no nível do mar, na temperatura do ar circundante e na temperatura do solo, e podem alterar a qualidade da química da água à medida que derretem. Por outras palavras, os glaciares não desempenham um papel pequeno na nossa existência.

Mas a maior parte deles está a derreter a um ritmo acelerado devido às condições criadas pela atividade humana. O degelo global dos glaciares é um efeito das alterações climáticas e quase não passa uma semana sem que surjam notícias mais devastadoras e estatísticas mais angustiantes de cientistas de renome mundial.

O aquecimento da temperatura do ar e o escurecimento das superfícies dos glaciares, que absorvem a radiação solar em vez de a reflectirem, contribuem cada vez mais para o aumento do degelo dos glaciares.

Glaciologista, especialista em alterações climáticas e explorador polarEmbora os glaciares tenham sempre flutuado em tamanho e forma desde que existem glaciares na Terra, as causas têm sido semelhantes - nomeadamente: posição relativa da Terra em relação ao Sol, alterações na produção solar, vulcões, concentrações de gases com efeito de estufa e cargas de aerossóis, como o carbono negro e as poeiras. Esta alteração dos gases com efeito de estufa deve-se exclusivamente à atividade humana: O aumento do CO_2 deve-se à queima de combustíveis fósseis, a destruição da camada de ozono deve-se às substâncias que destroem a camada de ozono emitidas pelos seres humanos e o metano deve-se às actividades agrícolas e agora ao degelo do permafrost. Locais onde as temperaturas não estão a aquecer e onde está a cair mais precipitação sob a forma de neve. Exemplos disso seriam as encostas a barlavento das montanhas costeiras onde existem correntes oceânicas frias, como pequenas partes ao largo da costa leste do sul dos Andes, na América do Sul, e partes ao largo da costa leste da Nova Zelândia. Embora sejam relativamente raros e excepções em relação ao que está a acontecer à maioria dos glaciares do mundo".

O aumento do degelo à superfície permite que a água corrente penetre mais profundamente no gelo, provocando mais degelo, como mostra claramente este lago no manto de gelo da Gronelândia.

"A definição simples de um glaciar é que se trata de uma massa de gelo suficientemente espessa para se deformar e, por conseguinte, fluir sob o seu próprio peso. Os glaciares são formados por neve acumulada em condições em que a neve dura o suficiente ao longo do ano para permitir a sua acumulação gradual. Com o tempo, a neve acumula-se suficientemente e envelhece o suficiente para se transformar em gelo."
"Depois temos diferentes tipos de glaciares, sendo os mais básicos os glaciares de montanha, dos quais temos várias formas, as calotes de gelo, como os glaciares que temos na Islândia, e depois os dois maiores mantos de gelo do mundo, a Antárctida e a Gronelândia", "A Gronelândia é um único manto de gelo, mas a Antárctida, embora todo o gelo esteja ligado, é considerada como duas partes, a Antárctida Oriental e a Ocidental".
O que provoca o degelo de um glaciar?
"Os glaciares derretem por várias razões,"
1. O aumento da temperatura do ar leva à fusão da superfície.
2. O aumento do degelo à superfície permite que a água corrente penetre mais profundamente no gelo, provocando mais degelo. E, ao congelar, se o derretimento fluir para áreas fracas, como fendas, o gelo congelado expande-se e enfraquece ainda mais os glaciares, especialmente nas suas margens.
3. A água do mar quente derrete os bordos e a parte inferior dos glaciares que desaguam no oceano

4. O aumento do nível do mar em resposta ao derretimento dos glaciares permite que os bordos costeiros dos glaciares que entram no oceano flutuem mais facilmente e, por conseguinte, percam algum contacto com os seus leitos, pelo que avançam, mais do bordo flutua e, em seguida, partem-se.

5. O aumento do aquecimento torna os glaciares menos rígidos, pelo que fluem mais facilmente.

6. Se a precipitação cair sob a forma de chuva em vez de neve, como acontece num clima mais quente, a chuva quente derrete o gelo

7. Substâncias escuras como o carbono negro alteram o albedo, ou seja, a refletividade da radiação solar recebida, de modo que os glaciares passam de uma cor clara e, portanto, reflectiva, para uma cor mais escura que absorve a radiação solar recebida, o que resulta num aumento do degelo.

Derretimento do gelo polar

O estudo da Hydraulics, Hydrology and Glaciology na Suíça revelou que sete regiões do mundo contribuíram com 83% do derretimento glacial global. Os glaciares do Alasca são responsáveis por 25% do derretimento glaciar global, derretendo ao ritmo de 68 gigatoneladas por ano.

Em comparação, a periferia da Gronelândia contribuiu com 13% do derretimento glacial global, a uma taxa de 36 gigatoneladas por ano. As regiões setentrionais e meridionais do Ártico canadiano contribuíram com 20% do derretimento glaciar mundial, com 31 gigatoneladas por ano cada uma.

Outras regiões com derretimento glacial rápido incluem a Ásia de Alta Montanha, os sistemas de cordilheiras e terras altas em torno do Planalto Tibetano e os Andes do Sul na Patagónia. Cada uma delas contribuiu com 8% do derretimento glacial global, com 21 gigatoneladas por ano.

"Em geral, sim. Mas os locais onde os glaciares estão mais próximos do nível do mar são mais susceptíveis e os locais com mais carbono negro ou outros formadores de superfícies escuras são mais susceptíveis".

"Os glaciares têm vindo a surgir e a desaparecer há milhares de anos e existe uma grande diferença de idades entre os glaciares que temos atualmente no mundo. Para simplificar a diferença entre glaciares velhos e jovens, pode dizer-se que quimicamente têm composições diferentes, dependendo da química da atmosfera quando a neve caiu. Além disso, o gelo jovem contém bolhas de ar e o gelo muito antigo tem o ar empurrado para as moléculas de gelo. Quando o gelo muito antigo derrete, as bolhas reaparecem à medida que a pressão é libertada. O gelo velho pode ter tendência a ser mais quebradiço em determinadas condições. Existem ainda outras diferenças. Mas, tendo em conta a forma como derretem, a regra é que quanto menos denso for o glaciar, mais rapidamente derrete. Quanto menos branco for o gelo, mais depressa derrete.""O Terceiro Pólo é o Planalto Tibetano, incluindo os Himalaias. Os glaciares na região do Terceiro Pólo estão a derreter porque estão rodeados por superfícies continentais mais escuras que absorvem a radiação solar recebida e porque as massas de ar mais quentes do sul estão a deslocar-se para norte, para além do aquecimento global da Ásia", explica Mayewski.

"A fusão dos mantos de gelo da Gronelândia e do Antártico tem impacto na subida do nível do mar, na temperatura e na salinidade das águas adjacentes e nos ecossistemas.

A fusão dos glaciares do Terceiro Pólo afecta ~20-25% da população da Terra e vastos complexos de ecossistemas, uma vez que esta região é a "torre de água" do sul da Ásia, fornecendo água para consumo humano e dos ecossistemas, agricultura, energia, etc.".

O gelo derretido à superfície entra como água num glaciar através de fendas e fissuras, enfraquecendo o gelo e acelerando o recuo do glaciar.

"Realisticamente, para que o degelo dos glaciares abrande ou pare, só há uma forma de o fazer acontecer, que seria fazer regressar as temperaturas aos tempos de degelo pré-massivo, ou seja, há várias décadas atrás." ж

Qual é o ciclo de vida de um glaciar e que factores influenciam o seu ciclo de vida? A quantidade de precipitação, seja sob a forma de queda de neve, chuva gelada, avalanches ou neve arrastada pelo vento, é importante para a sobrevivência dos glaciares. Por exemplo, em zonas muito secas da Antárctida, as baixas temperaturas são ideais para o crescimento dos glaciares, mas a pequena quantidade de precipitação anual líquida faz com que estes cresçam muito lentamente, ou mesmo que desapareçam devido à sublimação, quando os sólidos passam diretamente a gás. O misterioso aumento dos depósitos de poluição nos últimos anos, apesar da redução da produção dos poluentes, pode ter uma solução. Os glaciares alpinos têm vindo a derreter rapidamente desde a década de 1990 e, agora, os cientistas pensam que a poluição acumulada no gelo em décadas passadas está a fluir a um ritmo crescente para os lagos e rios actuais. Investigações anteriores tinham documentado um aumento dos poluentes orgânicos nos sedimentos de certos lagos desde a década de 1990, apesar da diminuição da utilização desses compostos em pesticidas, equipamentos eléctricos, tintas e outros produtos. dioxinas, PCB, pesticidas organoclorados e fragrâncias sintéticas de almíscar Um glaciar forma-se quando a neve se acumula ao longo do tempo, se transforma em gelo e começa a fluir para fora e para baixo sob a pressão do seu próprio peso.

Nas regiões polares e alpinas de elevada altitude, os glaciares acumulam geralmente mais neve do que aquela que perdem por fusão, evaporação ou parto. Se a neve acumulada sobreviver a uma estação de degelo, forma uma camada mais densa e mais comprimida chamada firn. A neve e o firn são ainda mais comprimidos pela queda de neve sobrejacente e as camadas enterradas crescem lentamente em conjunto, formando uma massa de gelo espessa.

A nova queda de neve de cada ano continua a compactar as camadas subjacentes e os grãos de neve transformam-se em cristais de gelo maiores, orientados aleatoriamente nos espaços de ar ligados. Estes cristais de gelo podem eventualmente crescer até atingirem vários centímetros de diâmetro.

À medida que a compressão continua e os cristais de gelo crescem, os espaços de ar nas camadas diminuem, tornando-se pequenos e isolados. Esta compactação comprime mais espaços de ar para fora da camada de neve e compacta o ar restante em bolhas. A uma maior profundidade (centenas de metros), o ar nestas bolhas ocupa espaços mais pequenos na estrutura cristalina do gelo. Assim, o gelo glaciar denso não tem bolhas de ar, mas contém ar aprisionado. Sob a pressão do seu próprio peso, um glaciar começa a mover-se, ou a fluir, para fora e para baixo. Os glaciares de vale fluem pelos vales e os <u>mantos de gelo continentais</u> fluem para fora em todas as direcções.

Os glaciares movem-se por deformação interna do gelo e por deslizamento sobre as rochas e sedimentos na base. O peso da neve, do firn e do gelo sobrejacentes e a pressão exercida pelo gelo a montante e a jusante deformam o gelo glaciar, num fenómeno conhecido como fluência. Um glaciar pode deslizar sobre uma fina camada de água na sua base. Esta água pode provir do degelo glaciar, devido à pressão do gelo sobrejacente, ou da água que passou por fissuras no glaciar. Os glaciares também podem deslizar facilmente sobre um leito de sedimentos macios que contenha alguma água. Este fenómeno é conhecido como deslizamento basal e pode ser responsável pela maior parte do movimento de glaciares finos e frios em encostas íngremes ou por apenas 10 a 20 por cento do movimento de glaciares quentes e espessos situados em encostas suaves.

As acelerações causadas pelo fluxo de gelo sobre e à volta de obstáculos, bem como a fricção entre o gelo e o leito rochoso sólido nas margens dos glaciares, criam tensões que excedem a resistência do gelo. Nestas condições, o gelo fracturase, criando fendas O recuo dos glaciares resulta de múltiplas causas, dependendo da localização: fusão, ablação, evaporação, erosão pelo vento e parto. A ablação é uma parte natural e sazonal da vida dos glaciares. Enquanto a acumulação de neve for igual ou superior ao degelo e à ablação, um glaciar manter-se-á em equilíbrio ou até crescerá. Quando a queda de neve diminui, ou o degelo aumenta, o glaciar começa a recuar. Alguns processos biológicos, como os micróbios na superfície de um glaciar, podem reduzir a capacidade do glaciar de refletir a luz solar de volta para o espaço. Estes processos de bio albedo podem acelerar o recuo dos glaciares. À medida que fluem, os glaciares aram ou empurram para o lado rochas e detritos, que são deixados para trás quando o glaciar

recua. Depois, à medida que os grandes glaciares recuam, a superfície
do solo subjacente é normalmente despojada da maioria dos materiais,
deixando apenas cicatrizes e detritos na superfície rochosa subjacente.
Nos últimos 60 a 100 anos, os glaciares de todo o mundo têm tido
tendência para recuar. Os glaciares de maré, que correm através de
vales para o mar, são susceptíveis de recuo no ponto em que o gelo se
encontra com a água relativamente quente do oceano. Os glaciares
alpinos, devido à sua dimensão relativamente pequena e à falta de
estabilidade, parecem ser particularmente susceptíveis de recuo.
O Serviço Mundial de Monitorização dos Glaciares (WGMS) tem mantido
os registos mais longos do balanço de massa dos glaciares - se um
glaciar perde ou ganha massa ao longo de um ano. O WGMS
acompanha as alterações em 140 glaciares alpinos, 37 dos quais são
considerados glaciares de referência climática, com registos de mais de
30 anos. A Sociedade Meteorológica Americana relatou no relatório
<u>State of the Climate</u> em 2021 que os glaciares alpinos em todo o mundo
continuaram a perder massa pelo 34.º ano consecutivo, com os últimos
13 anos consecutivos a apresentarem um balanço de massa global
médio inferior a 500 milímetros (19,7 polegadas) de equivalente de
água. Globalmente, a perda de massa do degelo glaciar está a
aumentar. A perda média de massa por década foi de 214 milímetros
(8,4 polegadas) na década de 1980, 499 milímetros (19,7 polegadas) na
década de 1990, 527 milímetros na década de 2000 (20,7 polegadas) e
896 milímetros (35,3 polegadas) na década de 2010. As causas do recuo
generalizado são variadas, mas as causas primárias subjacentes são o
aquecimento do clima e os efeitos do aumento da fuligem e da poeira
em áreas de maior atividade agrícola e industrial. Em 1941 (à
esquerda), o Glaciar Muir encheu este vale no Parque Nacional e
Reserva dos Glaciares, no Alasca. Era um glaciar de maré, o que
significa que fluía para o oceano. Em 2004 (à direita), o Glaciar Muir
tinha recuado 12 quilómetros (7 milhas) e tinha diminuído mais de 800
metros (2.600 pés).O peso de uma camada espessa de gelo, ou a força
da gravidade sobre a massa de gelo, faz com que os glaciares fluam. O
gelo é um material macio, em comparação com a rocha, e é muito mais
facilmente deformado por esta pressão implacável do seu próprio peso.
O gelo pode fluir pelos vales das montanhas, espalhar-se pelas planícies
ou, nalguns locais, espalhar-se pelo mar. O movimento ao longo da
parte inferior de um glaciar é mais lento do que o movimento no topo,
devido à fricção com a superfície do solo subjacente. Quando a base do
glaciar é muito fria, o movimento na parte inferior pode ser uma
pequena fração da velocidade do fluxo à superfície.
Por vezes, um glaciar desliza sobre uma fina camada de água na base
do glaciar. A água pode resultar do derretimento glaciar, impulsionado
pela pressão do gelo sobrejacente, ou da água que atravessa as fissuras
do glaciar até à base. Os glaciares também podem deslizar sobre um

leito de sedimentos macios e aquosos. Este deslizamento basal pode ser responsável pela maior parte do movimento de glaciares finos e frios em encostas íngremes. Os glaciares quentes e espessos em declives suaves devem menos do seu movimento ao deslizamento basal. No entanto, isto depende do glaciar e da natureza do leito subjacente. Por exemplo, o glaciar Columbia, no Alasca, é um grande glaciar quente de ângulo baixo que se move maioritariamente por deslizamento. Os glaciares recuam ou avançam periodicamente, consoante a quantidade de acumulação de neve, evaporação ou fusão que ocorre. Este recuo e avanço refere-se apenas à posição do terminal, ou focinho, do glaciar. Mesmo quando recua, o glaciar continua a deformar-se e a descer a encosta, como uma correia transportadora. Por outras palavras, um glaciar em recuo não flui para cima; simplesmente derrete mais depressa do que flui. Os glaciares podem subir em flecha, avançando vários metros por dia durante semanas ou mesmo meses. Em 1986, o glaciar Hubbard, no Alasca, subiu ao ritmo de 10 metros (32 pés) por dia através da foz do fiorde Russell. Em apenas dois meses, o glaciar represou a água no fiorde e criou um lago. Este tipo de glaciares tende a ter picos periódicos, enquanto a maioria dos glaciares nunca apresenta picos. Os glaciares são dinâmicos e vários elementos contribuem para a sua formação e crescimento. A neve cai na área de acumulação, normalmente a parte do glaciar com a maior elevação, aumentando a massa do glaciar. À medida que a neve se acumula lentamente e se transforma em gelo, e o glaciar aumenta de peso, o peso começa a deformar o gelo, forçando o glaciar a fluir para baixo. Mais abaixo no glaciar, normalmente a uma altitude inferior, encontra-se a zona de ablação, onde ocorre a maior parte da fusão e da evaporação. Entre estas duas áreas é atingido um equilíbrio, em que a queda de neve é igual ao degelo e o glaciar está em equilíbrio. Sempre que este equilíbrio é perturbado, quer por um aumento da queda de neve, quer por uma fusão excessiva, o glaciar avança ou recua a um ritmo superior ao normal. Terminus O terminus é a extremidade de um glaciar, geralmente a extremidade mais baixa, e é também frequentemente designado por dedo do pé ou focinho do glaciar. Os visitantes do terminal do glaciar Perito Moreno na Patagónia, América do Sul, ouvem e observam o seu movimento dinâmico. As alterações climáticas ainda não afectaram o Glaciar Perito Moreno, principalmente devido à sua situação topográfica particular. O glaciar termina no Lago Argentino, onde atravessou a ligação entre o Brazo Rico e o lago principal. O gelo está continuamente a avançar para esta posição, onde ocasionalmente bloqueia toda a conetividade entre os dois segmentos do lago (formando uma barragem de gelo). Quando isto acontece, o nível de água do Brazo Rico sobe até que a água rompe o bloco, formando um grande riacho e voltando a ligar as duas porções do lago - Crédito: ru_boff/FlCrevasse são fissuras no gelo glaciar. Nos locais onde o glaciar flui rapidamente, o atrito cria estas fendas gigantes. As fendas podem formar-se na superfície do glaciar, no seu ventre inferior ou nos lados. Durante o trabalho de campo, as fendas podem constituir um risco para a segurança dos investigadores.

Ogivas

As ogivas são bandas que se formam nalguns glaciares logo abaixo das quedas de gelo. As bandas alternam em altura e cor, e resultam de padrões sazonais. As bandas mais escuras formam-se devido ao aumento do degelo e recongelamento no verão, quando os sedimentos se acumulam na superfície do glaciar. As faixas mais claras formam-se nos meses mais frios, quando a neve se acumula e retém pequenas bolhas de ar. Como o gelo flui mais rapidamente para o centro do glaciar, onde tem menos fricção com o leito rochoso circundante, as ogivas têm a forma de arcos que apontam para o fim do glaciar.

Cascatas de gelo

As quedas de gelo ocorrem frequentemente quando os glaciares correm sobre uma queda acentuada. Essa porção de gelo do glaciar flui mais rapidamente e fica com muitas fendas.

Grutas glaciares

As grutas glaciares formam-se no interior do gelo de um glaciar. As grutas glaciares são frequentemente escavadas pela água que corre através ou sob o gelo do glaciar. A abertura abaixo é a entrada para uma gruta de gelo efémera, Breiöamerkurjökull, no sul da Islândia. No final do inverno polar, os rios subglaciares abrem caminho através do maior glaciar da Europa e revelam sinuosas grutas de gelo. As luzes minerais da gruta oscilam entre o azul do gelo puro, o branco da neve fresca e o preto das cinzas vulcânicas retidas pelo glaciar.

O processo de fusão pode acrescentar componentes a um glaciar, incluindo lagos supraglaciares (lagoas superficiais de água de fusão) e moulins (canais quase verticais formados pela água de fusão).

Os ratos dos glaciares desenvolvem-se por vezes em superfícies glaciares. Estes ratos não são roedores, mas sim bolas de musgo que contêm pequenos ecossistemas. Os núcleos dos ratos dos glaciares são constituídos por bolhas de poeira ou detritos orgânicos e, à medida que os aglomerados são batidos pelo vento, rolam nas superfícies dos glaciares, acumulando musgo. Examinando o interior dos ratos glaciares, foram encontrados colêmbolos, tardígrados e vermes nemátodos.

Glaciares alpinos

Os glaciares alpinos desenvolvem-se em regiões montanhosas altas, muitas vezes fluindo a partir de campos de gelo que abrangem vários picos ou mesmo uma cadeia de montanhas. Os maiores glaciares de montanha encontram-se no Ártico do Canadá, no Alasca, nos Andes da América do Sul e nos Himalaias da Ásia.

Glaciares de vale

Os glaciares de vale têm normalmente origem em glaciares de montanha ou campos de gelo, que se derramam pelos vales, parecendo línguas gigantes. Os glaciares de vale podem ser muito longos, descendo frequentemente para além da linha de neve, chegando por vezes ao nível do mar. Mas a maior parte deles está a derreter a um ritmo acelerado devido às condições criadas pela atividade humana. O degelo global dos glaciares é um efeito das alterações climáticas e quase não passa uma semana sem que surjam notícias mais devastadoras e estatísticas mais angustiantes de cientistas de renome mundial. O JONAA colocou algumas questões básicas sobre a razão pela qual os glaciares derretem a um desses cientistas: o glaciologista, especialista em alterações climáticas e explorador polar, Dr. Paul Andrew Mayewski, Diretor do Instituto do Clima do Maine e Professor na Universidade do MaineOs glaciares do Piemonte ocorrem quando os glaciares de vale se derramam em planícies relativamente planas, onde se espalham em lóbulos semelhantes a bolbos. O glaciar Malaspina, no Alasca, é um dos exemplos mais famosos deste tipo de glaciar e é o maior glaciar de piemonte do mundo. Derramando-se do campo de gelo de Seward, o Glaciar Malaspina cobre cerca de 3.900 quilómetros quadrados (1.500 milhas quadradas) à medida que se espalha pela planície costeira.

Glaciares suspensos

Um glaciar suspenso está suspenso no alto da montanha, no Parque Nacional Cerro Castillo, na região de Aysén, na Patagónia chilena. Os glaciares suspensos ocorrem quando um sistema glaciar de vale principal recua e afina, deixando os glaciares tributários em vales mais pequenos, muito acima da superfície do glaciar central, que está encolhido. Se todo o sistema tiver derretido e desaparecido, os vales altos vazios são chamados vales suspensos. Os glaciares circulares têm este nome devido às cavidades em forma de taça que ocupam, denominadas circos. Normalmente, encontram-se no cimo das encostas das montanhas e tendem a ser mais largos do que compridos. Tal como os circos glaciares, são frequentemente mais largos do que compridos. Os aventais de gelo são comuns nos Alpes e na Nova Zelândia, onde frequentemente provocam avalanches devido às encostas íngremes que ocupam.

Glaciar de rocha

Um glaciar rochoso flui nas cordilheiras Kechika das Montanhas Rochosas canadianas; o seu lóbulo está à direita da poça de água. Os glaciares rochosos são misturas de gelo e rocha, com elevadas concentrações de rocha em toda a sua extensão. Embora estes glaciares tenham formas e movimentos semelhantes aos dos glaciares normais, o seu gelo pode estar confinado ao núcleo do glaciar ou pode simplesmente preencher espaços entre rochas. Os glaciares rochosos podem formar-se quando o solo congelado desce a encosta. Podem também acumular gelo, neve e rochas através de avalanches ou deslizamentos de terras. Calotas de geloAs calotas de gelo são mantos de gelo em miniatura, cobrindo menos de 50.000 quilómetros quadrados (19.300 milhas quadradas). Formam-se principalmente nas regiões polares e subpolares e são mais pequenas do que os mantos de gelo à escala continental.

Campo de gelo

Os campos de gelo são semelhantes às calotes de gelo, exceto que o seu fluxo é influenciado pela topografia subjacente e são normalmente mais pequenos do que as calotes de gelo. Correntes de geloAs correntes de gelo são grandes glaciares em forma de fita situados no interior de um manto de gelo - são delimitadas por gelo que flui mais lentamente, e não por afloramentos rochosos ou cadeias de montanhas. Estas enormes massas de gelo fluido são frequentemente muito sensíveis a alterações, como a perda de plataformas de gelo no seu terminal ou a alteração das quantidades de água que correm por baixo delas. O manto de gelo do Antártico tem muitas correntes de gelo.

Os únicos mantos de gelo na Terra cobrem atualmente a Antárctida e a Gronelândia. Os mantos de gelo são enormes massas continentais de gelo glaciar e neve que se expandem por mais de 50.000 quilómetros quadrados (19.300 milhas quadradas). O manto de gelo da Antárctida tem mais de 4,7 quilómetros (3 milhas) de espessura em algumas áreas, cobrindo quase todas as características terrestres, exceto as Montanhas Transantárcticas, que sobressaem acima do gelo. Outro exemplo é o manto de gelo da Gronelândia. Nas eras glaciares passadas, enormes mantos de gelo cobriam também a maior parte do Canadá (o Manto de Gelo Laurentide) e a Escandinávia (o Manto de Gelo Escandinavo), mas estes desapareceram agora, deixando apenas algumas calotes polares e glaciares de montanha. As plataformas de gelo ocorrem quando os lençóis de gelo se estendem sobre o mar e flutuam sobre a água. A sua espessura varia entre algumas centenas de metros e mais de 1 quilómetro (0,62 milhas). As plataformas de gelo rodeiam a maior parte do continente antártico. Os glaciares dos Himalaias perdem 75% de gelo por ano

Referências

[1] IPCC (Painel Intergovernamental sobre Alterações Climáticas). 2013. Alterações climáticas 2013: A base da ciência física. Contribuição do Grupo de Trabalho I para o Quinto Relatório de Avaliação do IPCC. Cambridge, Reino Unido: Cambridge University Press. www.ipcc.ch/report/ar5/wg1.

[2] Post, A. 1958. Glaciar McCall. Coleção de fotografias do glaciar. Boulder, Colorado: Centro Nacional de Dados sobre Neve e Gelo/Centro Mundial de Dados sobre Glaciologia. http://nsidc.org/data/glacier photo/index.html.

[3] Nolan, M. 2003. Glaciar McCall. Coleção de fotografias do glaciar. Boulder, Colorado: Centro Nacional de Dados sobre Neve e Gelo/Centro

Mundial de Dados de Glaciologia. http://nsidc.org/data/glacier photo/index.html.

4. USGCRP (Programa de Investigação sobre Alterações Globais dos EUA). 2017. Relatório especial sobre ciência climática: Fourth National Climate Assessment, volume I. Wuebbles, D.J., D.W. Fahey, K.A. Hibbard, D.J. Dokken, B.C. Stewart, e T.K. Maycock, (eds.). https://science2017.globalchange.gov. doi:10.7930/J0J964J6.

5. IPCC (Painel Intergovernamental sobre as Alterações Climáticas). 2013. Alterações climáticas 2013: The physical science basis. Contribuição do Grupo de Trabalho I para o Quinto Relatório de Avaliação do PIAC. Cambridge, Reino Unido: Cambridge University Press. www.ipcc.ch/report/ar5/wg1.

6. WGMS (Serviço Mundial de Monitorização dos Glaciares). 2020. Boletim sobre alterações globais nos glaciares n.º 3 (2016-2017). Zemp, M., I. Gärtner-Roer, S.U. Nussbaumer, F. Hüsler, H. Machguth, N. Mölg, F. Paul, e M. Hoelzle, (eds.). ICSU (WDS)/IUGG (IACS)/UNEP/UNESCO/WMO. Zurique, Suíça: Serviço Mundial de Monitorização dos Glaciares. Baseado na versão da base de dados: doi:10.5904/wgms-fog-2019- 12.

7. USGS (Serviço Geológico dos EUA). 2020. Balanço de massa em todo o glaciar e dados compilados: Geleiras de referência do USGS (ver. 4.0, novembro de 2019). Acedido em   dezembro 2020. https://alaska.usgs.gov/products/data.php?dataid=79. doi:10.5066/F7HD7SRF.

8. USGCRP (Programa de Investigação sobre Alterações Globais dos EUA). 2017. Relatório especial sobre ciência climática: Fourth National Climate Assessment, volume I. Wuebbles, D.J., D.W. Fahey, K.A. Hibbard, D.J. Dokken, B.C. Stewart, e T.K. Maycock, (eds.). https://science2017.globalchange.gov. doi:10.7930/J0J964J6.

CAPÍTULO 6

O AMBIENTE

Parul Trivedi Mishra
Professor assistente, Depto. de Botânica
Dayanand Girls P.G. College Kanpur
Email: dr.parulmishra@gmail.com

Resumo:

Aspectos gerais da paisagem, como a água, o solo, o deserto ou a montanha, as condições físicas, como a humidade, a temperatura e a luz, e a população viva total de qualquer área, ou seja, animais e plantas interdependentes, constituem o ambiente. A totalidade do ambiente físico é designada por ecossistema e a totalidade do mundo da vida é designada por biosfera. Cada organismo da biosfera afecta a vida de todos os outros, diretamente ou não. O homem, por exemplo, não pode continuar a viver sem as bactérias no solo, as plantas verdes na terra e no mar, e até mesmo os necrófagos dos mortos. E o que o homem faz ao ambiente tem grande importância para todos os outros organismos vivos que o rodeiam.

Palavras chave: Ecossistema, ambiente, biosfera, organismos.

O ambiente é um sistema complexo e interligado que engloba todos os seres vivos e não vivos da Terra. Inclui a atmosfera, os oceanos, os rios, os lagos, as florestas, os desertos e todas as plantas, animais e microorganismos que habitam estes ecossistemas. O ambiente também inclui os recursos naturais que sustentam a vida, como a água, o ar, o solo e os minerais.

Um dos aspectos mais críticos do ambiente é a sua capacidade de suportar a vida. Os ecossistemas prestam serviços essenciais, como ar e água limpos, solos férteis para a agricultura e um clima estável. O ambiente também contribui para o bem-estar cultural e recreativo das pessoas e para um clima estável. O ambiente também contribui para o bem-estar cultural e recreativo das comunidades, oferecendo espaços para actividades ao ar livre e servindo como fonte de inspiração e beleza.

A Terra já está comprometida com grandes mudanças ambientais nos próximos anos.

A elevada concentração de gases com efeito de estufa já introduzida no ambiente persistirá durante muitos séculos, independentemente do que fizermos. Os clorofluorocarbonetos hoje presentes na atmosfera continuarão a destruir a camada de ozono durante séculos. As espécies extintas nunca mais voltarão. O ecossistema das florestas tropicais que destruímos demorará décadas a regenerar-se. A magnitude e o ritmo da mudança dependerão da nossa decisão de atuar agora ou de não fazer nada.

As medidas necessárias para abrandar o ritmo das alterações globais afectarão a vida de todos e, para nos adaptarmos a elas, se necessário, serão necessários enormes esforços, mas as consequências da nossa inação também o poderão ser.

COMPONENTES DO AMBIENTE

Os componentes básicos do ambiente são:

1. Atmosfera ou ar
2. Hidrosfera ou água
3. Litosfera ou pedosfera ou as rochas e o solo

A **atmosfera** é o manto gasoso que envolve a hidrosfera e a litosfera. A **hidrosfera** inclui todos os componentes líquidos, ou seja, a água dos oceanos, lagos, rios, etc.

A **litosfera** inclui os componentes sólidos, ou seja, as substâncias rochosas dos continentes.

1. Estrutura da atmosfera terrestre

Com base principalmente nas mudanças no padrão de temperatura das diferentes camadas, a atmosfera pode ser dividida em quatro zonas ou camadas principais, que são:

1. Troposfera: A região mais baixa da atmosfera, que está em contacto com a superfície da Terra, é conhecida como troposfera. Estende-se até uma altura de cerca de 20 kms acima do equador e cerca de 8 kms acima dos pólos. A temperatura nesta zona desce com a altura, chegando a atingir - 80°C na sua extremidade superior,

2. Estratosfera: A camada seguinte à troposfera chama-se estratosfera. Tem cerca de 30 km de espessura e é uma zona muito importante da atmosfera terrestre, pois contém o ozono vital

camada. As temperaturas nesta zona aumentam à medida que nos deslocamos para cima, de 80°C na sua extremidade inferior para cerca de 0°C nas suas camadas superiores. É nesta camada que as radiações ultravioletas do sol dividem as moléculas de oxigénio em átomos. Os átomos unem-se a moléculas de oxigénio intactas para dar origem a moléculas de ozono. O calor é produzido neste processo, o que faz com que a temperatura aumente com a altura.

3. Mesosfera: É a zona com cerca de 40 kms de espessura, que se situa junto à estratosfera. Esta zona é caracterizada por um declínio gradual da temperatura. De 0°C nas suas camadas inferiores até cerca de 90°C na sua extremidade superior.

4. Termosfera: É a zona próxima da mesosfera em que a temperatura aumenta com a altura. A maior parte dos constituintes desta zona estão em estado ionizado.

A atmosfera forma um manto de ar à volta do globo, que regula as temperaturas da crosta terrestre. A Lua, por exemplo, não tem atmosfera. No seu equador, a temperatura à superfície sobe até cerca de 101°C durante o dia. À noite, desce para 180°C. A vida é impossível na Lua sob temperaturas tão altas e tão baixas. A presença de gases capazes de absorver eficazmente as radiações de comprimento de onda longo ou as ondas de calor é responsável pela manutenção da temperatura da Terra.

temperaturas dentro de um intervalo adequado à existência de vida. Os gases que absorvem mais eficazmente as radiações na região de comprimento de onda longo (gases como o CO_2, CHi, NO, etc.) podem ser designados por gases de estufa. É necessário que a concentração destes gases na atmosfera seja tal que retenha ou permita que apenas uma quantidade limitada de calor escape da superfície da Terra. Se mais calor for retido, a superfície da Terra tornar-se-á mais quente. Se mais calor escapar, o nosso globo pode tornar-se um planeta gelado.

2. Hidrosfera ou Água

A água é essencial para a vida no planeta Terra. É um recurso natural de importância fundamental, cuja estrutura atómica e propriedades foram especialmente concebidas para a biosfera.

Estrutura das moléculas de água

Uma molécula de água é constituída por dois átomos de hidrogénio e um átomo de oxigénio. Dois átomos de hidrogénio partilham os seus únicos electrões com os do átomo de oxigénio. Os electrões partilhados são mais atraídos para os núcleos de oxigénio, que têm uma carga positiva maior. Isto resulta na sua distribuição assimétrica e os átomos de oxigénio recebem uma ligeira carga negativa, enquanto o átomo de hidrogénio recebe uma ligeira carga positiva. A molécula adquire uma polaridade que a leva a formar agregados, uma estrutura que é designada por estrutura em rede. São estes agregados os responsáveis pelo carácter coesivo e por uma série de propriedades da água.

1. A água tem uma densidade máxima a 4°C. Quando é arrefecida abaixo dos 4°C, expande-se e congela a 0°C, pelo que o gelo é mais leve do que a água.

2. A água tem um calor específico elevado. Variações na sua temperatura requerem grandes quantidades de energia térmica ou a sua retirada, em comparação com outros líquidos.

3. Como as moléculas de água estão ligadas entre si por ligações de hidrogénio, é necessária muito mais energia para a evaporar do que para outros líquidos.

4. A água é caracterizada pela maior tensão superficial entre todos os outros líquidos. Isto faz com que uma quantidade extraordinária de água seja retida nos solos devido à ação capilar.

O papel da hidrosfera na formação da biosfera

A vida desenvolveu-se debaixo de água. A vida não pode ocorrer sem ela. A água é o meio no qual ocorrem todas as reacções bioquímicas dentro de um organismo vivo e um grande número de reacções químicas envolvendo componentes de rochas, solos e poluentes do ambiente. É a disponibilidade de água que determina a natureza, a composição e a abundância da vida terrestre. O calor específico da água é 1, superior ao de outros líquidos, pelo que as alterações da sua temperatura necessitam de grandes quantidades de energia térmica ou da sua retirada em relação a outros objectos. Isto provoca diferenças de temperatura entre a terra e o mar quando aquecidos pela radiação solar e é mantida uma circulação de ar ativa. A circulação do ar determina o padrão de precipitação e as condições climáticas de uma localidade.

Um elevado calor latente de vaporização faz com que uma grande quantidade de energia solar seja utilizada na evaporação da água. O calor solar poderia, de outra forma, ter aumentado significativamente as temperaturas globais. O nosso globo recebe radiações solares mais intensas no equador do que nas regiões temperadas e sub-polares. O aquecimento diferencial das águas, associado à rotação do nosso planeta, gera grandes correntes de água fria e aquecida nos nossos oceanos, que moderam o clima de uma localidade. Uma grande quantidade de calor é retida pelos vapores de água presentes na atmosfera, que desempenham um papel importante na regulação da temperatura da crosta terrestre. A propriedade única de expansão, quando arrefecida abaixo dos 4°C, faz com que a água congele de cima para baixo, uma vez que a maioria dos corpos aquáticos perde calor da sua superfície. É devido à extraordinária tensão superficial elevada que uma quantidade considerável de água é retida no solo devido à ação capilar. É com esta humidade que as plantas verdes se desenvolvem durante os períodos mais secos. A água é um meio eficiente de transferência e transporte de materiais dissolvidos ou suspensos nela.

3. Litosfera ou Pedosfera

A crosta terrestre é constituída por rochas e pelo material solto derivado dessas rochas, a maior parte do qual é transformado em solo. Há muitos elementos que constituem a maior parte da crosta terrestre - quase 99% em peso. Estes elementos entram na formação de minerais, que por sua vez formam rochas das quais todos os solos derivam.

1. Rochas na crosta terrestre

As rochas que ocorrem na crosta terrestre são basicamente de três tipos:

1. Rochas ígneas: São formadas pelo arrefecimento e solidificação de material rochoso fundido chamado Magma. Algumas das rochas ígneas mais comuns são o diorito e os basaltos.

2. Rochas sedimentares: São as rochas que se desenvolvem como resultado da acumulação gradual, consolidação e endurecimento de produtos da meteorização de partículas minerais provocada pelo vento, água ou agências biológicas. Estas rochas são caracterizadas por

presença de camadas sedimentares distintas. Algumas das rochas sedimentares importantes são: Xisto, Arenito, Pedra de Cal, etc.

3. Rochas Metamórficas: São rochas formadas como resultado da metamorfose de rochas ígneas e sedimentares. Esta transformação é provocada por calor intenso e altas pressões. As rochas metamórficas mais importantes são: Ardósia, Mármore, Quartzito etc.

2. Desintegração das rochas e formação do solo

A crosta terrestre está sujeita à ação contínua do vento, das chuvas e das mudanças de temperatura, que decompõem as rochas em pequenos fragmentos. A modificação da crosta terrestre em resultado da sua interação com a atmosfera e a hidrosfera é designada por meteorização, cujos produtos finais são cascalho, areia, silte e argila. Podem distinguir-se três tipos principais de meteorização com base na natureza dos agentes que a provocam.

1. **Intemperismo físico:** A meteorização física das rochas é um processo mecânico, que é provocado por mudanças de temperatura, água e vento. A expansão e contração térmicas diferenciais devidas às mudanças de temperatura produzem tensões internas no corpo das rochas, que desenvolvem fissuras e se dividem. O mesmo acontece com a ação da água gelada e das abrasões produzidas pelo vento, que provocam a desintegração das rochas.

2. **Intemperismo químico:** A meteorização química das rochas envolve reacções químicas relativamente lentas e simples, como a dissolução, a hidratação, a hidrólise, a oxidação e a redução, etc.

Os principais agentes deste tipo de meteorização são a água, o ar, o oxigénio, o dióxido de carbono e outros materiais transportados por estes agentes, que actuam e provocam a transformação gradual dos fragmentos de rocha em cascalho, areia, silte e argila.

3. **Intemperismo biológico:** Vários organismos desempenham um papel importante na meteorização das rochas. Líquenes, bactérias, vários fungos e algas, etc., na presença de muita humidade, produzem metabolitos que ajudam no processo de desintegração das rochas. As raízes das plantas que crescem nas fendas e fissuras criam pressões consideráveis, que destroem os fragmentos de rocha.

Como resultado da meteorização, as rochas são decompostas em partículas mais pequenas, no meio das quais crescem algas, líquenes, musgos e outros pequenos organismos. Estes contribuem lentamente com matéria orgânica quando morrem e se decompõem. Com o tempo, surgem outros tipos de plantas e animais que acrescentam cada vez mais matéria orgânica. A matéria orgânica residual, incompletamente decomposta, deixada após a ação microbiana é chamada húmus. É o húmus que dá ao solo uma textura solta, assegura um arejamento correto e tem uma grande capacidade de absorver e reter água e nutrientes. O processo de enriquecimento orgânico, a decomposição da matéria orgânica e a acumulação de húmus é designado por humificação. A produção de nutrientes para as plantas a partir de matéria orgânica morta e em decomposição é designada por mineralização. A meteorização, a mineralização e a humificação são os três processos considerados coletivamente e designados por pedogénese ou formação do solo.

A nível individual, há também muitas acções que as pessoas podem tomar para contribuir para a sustentabilidade ambiental. Estas incluem a redução do consumo de energia, a conservação da água, a minimização dos resíduos, o apoio a empresas e produtos sustentáveis, a defesa de políticas ambientais e a participação em esforços locais de conservação e recuperação.

Em última análise, enfrentar os desafios ambientais exige um esforço coletivo de indivíduos, comunidades, empresas, governos e organizações internacionais. Trabalhando em conjunto para proteger e restaurar o ambiente, podemos garantir um planeta mais saudável e resistente para as gerações actuais e futuras.

Referências

Asthana, D.K e Asthana, Mira, A textbook of Environmental Studies, 11-15,2007
Bhatia, A.L, Kohli, K.S, New Dimensions of Environmental Biology, 24-27,2002
Kingsley, G. U.S Energy Conservation Policy, Themes and Trends, Policy Studies Journal, 20(1), 114-123.

CAPÍTULO 7

O IMPACTO DA POLUIÇÃO VEICULAR NO AMBIENTE

Dr. Shalini Bajpai,
Departamento de Química, D.B.S. P.G. College, Govind Nagar, Kanpur

RESUMO :

O transporte rodoviário é o principal meio de transporte, tanto para a circulação de pessoas como de mercadorias, e ganhou importância no sistema global de transportes. O crescimento incondicional dos veículos a motor, juntamente com o desenvolvimento inadequado da tecnologia, da qualidade dos combustíveis e das infra-estruturas, torna a qualidade do ar terrível. As emissões dos automóveis têm múltiplas características e acrescentam uma fração importante de poluentes à atmosfera. Os gases emitidos pelos veículos podem afetar mais do que apenas os pulmões. Os impactos causados pelo aquecimento global conduzirão a alterações climáticas.

INTRODUÇÃO

Vivemos num mundo em que tudo é transportado por meio de veículos, pelo que é necessário ter conhecimentos sobre a poluição automóvel. Mas antes disso, vamos falar de poluição. A poluição é a introdução de materiais nocivos no ambiente. Estas matérias nocivas são designadas por poluições. Do mesmo modo, a poluição automóvel é a introdução de poluentes nocivos no ambiente através dos veículos a motor. Estes materiais, conhecidos como poluentes veiculares, têm vários efeitos negativos na saúde humana e no ecossistema. Os transportes são a principal fonte de poluição atmosférica em muitos países, devido ao elevado número de veículos que circulam atualmente nas estradas. O aumento do poder de compra significa que cada vez mais pessoas podem comprar automóveis, o que é mau para o ambiente.

Os veículos são os principais responsáveis por mais de 80% da poluição atmosférica total. As emissões dos veículos a motor são basicamente responsáveis pela produção de dois tipos de poluentes atmosféricos, os poluentes atmosféricos primários e os poluentes atmosféricos secundários. Os poluentes primários são diretamente libertados pelo escape do veículo, enquanto os poluentes secundários resultam de componentes que reagem com os poluentes primários dos veículos. Os poluentes atmosféricos primários são o dióxido de carbono, o monóxido de carbono, os hidrocarbonetos, o dióxido de enxofre, o óxido nítrico e as partículas. Os poluentes secundários do ar veicular são o ozono, o óxido de azoto e os sais de ácido nítrico. Os veículos movidos a gasóleo e a gasolina são os principais contribuintes para a poluição atmosférica e emitem mais de 50% do óxido de azoto para a atmosfera, que é uma das principais fontes do aquecimento global. Os veículos movidos a gasóleo são um dos principais poluidores do ar entre os diferentes automóveis movidos a gasóleo e a gasolina.

COMPONENTES DAS EMISSÕES DOS VEÍCULOS A MOTOR :

Os veículos a motor emitem uma série de poluentes atmosféricos para a atmosfera através dos gases de escape (emissões do tubo de escape) e não provenientes dos gases de escape (evaporação dos combustíveis do depósito, desgaste dos travões, da embraiagem e dos pneus). As variações na composição das descargas dos motores têm sido relacionadas com o tipo de motor, o combustível e o óleo lubrificante, a tecnologia dos filtros de escape e as condições ambientais, como a temperatura. As emissões dos veículos são de natureza multifacetada e consistem em três fracções: poluentes sólidos, condensados (líquidos) e gasosos. As partículas sólidas são suspensas e as partículas respiráveis consistem em vários elementos (como Mg, Al, P, Si e Pb) e carbono negro (carbono orgânico e elementar). As partículas do veículo a gasolina consistem em carbono orgânico (54%), carbono elementar (7%), elementos (9%), iões (19%) e outros materiais (11%). Por sua vez, as partículas provenientes do motor a gasóleo contêm 50% de carbono orgânico, 22% de carbono elementar, 2% de elementos, 4% de iões e 22% de outros materiais. O carbono orgânico é o principal contribuinte das emissões dos veículos a motor a gasolina e a gasóleo e a fração de carbono elementar nos gases de escape dos veículos a gasolina é muito inferior à dos gases de escape dos veículos a gasóleo.

A porção condensada ou líquida da descarga veicular é a forma condensada dos compostos orgânicos voláteis emitidos direta e indiretamente pelo tubo de escape, que são absorvidos pelas partículas presentes no ambiente.

A fração gasosa das emissões dos automóveis é constituída por mais de 99% em volume de gases inorgânicos não tóxicos e o restante, menos de 1%, por gases tóxicos como o CO, o NO e uma mistura complexa de hidrocarbonetos poli-aromáticos.

Fonte de poluição veicular

S.N.	Poluente	Fonte
1.	Monóxido de carbono (CO)	Gasolina, combustível para veículos a motor, combustão de combustível fóssil
2.	Óxido de nitrogénio (NO)	As fontes primárias são os veículos a motor e as centrais eléctricas , combustão de matéria orgânica.
3.	Óxidos de enxofre (SO)	Os veículos a motor criam este poluente ao queimarem combustíveis com enxofre, especialmente o gasóleo.
4.	Hidrocarbonetos	Combustão de combustíveis para automóveis
5.	Partículas	Veículos a motor, combustão de combustíveis

6.	Ozono	Um gás atmosférico reage quimicamente com os poluentes emitidos pelos veículos na presença da luz solar.

Causas da poluição veicular :

A principal causa da poluição veicular é o rápido crescimento do número de veículos. Os outros factores de poluição veicular nas zonas urbanas são os motores a 2 tempos, a má qualidade do combustível, os veículos antigos, a manutenção inadequada, o tráfego congestionado, o mau estado das estradas e as velhas tecnologias automóveis e o sistema de gestão do tráfego.

Impacto da poluição veicular

As actividades de transporte resultaram em níveis crescentes de motorização e congestionamento. Consequentemente, o sector dos transportes está cada vez mais ligado a problemas ambientais.

IMPACTOS AMBIENTAIS DOS TRANSPORTES

As actividades de transporte resultaram em níveis crescentes de motorização e congestionamento. Consequentemente, o sector dos transportes está cada vez mais ligado a problemas ambientais. Com uma tecnologia que assenta fortemente na combustão de hidrocarbonetos, nomeadamente com o motor de combustão interna, o impacto dos transportes nos sistemas ambientais aumentou com a motorização. Esta situação chegou a um ponto em que as actividades de transporte são um fator dominante na emissão da maioria dos poluentes e, consequentemente, nos seus impactos no ambiente. Estes impactos, como todos os impactos ambientais, podem ser classificados em três categorias:

Impactos directos. A consequência imediata das actividades de transporte no ambiente, em que a relação causa-efeito é geralmente clara e bem compreendida.

Impactos indirectos. Os efeitos secundários (ou terciários) das actividades de transporte nos sistemas ambientais. Têm frequentemente consequências mais graves do que os impactos directos, mas as relações envolvidas são muitas vezes mal compreendidas e difíceis de estabelecer.

Impactos cumulativos. As consequências aditivas, multiplicativas ou sinergéticas das actividades de transporte. Têm em conta os efeitos variados dos impactos directos e indirectos num ecossistema, que são frequentemente imprevistos.

A RELAÇÃO TRANSPORTES - AMBIENTE

As relações entre os transportes e o ambiente são multidimensionais. Alguns aspectos são desconhecidos e algumas novas descobertas podem levar a mudanças drásticas nas políticas ambientais, como aconteceu com as chuvas ácidas e os clorofluorocarbonetos nas décadas de 1970 e 1980. A década de 1990 caracterizou-se por uma tomada de consciência das questões ambientais globais, sintetizada pelas crescentes preocupações entre o efeito antropogénico e as alterações climáticas. Os transportes tornaram-se uma dimensão importante do conceito de sustentabilidade, que se espera venha a ser o foco principal das actividades de transporte nas próximas décadas. Estes desenvolvimentos iminentes exigem uma compreensão profunda da influência recíproca entre o ambiente físico e as infra-estruturas de transportes. Os principais factores considerados no ambiente físico são a localização geográfica, a topografia, a estrutura geológica, o clima, a hidrologia, o solo, a vegetação natural e a vida animal.

As relações entre os transportes e o ambiente são igualmente complicadas por duas observações:

Em primeiro lugar, as actividades de transporte contribuem, entre outras causas antropogénicas e naturais, direta, indireta e cumulativamente para os problemas ambientais. Em alguns casos, podem ser um fator dominante, enquanto noutros o seu papel é marginal e dificil de determinar.

Em segundo lugar, as actividades de transporte contribuem, a diferentes escalas geográficas, para os problemas ambientais, desde os locais (ruído e emissões de CO) aos globais (clima), sem esquecer os problemas continentais/nacionais/regionais (smog e chuvas ácidas).

As actividades de transporte apoiam a crescente procura de mobilidade para passageiros e mercadorias, nomeadamente nas zonas urbanas. Mas as actividades de transporte resultaram em níveis crescentes de motorização e congestionamento. Consequentemente, o sector dos transportes está cada vez mais ligado a problemas ambientais. Os impactos mais importantes dos transportes no ambiente estão relacionados com as alterações climáticas, a qualidade do ar, o ruído, a qualidade da água, a qualidade do solo, a biodiversidade e a ocupação do solo:

Alterações climáticas

As actividades do sector dos transportes produzem anualmente vários milhões de toneladas de poluentes para a atmosfera. Estas incluem a emissão de chumbo (Pb), monóxido de carbono (CO), dióxido de carbono (CO2), metano (CHi), óxidos de azoto (NOx), óxido nitroso (N2O), clorofluorocarbonetos (CFC), perfluorocarbonetos (PFC), tetrafluoreto de silício (SiF), benzeno e componentes voláteis (BTX), metais pesados (zinco, crómio, cobre e cádmio) e partículas (cinzas, poeiras). O sector dos transportes rodoviários é responsável por 74% das emissões globais de CO , enquanto a aviação, o transporte marítimo e os caminhos-de-ferro são responsáveis por 12%, 10% e 4%, respetivamente. Está em curso um debate sobre até que ponto estas emissões (designadas por "gases com efeito de estufa") podem impedir que os comprimentos de onda da radiação electromagnética deixem a superfície terrestre, contribuindo assim para o aquecimento global. Esta situação poderá conduzir a um aumento da temperatura média à superfície da Terra, reduzindo a cobertura de neve das regiões polares, o que, por sua vez, poderá contribuir para a subida do nível do mar e para o aumento do teor de calor dos oceanos. Alguns destes gases também contribuem para o empobrecimento da camada de ozono estratosférico (Oi), que protege naturalmente a superfície terrestre da radiação ultravioleta.

Qualidade do ar

Os veículos rodoviários, os motores marítimos, as locomotivas e as aeronaves são as fontes de poluição sob a forma de emissões de gases e de partículas que afectam a qualidade do ar, causando danos à saúde humana. Os poluentes tóxicos do ar estão associados ao cancro, a doenças cardiovasculares, respiratórias e neurológicas. O monóxido de carbono (CO), quando inalado, afecta a corrente sanguínea, reduz a disponibilidade de oxigénio e pode ser extremamente prejudicial para a saúde pública. As emissões de dióxido de azoto (NO2) provenientes de fontes de transporte reduzem a função pulmonar, afectam o sistema de defesa imunitário respiratório e aumentam o risco de problemas respiratórios. As emissões de dióxido de enxofre (SO_2) e de óxidos de azoto (NOx) na atmosfera formam vários compostos ácidos que, quando misturados com a água das nuvens, dão origem a chuvas ácidas. A precipitação ácida tem efeitos prejudiciais no ambiente construído, reduz o rendimento das culturas agrícolas e provoca o declínio das florestas.

As emissões de partículas sob a forma de poeiras provenientes dos gases de escape dos veículos, bem como de fontes não provenientes dos gases de escape, como a abrasão dos veículos e das estradas, têm um impacto na qualidade do ar. As propriedades físicas e químicas das partículas estão associadas a riscos para a saúde, como problemas respiratórios, irritações da pele, inflamações dos olhos, coagulação do sangue e vários tipos de alergias.

Ruído

O ruído representa o efeito geral de sons irregulares e caóticos. É traumatizante para o órgão auditivo e pode afetar a qualidade de vida pelo seu carácter desagradável e perturbador. A exposição prolongada a níveis de ruído superiores a 75dB prejudica gravemente a audição e afecta o bem-estar físico e psicológico do ser humano. O ruído dos transportes, proveniente da circulação de veículos de transporte e do funcionamento de portos, aeroportos e estaleiros ferroviários, afecta a saúde humana, através de um aumento do risco de doenças cardiovasculares. O aumento dos níveis de ruído tem um impacto negativo no ambiente urbano, que se reflecte na diminuição do valor dos terrenos e na perda de utilizações produtivas.

Qualidade da água

As actividades de transporte têm um impacto nas condições hidrológicas. As partículas de combustível, produtos químicos e outras partículas perigosas lançadas de aviões, automóveis, camiões e comboios ou de operações em terminais portuários e aeroportuários, como o degelo, podem contaminar rios, lagos, zonas húmidas e oceanos. Globalmente, o comércio marítimo mundial cresceu de 2,6 mil milhões de toneladas em 1970 para mais de 7 mil milhões de toneladas de mercadorias carregadas em 2006 (UNCTAD, 2007). Como a procura de serviços de transporte marítimo está a aumentar, as emissões do transporte marítimo representam o segmento mais importante do inventário da qualidade da água no sector dos transportes. Os principais efeitos das operações de transporte marítimo na qualidade da água resultam predominantemente da dragagem, dos resíduos, das águas de lastro e dos derrames de petróleo. A dragagem é o processo de aprofundamento dos canais portuários através da remoção de sedimentos do leito de uma massa de água. A dragagem é essencial para criar e manter uma profundidade de água suficiente para as operações de navegação c a acessibilidade dos portos. As actividades de dragagem têm um duplo impacto negativo no meio marinho. Modificam a hidrologia, criando uma turbidez que pode afetar a diversidade biológica marinha. Os resíduos gerados pelas operações dos navios no mar ou nos portos causam graves problemas ambientais, uma vez que podem conter um nível muito elevado de bactérias que podem ser perigosas para a saúde pública, bem como para os ecossistemas marinhos, quando descarregados nas águas. Além disso, vários tipos de lixo contendo metais e plásticos não são facilmente biodegradáveis. Podem persistir na superfície do mar durante longos períodos de tempo e constituir um sério obstáculo à navegação marítima em vias navegáveis interiores e no mar, afectando também as operações de atracação.

Qualidade do solo

O impacto ambiental dos transportes no solo consiste na erosão e na contaminação do solo. As instalações de transporte costeiro têm impactos significativos na erosão do solo. As actividades de transporte marítimo estão a modificar a escala e o âmbito das acções das ondas, provocando danos graves em canais confinados, como as margens dos rios. A remoção da superfície terrestre para a construção de auto-estradas ou a diminuição das inclinações da superfície para o desenvolvimento de portos e aeroportos conduziram a uma perda importante de solos férteis e produtivos. A contaminação do solo pode ocorrer devido à utilização de materiais tóxicos pelo sector dos transportes. Os derrames de combustível e óleo dos veículos a motor são lavados nas bermas das estradas e entram no solo. Os produtos químicos utilizados para a conservação dos dormentes dos caminhos-de-ferro podem entrar no solo. Foram encontrados materiais perigosos e metais pesados em áreas contíguas a caminhos-de-ferro, portos e aeroportos.

Biodiversidade

Os transportes também influenciam a vegetação natural. A necessidade de materiais de construção e o desenvolvimento dos transportes terrestres conduziram à desflorestação. Muitas vias de transporte exigiram a drenagem de terras, reduzindo assim as zonas húmidas e expulsando as espécies de plantas aquáticas. A necessidade de manter as faixas de rodagem das estradas e dos caminhos-de-ferro ou de estabilizar os declives ao longo das instalações de transporte resultou na restrição do crescimento de certas plantas ou produziu alterações nas plantas com a introdução de novas espécies diferentes das que originalmente cresciam nas áreas. Muitas espécies animais estão a extinguir-se em resultado de alterações nos seus habitats naturais e da redução das suas áreas de distribuição.

Paisagem

As instalações de transporte têm um impacto na paisagem urbana. O desenvolvimento de infra-estruturas portuárias e aeroportuárias é uma caraterística importante do ambiente urbano e periurbano construído. A coesão social e económica pode ser quebrada quando novas instalações de transporte, tais como estruturas ferroviárias e rodoviárias elevadas, atravessam uma comunidade urbana existente. As artérias ou os terminais de transporte podem definir fronteiras urbanas e produzir segregação. As grandes instalações de transporte podem afetar a qualidade de vida urbana, criando barreiras físicas, aumentando os níveis de ruído, gerando odores, reduzindo a estética urbana e afectando o património construído.

Saúde

Os poluentes veiculares não são bons para a saúde humana quando a população de um país está maioritariamente doente, a economia pára porque o crescimento está normalmente ligado à capacidade.

Os efeitos dos poluentes na saúde são resumidos a seguir.

Poluente	Efeito na saúde humana
Monóxido de carbono	Afecta o sistema cardio-vascular, exacerbando os sintomas das doenças cardiovasculares, nomeadamente a angina, afectando particularmente os fetos, os doentes anémicos e as crianças pequenas afecta o sistema nervoso
	prejudicando a coordenação física, a visão e a capacidade de julgamento, provocando náuseas e dores de cabeça, reduzindo a produtividade e aumentando o desconforto pessoal.
Óxido de azoto	Aumento da suscetibilidade a doenças pulmonares infecciosas, comprometimento da função pulmonar e irritações dos olhos, nariz e garganta.

Dióxido de enxofre	Afectam negativamente a função pulmonar.
Matéria particulada eRespirável Matéria particulada (SPM e RPM)	As partículas finas podem ser tóxicas em si mesmas ou transportar vestígios de substâncias tóxicas (incluindo carcinogénicas) e podem afetar o sistema imunitário. As partículas finas penetram profundamente no sistema respiratório, irritando o tecido pulmonar e causando perturbações a longo prazo.
Chumbo	Afecta o fígado e os rins, provoca lesões cerebrais nas crianças, resultando numa diminuição do Q.I., em hiperatividade e numa menor capacidade de concentração.
Benzeno	Tóxico e carcinogénico. Incidência excessiva de leucemia (cancro do sangue) em zonas de elevada exposição.
Hidrocarbonetos	Potencialmente causador de cancro

COMO REDUZIR A POLUIÇÃO CAUSADA PELOS VEÍCULOS

Desde ir a pé para o trabalho a partilhar o carro, há muitas formas de reduzir o seu impacto. Descubra o seu estilo de deslocação. Uma vez que a maior parte da poluição causada pelos automóveis e camiões se deve à queima de combustível, podemos reduzir a poluição desta fonte queimando menos combustível, queimando combustível mais limpo e queimando combustível mais limpo.

Queimar menos combustível:

Quando comprar um veículo, compre o veículo mais eficiente em termos de combustível que satisfaça as suas necessidades diárias médias.

Ande de bicicleta ou a pé para evitar totalmente a utilização de combustível.

Teletrabalho (trabalhar a partir de casa através do telefone ou da Internet) para reduzir a condução.

Se tiver mais do que um veículo, utilize o mais eficiente possível em termos de combustível. Aceleração gradual - um arranque suave consome menos combustível.

Queimar combustível mais limpo:

Mantenha o seu veículo bem afinado e os pneus com a pressão correcta para reduzir as emissões de gases de escape.

Combine as tarefas numa só viagem - os carros poluem menos quando estão aquecidos. Evitar o ralenti - o escape em ralenti contém mais poluentes do que o escape em funcionamento.

Queimar combustível mais limpo :

A gasolina com baixo teor de enxofre reduz os poluentes em 10-15%.

O etanol combustível a 85% pode ser utilizado em veículos de combustível flexível.

Outros combustíveis alternativos para os transportes, como o gás natural e o biodiesel, são mais práticos para as frotas de veículos.

VEÍCULOS COM EMISSÕES ZERO : MEIOS DE UTILIZAÇÃO DE VEÍCULOS ELÉCTRICOS :

À medida que mais carros e camiões são vendidos e a quilometragem anual aumenta, melhorar a tecnologia de controlo da poluição e queimar menos combustível continua a ser vital, especialmente nas áreas urbanas em rápido crescimento. No entanto, a eliminação das emissões pelo tubo de escape vai ainda mais longe na redução dos poluentes atmosféricos nocivos.

Os veículos eléctricos e de célula de combustível de hidrogénio deixam de queimar combustível e utilizam processos electroquímicos para produzir a energia necessária para conduzir um carro na estrada. Os veículos com células de combustível funcionam com eletricidade produzida diretamente a partir da reação do hidrogénio e do oxigénio. O único subproduto é a água, razão pela qual os veículos a pilha de combustível são designados por veículos de emissões zero. Os veículos eléctricos armazenam energia numa bateria a bordo, não emitindo nada pelo tubo de escape. As vantagens dos veículos eléctricos são muitas e são apresentadas a seguir:

Custos de funcionamento mais baixos

Uma vez que não paga gasolina ou gasóleo para manter o seu VE a funcionar, poupa muito dinheiro em combustível. O custo de carregamento de um veículo elétrico, comparado com o preço da gasolina ou do gasóleo, é substancialmente baixo. Pode reduzir ainda mais o custo da eletricidade utilizando fontes de energia renováveis, como a energia solar.

Baixos custos de manutenção

Os veículos a gasolina ou a gasóleo requerem uma manutenção regular, uma vez que têm várias peças móveis. Não é o caso dos veículos eléctricos, uma vez que têm comparativamente menos peças móveis. Isto significa que o seu automóvel elétrico terá provavelmente custos de manutenção mais baixos a longo prazo.

Melhor desempenho

No passado, os veículos eléctricos eram vistos como pouco práticos. No entanto, isso mudou ao longo dos anos, com os fabricantes a oferecerem veículos eléctricos bem concebidos e com bom aspeto. Até mesmo o desempenho dos VEs mudou para melhor. Os veículos eléctricos são mais leves e a sua aceleração é impecável em comparação com os veículos movidos a combustível.

Zero emissões pelo tubo de escape

Os veículos eléctricos não emitem nenhum tubo de escape, ajudando a reduzir a pegada de carbono. Pode reduzir ainda mais a sua pegada de carbono utilizando energia renovável para mudar o seu VE.

Fácil de conduzir e silencioso

Com menos peças móveis e controlos simples, os VE são fáceis de conduzir. Além disso, pode ligar um veículo deste tipo a uma estação de carregamento pública ou doméstica quando o quiser carregar. São também silenciosos, reduzindo assim os níveis sonoros gerados pelos veículos movidos a combustível.

Conveniência de carregar em casa

Não há necessidade de procurar a estação de serviço mais próxima para abastecer. Carregue o seu VE em casa e ponha-se a andar. Com a tecnologia de carregamento da nova era, pode carregar rapidamente um VE ou mesmo tirar partido dos serviços de troca de baterias para continuar a conduzir sem se preocupar com a disponibilidade de combustível convencional. Pode mesmo tirar partido dos serviços de troca de baterias para continuar a conduzir sem se preocupar com a disponibilidade de combustível convencional.

Sem combustível, sem emissões

Uma das vantagens mais significativas dos veículos eléctricos é o seu impacto no ambiente. Os VEs puros têm zero emissões de escape, o que reduz a poluição do ar. Uma vez que o motor elétrico do veículo elétrico funciona em circuito fechado, não emite quaisquer gases nocivos. Os veículos exclusivamente eléctricos não necessitam de gasolina ou gasóleo, o que é excelente para o ambiente.

São à prova de futuro

Com vários países a comprometerem-se a reduzir gradualmente a sua dependência da gasolina e do gasóleo (combustíveis fósseis), os veículos eléctricos são considerados uma alternativa sustentável.

Sem poluição sonora

Os veículos eléctricos têm a capacidade de funcionar silenciosamente, uma vez que não têm motor sob o capô. A ausência de motor significa ausência de ruído. O motor elétrico funciona tão silenciosamente que é preciso espreitar para o painel de instrumentos para verificar se está ligado. Os veículos eléctricos são tão silenciosos que os fabricantes têm de acrescentar sons falsos para os tornar seguros para os peões.

<u>CONCLUSÃO</u>

Nesta era de rápido progresso, a poluição atmosférica causada pelos automóveis tornou-se uma preocupação crítica para o ambiente. Atualmente, em quase todos os países, a maioria da população está exposta à má qualidade do ambiente. Os seres humanos tornaram-se vulneráveis a diferentes doenças, desde uma dor de cabeça a doenças graves como o cancro dos pulmões. Esta situação conduz indiretamente à perda económica de um país, uma vez que é necessário despender recursos financeiros para fornecer as instalações médicas necessárias ao público afetado.

A poluição causada pelos veículos a motor pode ser minimizada através da utilização de tecnologias novas e inovadoras, de combustíveis alternativos e de políticas governamentais. Estes métodos têm de ser

utilizados de forma correcta para melhorar a situação
do ambiente de forma significativa. O presente estudo ajuda os
fabricantes de automóveis a melhorar o ambiente sustentável.
Diz-se muitas vezes que só temos uma Terra e que devemos fazer tudo
para a proteger. Não nos podemos dar ao luxo de ficar à margem e
assistir, porque quando se trata de poluição, todos são afectados,
mesmo aqueles que não contribuíram para ela. O transporte automóvel
é uma das principais causas da poluição atmosférica em todo o mundo.
O lado bom é que é possível fazer alguma coisa. Tudo começa com a
responsabilidade individual de ter um planeta mais limpo. Quando as
pessoas mudam as suas mentalidades e se tornam mais pró-activas, é
possível conseguir muitas coisas boas. Da mesma forma, a poluição dos
veículos também pode ser reduzida e gerida.

REFERÊNCIAS

Singh et al., 2017, partículas finas no Sul da Ásia: Revisão, Environmental Pollution 223: 121-136

Sharma et al, 2016, Chemical Characterization and source appointment of aerosol at an Urban area of Central Delhi, India, Atmosphic Pollution Research, 7(1), 110-121.

Mishra et al, 2014, Estimation of vehicular emissions using dynamic emission factors, Atmospheric Environment 98:17

Grulia et al, 2015, Urban Au Quality management A review, Atmospheric Pollution Research 6(2): 286-304

CPCB, 2011, All Quality Monitoring, Emission Inventory and source Apportionment study for Indian Cities, Central Pollution control Board 225 Dahiya et al, 2017, Airpocalyps; Assessment of An pollution in India cities. Greenpeace Indi.

CAPÍTULO 8

COMPREENDER A PEGADA DE CARBONO: O IMPACTO AMBIENTAL DAS ESCOLHAS QUOTIDIANAS

Dra. Tamanna Begam

Departamento de Química, D.B.S. P.G. College, Kanpur

Introdução:

O termo "pegada de carbono" deriva da ideia de que a maioria das emissões de gases com efeito de estufa pode ser expressa em termos da quantidade de dióxido de carbono com um potencial de aquecimento global equivalente.

A pegada de carbono é uma medida da quantidade total de gases com efeito de estufa, especificamente o dióxido de carbono (CO2) e outros equivalentes como o metano (CH4) e o óxido nitroso (N2O), que são emitidos direta ou indiretamente por um indivíduo, organização, produto ou atividade. Representa o impacto global das actividades humanas no ambiente em termos da sua contribuição para o aquecimento global e as alterações climáticas. Os gases com efeito de estufa retêm o calor na atmosfera da Terra, provocando o aquecimento do planeta. As principais fontes destes gases são as actividades humanas, especialmente a queima de combustíveis fósseis como o carvão, o petróleo e o gás natural, que libertam grandes quantidades de dióxido de carbono. A desflorestação, os processos industriais, a agricultura e a gestão de resíduos são outros factores que contribuem significativamente para o aquecimento do planeta.

Nos últimos anos, o conceito de "pegada de carbono" ganhou proeminência à medida que os indivíduos e as organizações se tornaram cada vez mais conscientes do seu impacto no ambiente. Compreender e mitigar a nossa pegada de carbono é crucial na luta contra as alterações climáticas. Neste artigo, vamos aprofundar o conceito de pegada de carbono, o seu significado e as formas de a reduzir.

Palavras-chave: *Pegada de carbono, Gases com efeito de estufa, Aquecimento global, Alterações climáticas, Energias renováveis, Eficiência energética, Transportes sustentáveis, Perda de biodiversidade, Acontecimentos climáticos extremos, Derretimento das calotes polares, Práticas sustentáveis, Reflorestação, Sustentabilidade ambiental*

Principais componentes da pegada de carbono

A pegada de carbono de um indivíduo, organização, produto ou atividade é determinada tendo em conta várias fontes de emissões de gases com efeito de estufa. Estas emissões são normalmente categorizadas em três âmbitos, normalmente conhecidos como Âmbito 1, Âmbito 2 e Âmbito 3. Eis os principais componentes de uma pegada de carbono:

Âmbito 1: Emissões directas

As emissões de âmbito 1 representam emissões directas de gases com efeito de estufa que resultam de fontes detidas ou controladas pela entidade que está a ser avaliada. Estas emissões encontram-se normalmente dentro dos limites operacionais da organização e são consideradas sob o seu controlo direto. As principais fontes de emissões de Âmbito 1 incluem:

(a) . Combustão de combustíveis: Emissões provenientes da combustão de combustíveis fósseis no local, tais como:

Emissões de veículos: Inclui as emissões de carros, camiões, autocarros ou quaisquer outros veículos que sejam propriedade ou operados pela organização.

Combustão estacionária: Emissões resultantes da utilização de combustíveis fósseis para aquecimento, arrefecimento e produção de energia no local, como em caldeiras ou fornos.

(b) . Processos industriais: Emissões resultantes de actividades ou processos industriais específicos que libertam gases com efeito de estufa. Os exemplos incluem: ***Produção Química:*** Alguns processos químicos libertam gases com efeito de estufa como subprodutos.

Produção de metais: Certos métodos de extração e processamento de metais podem emitir quantidades significativas de gases com efeito de estufa.

Emissões Fugitivas: Emissões que escapam da produção, processamento ou transporte de combustíveis fósseis. Isto pode incluir:

Fuga de metano: Emissões de metano provenientes da extração, processamento e distribuição de petróleo e gás.

O cálculo das emissões de âmbito 1 envolve a quantificação das emissões directas de gases com efeito de estufa provenientes destas fontes. Para tal, são frequentemente necessários dados sobre o consumo de combustível, a quilometragem dos veículos e outras actividades operacionais relevantes. As unidades de medida são normalmente expressas em toneladas métricas de equivalentes de dióxido de carbono (CO2e), que normalizam diferentes gases com efeito de estufa com base no seu potencial de aquecimento global.

As organizações e os indivíduos podem adotar várias medidas para reduzir as suas emissões de âmbito 1, incluindo

Transição para energias renováveis: Mudança das fontes de energia para opções renováveis como a energia solar, eólica ou hidroelétrica.

Melhorar a eficiência energética: Atualização de equipamentos, veículos e instalações para alternativas mais eficientes do ponto de vista energético.

Implementação de práticas sustentáveis: Adoção de práticas que reduzam a dependência de combustíveis fósseis nos processos industriais.

A abordagem das emissões de âmbito 1 é um passo fundamental na gestão e redução da pegada de carbono global de uma entidade, contribuindo para esforços mais alargados de combate às alterações climáticas.

Âmbito 2: Emissões indirectas do consumo de energia

As emissões de Âmbito 2 representam emissões indirectas de gases com efeito de estufa que resultam da produção de eletricidade, calor ou vapor comprados pela entidade. Ao contrário das emissões de Âmbito 1, que são emissões directas de fontes pertencentes ou controladas pela organização, as emissões de Âmbito 2 estão associadas à energia consumida mas gerada fora dos limites da organização. As principais fontes de emissões de Âmbito 2 incluem:

Eletricidade comprada: Emissões associadas à produção de eletricidade comprada pela organização a fontes externas. Isto pode incluir uma mistura de fontes de energia, tais como carvão, gás natural, energias renováveis ou energia nuclear.

Calor ou vapor comprados: À semelhança da eletricidade comprada, as emissões relacionadas com a utilização de calor ou vapor gerados externamente são abrangidas pelo âmbito 2 se estas fontes forem utilizadas.

A ideia-chave por detrás do Âmbito 2 é contabilizar o impacto ambiental da energia consumida pela organização, independentemente do local onde essa energia é produzida. As emissões associadas ao Âmbito 2 são calculadas utilizando factores de emissão, que indicam a quantidade de gases com efeito de estufa produzidos por unidade de energia gerada.

Para calcular as emissões de Âmbito 2, a fórmula é normalmente a seguinte

Emissões de âmbito 2=Consumo de energia×Fator de emissão

Neste caso, o consumo de energia é medido em unidades como os quilowatts-hora (kWh) e o fator de emissão representa as emissões médias associadas à produção de uma unidade de energia.

As organizações e os indivíduos podem adotar várias medidas para reduzir as suas emissões de âmbito 2, incluindo

Mudança para energias renováveis: Comprar eletricidade de fontes renováveis, como a energia eólica, solar ou hidroelétrica, para reduzir a intensidade de carbono do consumo de energia.

Aumentar a eficiência energética: Implementação de tecnologias e práticas energeticamente eficientes para reduzir o consumo global de energia.

A abordagem das emissões de Âmbito 2 é crucial para as organizações que procuram reduzir a sua pegada de carbono, especialmente à medida que o sector da energia transita para fontes mais limpas e sustentáveis. Muitas empresas estão a definir objectivos para adquirir uma maior percentagem de energia renovável para diminuir as suas emissões de Âmbito 2 e contribuir para objectivos de sustentabilidade mais amplos.

Âmbito 3: Emissões indirectas da cadeia de abastecimento e outras fontes

As emissões de âmbito 3 representam emissões indirectas de gases com efeito de estufa que resultam de actividades que ocorrem na cadeia de valor da entidade que relata, mas que não são diretamente detidas ou controladas por essa entidade. Estas emissões são consideradas indirectas porque se estendem para além dos limites operacionais imediatos de uma organização. A categoria do Âmbito 3 é ampla e engloba várias fontes, o que torna difícil a sua medição e gestão. Os principais componentes das emissões de Âmbito 3 incluem:

Emissões da cadeia de abastecimento a montante: Extração de matérias-primas: Emissões associadas à extração e processamento de matérias-primas utilizadas na produção de bens ou serviços.

Transporte de bens e serviços: Emissões resultantes do transporte de matérias-primas, componentes e produtos acabados na cadeia de abastecimento.

Emissões a jusante:

Utilização do produto: Emissões que ocorrem durante a utilização de produtos ou serviços pelo consumidor final. Por exemplo, o consumo de combustível de um automóvel durante a sua vida útil.

Eliminação em fim de vida: Emissões provenientes da eliminação e tratamento de produtos no fim do seu ciclo de vida. Isto inclui emissões de aterros, reciclagem e incineração.

Transporte:

Deslocações pendulares dos trabalhadores: Emissões das actividades de deslocação dos empregados, incluindo a utilização de veículos pessoais ou de transportes públicos.

Viagens de negócios: Emissões de viagens relacionadas com negócios, como voos, estadias em hotéis e aluguer de automóveis.

Gestão de resíduos:

Tratamento e eliminação de resíduos: Emissões associadas ao tratamento, eliminação e processamento de resíduos, incluindo emissões de aterros e da incineração de resíduos.

As emissões do âmbito 3 são muitas vezes difíceis de quantificar devido à natureza complexa e interligada das cadeias de abastecimento. O cálculo destas emissões pode envolver a recolha de dados de vários fornecedores e parceiros. No entanto, a abordagem das emissões do âmbito 3 é essencial para uma estratégia de sustentabilidade abrangente.

As organizações podem tomar várias medidas para gerir e reduzir as suas emissões de âmbito 3:

Envolvimento da cadeia de fornecimento: Colaborar com os fornecedores e incentivar práticas sustentáveis em toda a cadeia de abastecimento.

Conceção de produtos: Conceber produtos com um menor impacto ambiental, tendo em conta todo o ciclo de vida.

Comportamento dos funcionários: Incentivar práticas sustentáveis entre os funcionários, como a redução das deslocações, a utilização de transportes públicos e a adoção de opções de deslocação ecológicas.

Embora as emissões de âmbito 3 sejam um desafio, representam frequentemente uma parte significativa da pegada de carbono global de uma organização. O tratamento efetivo destas emissões requer uma abordagem abrangente e colaboração em toda a cadeia de valor.

Efeitos da pegada de carbono no ambiente

Eis alguns dos principais efeitos da pegada de carbono no ambiente:

Alterações climáticas:

Aquecimento global: O aumento da concentração de gases com efeito de estufa, em particular o dióxido de carbono, retém o calor na atmosfera da Terra, levando a um aumento das temperaturas globais. Este fenómeno, conhecido como aquecimento global, contribui para mudanças nos padrões climáticos, ondas de calor mais frequentes e severas e padrões de precipitação alterados.

Derretimento das calotas polares e dos glaciares:

Com o aumento das temperaturas globais, as calotas polares e os glaciares de todo o mundo estão a derreter a um ritmo acelerado. Este facto contribui para a subida do nível do mar, constituindo uma ameaça para as zonas costeiras baixas e para as ilhas. De acordo com os relatórios da NASA, a Antárctida está a perder massa de gelo (a derreter) a um ritmo médio de cerca de 150 mil milhões de toneladas por ano e a Gronelândia está a perder cerca de 270 mil milhões de toneladas por ano, o que contribui para a subida do nível do mar.

Subida do nível do mar:

A fusão do gelo e a expansão térmica da água do mar devido ao aquecimento conduzem à subida do nível do mar. Isto representa um risco para os ecossistemas, comunidades e infra-estruturas costeiras.

De acordo com um relatório do climate gov , publicado em 19 de abril de 2022, o nível médio global do mar subiu 8-9 polegadas (21-24 centímetros) desde 1880. Em 2022, o nível médio global do mar estabeleceu um novo recorde - 101,2 mm (4 polegadas) acima dos níveis de 1993.

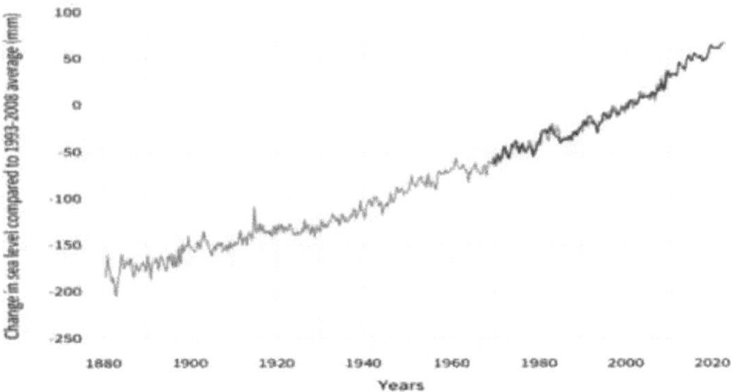

Eventos climáticos extremos:

A ligação entre as pegadas de carbono e os fenómenos meteorológicos extremos é complexa e envolve o conceito mais vasto de alterações climáticas, impulsionado pela acumulação de gases com efeito de estufa, incluindo o dióxido de carbono (CO2), na atmosfera da Terra. Embora os fenómenos meteorológicos extremos individuais não possam ser diretamente atribuídos às pegadas de carbono, o aumento global das emissões de gases com efeito de estufa contribui para as alterações dos padrões climáticos, conduzindo a fenómenos meteorológicos extremos mais frequentes e mais graves. Eis algumas das formas como as pegadas de carbono estão ligadas a fenómenos meteorológicos extremos:

Aumento da temperatura:

Os níveis elevados de gases com efeito de estufa, em particular o CO2, contribuem para o efeito de estufa, retendo mais calor na atmosfera da Terra. Isto resulta num aumento global das temperaturas globais. As temperaturas mais elevadas contribuem para as ondas de calor, que podem tornar-se mais frequentes e intensas, afectando a saúde humana, os ecossistemas e a agricultura. De acordo com um relatório do copernicus.eu, a temperatura média da superfície global aumentou muito entre 1970 e 2023.

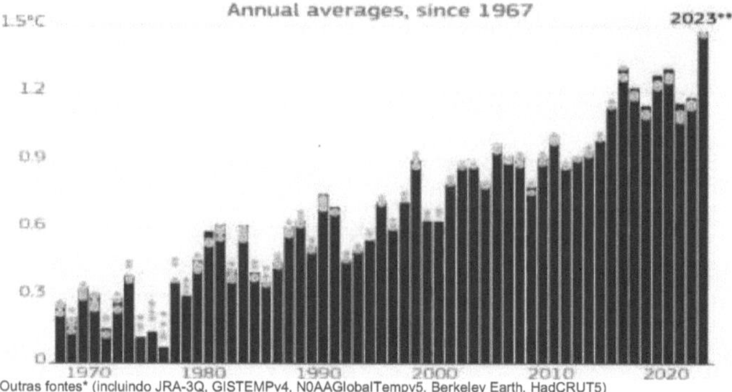

Dados ERAS Outras fontes* (incluindo JRA-3Q, GISTEMPv4, N0AAGlobalTempv5, Berkeley Earth, HadCRUT5)

Mudanças nos padrões de precipitação:
O aquecimento da atmosfera pode alterar os padrões de precipitação, conduzindo a chuvas mais intensas em algumas zonas e a períodos prolongados de seca noutras. Isto pode resultar em fenómenos meteorológicos extremos, como inundações, deslizamentos de terras e incêndios florestais.

Intensificação de furacões e ciclones:
Temperaturas da superfície do mar mais quentes fornecem mais energia às tempestades tropicais, levando potencialmente à intensificação de furacões e ciclones. Este fenómeno pode resultar em tempestades mais poderosas e destrutivas, com ventos mais fortes e precipitação mais intensa, provocando tempestades e inundações. De acordo com um estudo recente, a frequência dos ciclones no Mar Arábico aumentou 52% e o número de ciclones muito graves aumentou 150% entre 1982 e 2019, em comparação com as duas décadas anteriores. A Baía de Bengala, por outro lado, registou uma ligeira diminuição da frequência dos ciclones durante o mesmo período.

Mudanças nos padrões meteorológicos: As alterações climáticas podem levar a mudanças nos padrões de circulação atmosférica, como a corrente de jato. Estas mudanças podem resultar em condições meteorológicas mais persistentes, como períodos prolongados de calor, frio ou precipitação, contribuindo para fenómenos extremos.

Alterações nas correntes oceânicas: As alterações climáticas podem alterar as correntes oceânicas, influenciando os padrões meteorológicos. Isto pode ter efeitos em cascata nos climas regionais, conduzindo potencialmente a alterações na precipitação e nos extremos de temperatura.

Impacto nos fenómenos extremos de calor: O aquecimento global do planeta contribui para ondas de calor mais frequentes e graves. Os fenómenos de calor extremo podem ter consequências graves para a saúde humana, a agricultura e os ecossistemas.

Alteração do calendário das estações: As alterações climáticas podem perturbar o calendário das estações, afectando o início da primavera, a duração do inverno e outros padrões sazonais. Estas alterações podem afetar os ecossistemas e contribuir para a ocorrência de fenómenos meteorológicos extremos.

Acidificação dos oceanos: O dióxido de carbono é absorvido pelos oceanos do mundo, levando à acidificação dos oceanos. Este fenómeno tem efeitos adversos na vida marinha, particularmente nos organismos com conchas de carbonato de cálcio, como os corais e alguns mariscos.

Perda de biodiversidade:

As alterações climáticas, juntamente com outros factores de pressão ambiental, contribuem para a perda de habitats e para a alteração dos ecossistemas, conduzindo a um declínio da biodiversidade. Algumas espécies podem ter dificuldade em adaptar-se a condições variáveis ou podem sofrer alterações nas suas áreas de distribuição natural.

Segundo o site *wustl.edu*

1. As populações mundiais de mamíferos, aves, peixes, répteis e anfíbios registaram um declínio médio de 69% desde 1970.

2. Estima-se que duas em cada cinco plantas estejam ameaçadas de extinção.

3. As espécies estão a desaparecer centenas ou talvez milhares de vezes mais depressa do que a taxa natural de extinção.

Ao mesmo tempo, aqui estão alguns factos sobre a biodiversidade que ajudam a reduzir a pegada de carbono:

1. As florestas mundiais absorvem um total de 7,6 mil milhões de toneladas de dióxido de carbono por ano.

2. As turfeiras cobrem apenas 3% da superfície da Terra, mas armazenam duas vezes mais carbono do que todas as florestas do mundo

3. Os habitats oceânicos, como as ervas marinhas e os mangais, podem armazenar carbono a taxas até quatro vezes superiores às das florestas

Perturbação dos ecossistemas:

As alterações da temperatura, da precipitação e do nível do mar podem perturbar os ecossistemas, afectando a distribuição e o comportamento das espécies vegetais e animais. Esta situação pode levar a desfasamentos no calendário de acontecimentos ecológicos críticos, como a migração e a reprodução.

Impacto na agricultura: As alterações nos padrões de temperatura e precipitação afectam a produtividade agrícola. As mudanças nas estações de crescimento, o aumento da frequência de fenómenos meteorológicos extremos e a alteração dos padrões de pragas e doenças podem afetar o rendimento das culturas e a segurança alimentar.

Impactos na saúde: As alterações climáticas podem afetar diretamente a saúde humana através de uma maior exposição a vagas de calor, alterações nos padrões de doença e perturbações no abastecimento de alimentos e água. Indiretamente, podem agravar os problemas de saúde existentes e contribuir para a propagação de doenças infecciosas.

Escassez de recursos: As alterações climáticas podem exacerbar a escassez de recursos, incluindo a falta de água e o aumento da concorrência pela terra. Isto pode levar a conflitos sobre os recursos, especialmente em regiões que já enfrentam stress ambiental.

Algumas medidas básicas a adotar para reduzir a pegada de carbono

A redução da pegada de carbono é crucial para mitigar as alterações climáticas e promover a sustentabilidade ambiental. Os indivíduos, as empresas e os governos podem tomar medidas para minimizar a sua pegada de carbono. Eis alguns passos fundamentais para reduzir a pegada de carbono:

Eficiência energética: Melhorar a eficiência energética em casa e no trabalho, utilizando electrodomésticos energeticamente eficientes, lâmpadas LED e termóstatos inteligentes. Isolar os edifícios para reduzir as necessidades de energia para aquecimento e arrefecimento.

Energia renovável: Invista em fontes de energia renováveis, como a energia solar, eólica ou hidroelétrica. Considere a instalação de painéis solares nos telhados ou apoie projectos comunitários de energias renováveis.

Transporte sustentável: Escolha opções de transporte amigas do ambiente, como andar a pé, de bicicleta, partilhar o carro ou utilizar os transportes públicos. Considere veículos eléctricos ou híbridos, que têm menos emissões do que os carros tradicionais a gasolina.

Reduzir, Reutilizar, Reciclar: Minimizar o desperdício praticando os três Rs. Reduzir o consumo, reutilizar artigos e reciclar materiais como papel, vidro e plástico para os desviar dos aterros.

Consumo consciente: Fazer escolhas informadas ao comprar produtos. Optar por produtos ecológicos e produzidos de forma sustentável. Considerar o impacto ambiental dos produtos que compra, incluindo a sua produção, utilização e eliminação.

Compensação de carbono: Apoiar programas de compensação de carbono que invistam em projectos para reduzir ou capturar emissões de gases com efeito de estufa. Estes projectos podem incluir reflorestação, iniciativas de energia renovável ou captura de metano de aterros sanitários.

Plantar árvores: As árvores absorvem dióxido de carbono durante a fotossíntese, ajudando a compensar as emissões de carbono. Apoie iniciativas de plantação de árvores e considere a possibilidade de plantar árvores na sua comunidade.

Conservação da água: Conservar a água para reduzir a energia necessária para o tratamento e distribuição da água. Reparar fugas, utilizar aparelhos com baixo consumo de água e praticar a conservação da água nas actividades diárias.

Agricultura sustentável: Apoiar a agricultura sustentável e local. Escolha alimentos orgânicos e de origem local, reduza o consumo de carne e considere dietas à base de plantas, uma vez que a criação de gado contribui significativamente para as emissões de carbono.

Educar e defender: Sensibilizar para a importância de reduzir a pegada de carbono na sua comunidade. Defenda práticas sustentáveis, apoie políticas que abordem as alterações climáticas e participe em iniciativas ambientais locais.

Práticas de construção ecológicas: Projetar e construir edifícios utilizando práticas ecológicas e energeticamente eficientes. Incorporar fontes de energia renováveis, aparelhos energeticamente eficientes e materiais sustentáveis.

Utilização inteligente da água e da energia: Instale dispositivos e aparelhos economizadores de água. Tenha em atenção o consumo de água e energia nas actividades diárias, como a utilização de iluminação energeticamente eficiente e o desligar de aparelhos quando não estão a ser utilizados.

Envolvimento da comunidade: Incentivar iniciativas comunitárias para a sustentabilidade. Junte-se ou apoie grupos ambientais locais, participe em limpezas comunitárias e colabore em projectos que promovam práticas amigas do ambiente.

Monitorização da pegada de carbono: Utilize calculadoras em linha para calcular a sua pegada de carbono. A monitorização das suas emissões de carbono pode ajudá-lo a identificar áreas a melhorar e a acompanhar os progressos ao longo do tempo.

Referências:

1. Müller, L. J., Kätelhön, A., Bringezu, S., McCoy, S., Suh, S., Edwards, R., ... & Bardow, A. (2020). A pegada de carbono da matéria-prima de carbono CO 2. Energy & Environmental Science, 13(9), 2979-2992.

2. He, B., Qian, S., & Li, T. (2023). Modelagem da pegada de carbono do produto para o processo de fabricação. Journal of Cleaner Production, 402, 136805.

3. Onat, N. C., & Kucukvar, M. (2020). Pegada de carbono da indústria da construção: A global review and supply chain analysis. Renewable and Sustainable Energy Reviews, 124, 109783.

4. Grealey, J., Lannelongue, L., Saw, W. Y., Marten, J., Méric, G., Ruiz-Carmona, S., & Inouye, M. (2022). The carbon footprint of bioinformatics (A pegada de carbono da bioinformática). Molecular biology and evolution, 39(3), msac034.

5. Gao, T., Liu, Q., & Wang, J. (2014). Um estudo comparativo da pegada de carbono e dos padrões de avaliação. International Journal of Low- Carbon Technologies, 9(3), 237-243.

6. Liang, D., Lu, H., Guan, Y., Feng, L., Chen, Y., & He, L. (2023). Atenuando ainda mais a pressão da pegada de carbono na aglomeração

urbana, melhorando o agrupamento espacial. Journal of Environmental Management, 326, 116715.

7. Peters, G. P. (2010). Carbon footprints and embodied carbon at multiple scales (Pegadas de carbono e carbono incorporado em múltiplas escalas). Current Opinion in Environmental Sustainability, 2(4), 245-250.

8. https://www.climate.gov/news-features/understanding-climate/climate- change-global-sea-level#:~:text=Global%20average%20sea%20level%20has,4%20inches)%2 0above%201993%20levels.

9. https://climate.copemicus.eu/copemicus-2023-hottest-year-record

10. https://economictimes.indiatimes.com/news/india/frequency-of-cyclones-in-arabian-sea-increased-by-52-pc-from-1982-2019-study/articleshow/84506391.cms?from=mdr

11. https://source.wustl.edu/2023/04/climate-change-biodiversity-perda/

CAPÍTULO 9

POLUIÇÃO INDUSTRIAL

R.B.Tiwari
Diretor do Departamento de Estatística
D.A-V, Colégio, Kanpur
Dr.rbtiwari@gmail.com

A indústria é uma parte importante da economia europeia, fornecendo bens vitais para a vida moderna e empregos. Ao mesmo tempo, é uma fonte de grande pressão sobre a natureza e a saúde humana. Embora as emissões de poluentes pela indústria europeia tenham, de um modo geral, diminuído na última década, os impactos e os custos da poluição industrial continuam a ser elevados.

A poluição disseminada pelas indústrias sob a forma de sólidos, líquidos e/ou gases nocivos para o ambiente é designada por Poluição Industrial.

Pode ser definida como uma fonte de poluição do ar, da água, do solo e sonora.

A poluição é a adição de qualquer substância ao ambiente que tenha um efeito nocivo ou venenoso. Qualquer forma de poluição cuja origem possa ser atribuída a actividades industriais é designada por poluição industrial.

O que é a poluição industrial?

Desde a Revolução Industrial, nos anos 1700 e 1800, que os efeitos das indústrias se fazem sentir em todo o mundo. A face do mundo mudou com o aumento da necessidade de matérias-primas, mão de obra barata e mercados. Os países industrializados devastaram outros, na sua busca de grandeza. As vidas humanas não eram tidas em conta nem poupadas. A terra não era cuidada, nem o ambiente. Tudo era usado e abusado. Travaram-se guerras pelo controlo e algumas partes do mundo, mesmo no século XXI, lutam para se erguerem das cinzas.

Os efeitos das indústrias são múltiplos, porque elas são de todos os tipos e cada uma tem vários processos que ocorrem em cada uma delas. A contaminação que emana das indústrias polui o ar, a água, o solo e contribui para a <u>poluição</u> luminosa e <u>sonora</u>. A radioatividade é um subproduto da indústria energética. A maior parte da poluição pode ser atribuída a uma ou outra indústria.

A poluição é a adição de qualquer substância ao ambiente que tenha um efeito nocivo ou venenoso. Qualquer forma de poluição cuja origem possa ser atribuída a actividades industriais é designada por poluição industrial.

As várias indústrias que causam poluição são as indústrias mineiras e metalúrgicas, as centrais eléctricas, as fábricas, as indústrias de transformação, etc. Os principais processos de poluição são

• Queima de carvão e de outros combustíveis fósseis como o petróleo, o petróleo e o gás natural.

• Utilização de solventes químicos nas indústrias de curtumes e tinturaria e outras.

• Libertação de resíduos gasosos e líquidos não tratados para o ambiente.

• Eliminação incorrecta de resíduos radioactivos.

• Ruído não controlado proveniente de máquinas como as utilizadas na exploração de petróleo e nas construções de perfuração

• As operações que trabalham para cumprir prazos ou que fazem turnos noturnos para aumentar a produção criam poluição luminosa e vários outros problemas de saúde.

O que é o smog, as suas causas e efeitos?

Há muito tempo, a palavra smog foi cunhada como uma combinação de duas palavras - fumo e nevoeiro. Era utilizada para designar a condição causada pela mistura de fumo provocado pela queima de carvão e nevoeiro nas cidades europeias. Mas, em tempos mais recentes, a palavra smog refere-se a algo diferente.

O smog é uma mistura de poluentes atmosféricos, principalmente óxidos de azoto e alguns compostos orgânicos, que se combinam na presença da luz solar para formar o ozono. Os compostos orgânicos voláteis podem provir de vários produtos que utilizamos diariamente, como tintas, laca para o cabelo, líquido de arranque para carvão, solventes químicos e até plásticos de embalagens.

O ozono é uma molécula (alótropo) do oxigénio que é benéfica para nós.

Existe uma camada de ozono na estratosfera, a cerca de 20-30 km da superfície da Terra. A espessura desta camada varia consoante a geografia. Absorve a radiação UV nociva da luz solar, não permitindo que esta chegue à Terra. Os raios UV causam cancros da pele e a camada de ozono protege-nos deles.

Mas o ozono formado por poluentes atmosféricos na presença de luz solar perto da superfície da Terra é prejudicial para nós e para o ambiente. Paira como uma névoa sobre as cidades, especialmente as industrializadas.

Condições geográficas e climáticas

• O smog ocorre em locais com temperaturas mais elevadas, em dias ensolarados e sem vento.

• Também é comum em cidades que se encontram numa bacia geológica, como uma área rodeada de montanhas por todos os lados. Estas áreas retêm naturalmente o ar e não há muita circulação de ar.

• O smog ocorre frequentemente na Cidade do México, no México, em Pequim, na China, em Deli, na Índia, em Salt Lake City, no Utah, em Teerão, no Irão, em Londres, no Reino Unido, em São Francisco e em San Diego, na Califórnia, e em muitos outros locais.

• **A inversão de temperatura** é um fenómeno climático que ocorre quando o ar mais próximo do solo se torna mais frio do que o ar acima. Sabemos que o ar mais quente sobe sempre e que existe uma mistura natural das camadas na troposfera. Assim, a concentração de poluentes é reduzida e os ventos são transportados para longe.

Quando ocorre uma inversão de temperatura, o ar frio permanece no local onde se encontra, aprisionando os poluentes atmosféricos junto à superfície da Terra. Há uma forte concentração de ar carregado de poluentes que causa efeitos adversos na saúde humana e danos ambientais.

Causas do smog

Como já foi referido, o smog é uma mistura poluente do ar de óxidos de azoto e alguns compostos orgânicos que reage com a luz solar para criar uma camada de ozono ao nível do solo. As principais causas do smog são:

• Emissões de carvão: o fumo emitido pela queima do carvão contribui para a formação do smog. As zonas em que as emissões de carvão ocorrem em grande escala são um exemplo seguro de smog.

• Emissões veiculares: as emissões dos veículos ou automóveis são os factores que causam o smog. Estas emissões incluem o monóxido de carbono, o dióxido de enxofre, os óxidos nítricos, etc., que são as causas do smog.

• Emissões industriais: as emissões tóxicas também contribuem para a formação do smog. Estes fumos contêm também compostos orgânicos voláteis e óxidos nítricos que podem provocar o smog.

• Fenómeno natural: Um fenómeno natural, como uma erupção

vulcânica que emite uma grande quantidade de dióxido de enxofre, é também um fator que contribui para o smog. Mas, para o distinguir do smog produzido pelo homem, é indiferentemente designado por Vog.

Diz-se também que algumas plantas com teor de radiocarbono emitem mais agentes causadores de smog do que os combustíveis fósseis. Como se trata de um fenómeno natural, o ser humano não é responsável por ele.

• Reacções fotoquímicas: são as reacções que causam o smog fotoquímico. O smog fotoquímico é a camada de nevoeiro castanho que se encontra por cima das cidades. É provocado pela reação dos óxidos de azoto e dos compostos orgânicos voláteis com a luz solar, dando origem ao smog fotoquímico. Observa-se principalmente durante o verão, devido à presença constante de luz solar.

Efeitos do smog

• O smog provoca problemas de saúde que afectam o sistema respiratório. Verifica-se um aumento da asma, enfisema, bronquite crónica, doença pulmonar obstrutiva crónica (DPOC) e cancro do pulmão

• Provoca irritação ocular

• Quebra a imunidade natural do corpo e torna-o propenso a constipações e infecções pulmonares.

• Ataques cardíacos

• Redução da esperança de vida devido ao envelhecimento prematuro dos pulmões.

• Risco de Alzheimer

• Baixo peso à nascença e defeitos congénitos da coluna vertebral e do cérebro em bebés.

Controlo da poluição atmosférica

A **Agência de Proteção do Ambiente** (EPA), a agência federal dos EUA, estabeleceu normas de qualidade do ar para avaliar os níveis de poluentes atmosféricos em vários locais e fornecer orientações sobre os efeitos dessa poluição na saúde humana.

O índice padrão de poluentes é outra escala relativa de qualidade do ar que se aplica a todos os poluentes.

As agências de controlo da poluição estabeleceram orientações e regulamentos rigorosos para controlar a emissão de poluentes atmosféricos.

Acompanhando as previsões meteorológicas, o serviço de meteorologia pode prever a ocorrência de smog numa determinada zona.

Principais poluentes na poluição industrial:

Gases tóxicos como o óxido nitroso, dióxido de enxofre, dióxido de azoto, óxido sulfuroso, gás cloro, dióxido de carbono, monóxido de carbono, ácido sulfúrico, mercúrio, partículas, fumo, poeiras, cinzas volantes, flúor, resíduos inorgânicos, pigmentos, álcalis, fenóis, cromatos, resíduos orgânicos, metais pesados e até água quente.

Tipos de resíduos

Resíduos de processo - São resíduos gerados numa indústria durante a lavagem e o processamento de matérias-primas. Podem ser orgânicos ou inorgânicos, consoante as matérias-primas. Ambos são tóxicos para os organismos vivos

Resíduos químicos - As substâncias químicas geradas como subproduto durante a preparação de um produto são os resíduos químicos. Estes incluem metais pesados e seus iões, detergentes, ácidos e álcalis, etc.

As principais causas da poluição atmosférica industrial são:

•   **Falta de políticas de controlo da poluição** - muitas indústrias contornam as leis elaboradas pelo conselho de controlo da poluição devido à falta de políticas eficazes e a uma aplicação deficiente. Isto é normalmente feito para evitar os custos mais elevados da eliminação correcta dos resíduos ou da instalação de instalações de tratamento de resíduos.

•   **Crescimento industrial não planeado** - Como o desenvolvimento e o crescimento económico têm precedência sobre as preocupações ambientais ou de saúde, as regras e normas são ignoradas, provocando um crescimento não planeado das indústrias.

•   **Utilização de tecnologias desactualizadas** - Mais uma vez, isto é feito para evitar o custo mais elevado da atualização da tecnologia. As máquinas mais antigas produzem maiores quantidades de resíduos e é sempre bom tirar partido dos avanços tecnológicos, embora os custos iniciais sejam mais elevados.

•   **Presença de um grande número de indústrias de pequena escala** - Estas geralmente não têm capital suficiente e dependem de subsídios do governo para gerir a sua atividade diária. Quando são classificadas como indústrias de pequena escala, não têm muitos regulamentos a seguir e, por isso, acabam por libertar mais toxinas/resíduos no ambiente.

•   **Eliminação ineficaz dos resíduos** - Os resíduos não tratados causam diretamente a poluição da água e do solo e reduzem a qualidade do ar nas áreas circundantes. A poluição industrial é a principal causa de problemas de saúde crónicos

•   **Lixiviação de recursos do nosso mundo natural** - Esta é a caraterística da indústria mineira que extrai matérias-primas da terra. Ao mesmo tempo, grande parte é derramada, lixiviada e, no caso de materiais radioactivos, é libertada radiação. As fugas de petróleo durante o transporte são também a causa de grande parte da poluição marinha.

Poluição devida a resíduos industriais

As indústrias utilizam matérias-primas, processam-nas, produzem produtos acabados, e alguns subprodutos são lançados no ambiente como resíduos industriais gasosos, líquidos ou sólidos, poluindo assim o ar-água ou o solo. Os resíduos industriais podem ser classificados em:

Biodegradável e não biodegradável

1. Os resíduos biodegradáveis são produzidos por fábricas têxteis, unidades de transformação de alimentos, fábricas de papel e fábricas de algodão.

2. Os resíduos não biodegradáveis são produzidos por centrais térmicas, siderurgias e indústrias de fertilizantes, constituindo uma grave ameaça para a humanidade.

Resíduos de processo e resíduos químicos

1. Os resíduos produzidos durante a lavagem e o processamento das matérias-primas podem ser orgânicos ou inorgânicos, mas ambos são tóxicos para os organismos vivos.

Por exemplo, os resíduos orgânicos são libertados pelas unidades de transformação de alimentos, destilarias, fábricas de açúcar, etc., e os resíduos inorgânicos de processos são gerados pela indústria da soda cáustica, pela indústria das tintas, pela indústria petrolífera, pelas siderurgias, pelas centrais térmicas, etc.

As cinzas volantes das centrais térmicas contaminam o trato atmosférico causando perturbações do trato respiratório. As indústrias de fertilizantes produzem gesso. As fábricas de ferro e aço produzem escórias. Algumas indústrias podem também causar poluição térmica e poluição sonora.

(i) Os resíduos químicos contêm detergentes, álcalis, ácidos e outras substâncias nocivas produzidas pelas indústrias, engenhos de açúcar, etc. Os resíduos são normalmente libertados em massas de água próximas, como lagos, oceanos, etc., alterando o pH da carência biológica de oxigénio e da carência química de oxigénio. Os animais e as plantas aquáticas absorvem os resíduos químicos, destruindo os níveis tróficos e as cadeias alimentares do ecossistema. As seguintes formas podem ser adoptadas para a eliminação de resíduos sólidos industriais não biodegradáveis para controlar a poluição ambiental.

(ii) A indústria do cimento pode utilizar as cinzas volantes e as escórias da indústria siderúrgica.

(iii) Os resíduos devem ser objeto de um tratamento adequado antes da sua descarga.

Efeitos da poluição industrial

• **Poluição da água** - Muitos efluentes não tratados foram adicionados às fontes de água, causando a sua poluição. Por vezes, a natureza química da água é alterada, por vezes a temperatura e, muitas vezes, a poluição rica em nutrientes também ocorre. Os peixes ficam stressados e morrem. As plantas são afectadas e, ao mesmo tempo, os insectos e os anfíbios também são afectados.

• **Poluição atmosférica** Os subprodutos industriais sob a forma de gases são libertados pelas indústrias do ferro e do aço e pelas centrais eléctricas. Estes causam efeitos nocivos na saúde humana, tais como irritações oculares, ocorrência e agravamento de doenças respiratórias como asma, bronquite crónica, doença pulmonar obstrutiva crónica e enfisema. Os resíduos depositam-se nas plantas e são consumidos pelos animais que, por sua vez, são consumidos pelos animais maiores. As toxinas acumulam-se nestes animais e causam-lhes também danos. O crescimento e a reprodução das plantas são afectados. Muitos dos gases libertados são gases com efeito de estufa que afectam a temperatura da nossa atmosfera e provocam o aquecimento global. A chuva ácida é uma consequência da poluição atmosférica resultante da poluição industrial.

Poluição do solo - O rápido crescimento das indústrias resultou na libertação de muitos resíduos industriais que contêm produtos químicos tóxicos e desastrosos, geralmente não biodegradáveis. Os resíduos sólidos das indústrias são despejados temporariamente por terra. Durante as chuvas, os metais pesados e os produtos químicos tóxicos são arrastados para o solo e poluem-no. São descarregados principalmente por fábricas de papel e de celulose, refinarias de petróleo, fábricas de açúcar, indústrias de vidro, medicamentos, etc.

Os resíduos industriais afectam e alteram as características químicas e biológicas do solo, que acabam por entrar na cadeia alimentar, perturbam os processos bioquímicos e acabam por induzir riscos graves para os organismos vivos.

Poluição sonora - As actividades industriais podem causar poluição sonora. Algumas fontes conhecidas de poluição sonora são o tráfego rodoviário, os aviões, os comboios, os estaleiros de construção, as fábricas, os equipamentos electrónicos e eléctricos e o rebentamento de fogos de artifício.

• **Perda de vida selvagem** Muitas espécies de plantas, aves, insectos e animais são afectadas pela poluição industrial. Os habitats estão a ser destruídos. As paisagens são afectadas por estas indústrias

• **Efeitos económicos** Embora a industrialização possa parecer um sinal de desenvolvimento e progresso, os custos envolvidos no controlo da poluição e na limpeza das fontes de água e das áreas poluídas são muito elevados. Há uma perda de receitas do turismo. Há muitas despesas com a saúde. E, por vezes, é necessária a deslocação de comunidades inteiras. Normalmente, é a classe trabalhadora economicamente mais atrasada, com menos educação, que é mais afetada pela poluição industrial. São elas que residem mais perto da zona industrial e que aí trabalham. Normalmente, não são capazes de manter a luta pelos seus direitos. Normalmente, não questionam o crescimento ou a expansão do sector industrial, uma vez que este lhes proporciona oportunidades de emprego e facilidades para as suas famílias. Os que conseguem afastar-se mudam-se para os subúrbios.

Causas da poluição industrial

1. **Crescimento industrial não planeado** - Na maioria dos países, o

desenvolvimento industrial e a urbanização progrediram de forma inesperada. É responsável por todos os tipos de poluição.

2. **Utilização de tecnologia ultrapassada** - Muitas unidades industriais são lentas a adotar novas tecnologias para combater a poluição.

3. **Utilização da água em processos industriais** - A maioria das unidades industriais necessita de uma grande quantidade de água. A água utilizada em diferentes processos de produção entra em contacto com produtos químicos nocivos, metais pesados, resíduos biológicos, etc.; após a utilização, a água é despejada nas massas de água, causando a sua contaminação.

4. **Má aplicação das políticas e da legislação** - Muitos países em desenvolvimento não dispõem de políticas e leis ambientais eficazes.

5. **Sistema ineficiente de eliminação de resíduos** - Com um desenvolvimento industrial rápido e não planeado, todos os países geram rapidamente resíduos industriais. Todos os países enfrentam o desafio de eliminar eficazmente os resíduos industriais, incluindo os resíduos electrónicos, que contêm materiais tóxicos.

6. **Ausência de um imposto nacional sobre a poluição** - Não existe um imposto nacional sobre a poluição em todos os países. Por conseguinte, a poluição industrial é muito elevada.

Efeitos da poluição industrial

• **Efeitos na saúde humana** - A poluição industrial tem sido responsável pela contaminação da água, do ar e do ambiente natural. Além disso, tem afetado a saúde das pessoas. Os resíduos tóxicos industriais são responsáveis por doenças como o cancro, infecções pulmonares, asma, etc.

• Baixa produtividade agrícola - Os materiais tóxicos despejados pelas unidades industriais causam a contaminação do solo e das águas subterrâneas. Afecta a fertilidade do solo. Além disso, o consumo de culturas contaminadas causa problemas de saúde.

• Aquecimento global - O aquecimento global provoca a subida do nível das águas devido ao degelo dos glaciares, uma ameaça constante de catástrofes naturais como tsunamis e várias tempestades. Além disso, devido ao aquecimento global, muitos animais e peixes estão a extinguir-se.

• Efeito da vida selvagem - A poluição industrial e as actividades industriais levaram à destruição dos habitats naturais dos animais. Consequentemente, muitas espécies de vida selvagem estão em vias de extinção devido a estes factores.

• Diminuição do coberto vegetal e da biodiversidade - O coberto vegetal ajuda a equilibrar a temperatura. Por conseguinte, é essencial proteger as zonas e a saúde humana afectadas pelo aumento das temperaturas devido ao aquecimento global. Infelizmente, as actividades industriais não regulamentadas têm sido responsáveis pela perda do coberto vegetal.

1. Os resíduos industriais descarregados nas massas de água contêm muitas substâncias tóxicas que tornam a água imprópria para beber e tomar banho. A poluição da humidade também reduz o número de plantas e animais aquáticos devido à destruição do seu habitat e locais de nidificação.

2. As águas residuais libertadas pelas fábricas e indústrias são ricas em matéria orgânica. As águas residuais são ricas em nutrientes, o que resulta num crescimento espesso de algas e de muitas outras ervas daninhas, como a trapoeraba, a skunk, o espinheiro e a hortelã-forte, e estas plantas cobrem toda a superfície da água. As algas consomem muito oxigénio, pelo que os animais aquáticos e outras plantas morrem devido à sua falta.

3. Quando as indústrias libertam mercúrio, este contamina a água, que é utilizada para beber por seres humanos e animais; provoca dormência nos lábios, na língua e nos membros. Além disso, provoca visão turva e perturbações mentais.

Controlo da poluição industrial

Para controlar a poluição do ar por instalações industriais e resíduos de chaminés, são adoptadas várias medidas para remover partículas e gases poluentes dos resíduos. Os equipamentos mais comuns utilizados para a remoção são os colectores ciclónicos, os precipitadores electrostáticos, os filtros de mangas e os depuradores.

• **Colectores de ciclones** - A remoção de partículas através da separação por vórtice sem filtros do fluxo de líquido, gás ou ar é chamada de separação ciclónica. Os colectores ciclónicos são instrumentos utilizados para reter as partículas, como as poeiras produzidas pelas fábricas de madeira e de cimento, etc.

• **Precipitadores electrostáticos** - Funcionam para carregar o pó através da aplicação de eletricidade de alta tensão. As partículas assentam finalmente. São seguros e simples de utilizar.

• **Filtros de saco** - São constituídos por sacos de filtro feitos de materiais como algodão, lã de vidro, teflon, fibra cerâmica ou poliéster, etc., através dos quais o gás carregado de pó passa. Como resultado, o pó é filtrado e o ar limpo sai. O pó recolhido é removido agitando periodicamente o saco.

• **Depuradores** - Os depuradores podem remover os gases nocivos libertados por diferentes fábricas, pulverizando água fria num dispositivo de depuração. Os poluentes gasosos observam o líquido inadequado para levar os poluentes do estado gasoso para o estado líquido ou sólido - os diferentes tipos de purificadores utilizados no tipo de pulverização, purificadores Venturi, purificadores de impacto, etc.

• A poluição causada pelas indústrias pode ser eliminada pela utilização de eletricidade em vez de carvão combustível. Além disso, a extensão da poluição atmosférica pode ser reduzida pelo processo de auto-limpeza do ar. Além disso, pode aumentar a vegetação na localidade próxima e criar uma cintura verde entre as zonas residenciais e industriais.

Referências

1   Wang X, Dong X, Fan W, Xu Z e Wang Y 2019 Nexo entre a poluição atmosférica e o terreno: uma análise tendo em conta a produção de energia e a
consumo 105 71-85

2   . Franchini M e Mannucci P M 2018 European Journal of Internal Medicine Mitigação da poluição atmosférica através do verde: Uma revisão narrativa 55 1-5 junho

3   Antoci A, Galeotti M e Sordi S 2018 Commun Nonlinear Sci Numer Simulat A poluição ambiental como motor da industrialização Comunicações em Ciências Não Lineares e Simulação Numérica 58 262-273

4   Benhelal E, Zahedi G, Shamsaei E e Bahadori A 2013 Estratégias globais e potenciais para reduzir as emissões de CO2 na indústria do cimento Journal of Cleaner Production 51 142-161

5   Perera F 2017 A poluição causada pela combustão de combustíveis fósseis é a principal ameaça ambiental à saúde pediátrica e à equidade a nível mundial: Existem soluções Revista internacional de investigação ambiental e saúde pública 15 16 https://doi:10.3390/ijerph15010016

6   Constant K, Nourry C e Seegmuller T 2014 Crescimento da população na industrialização poluente Economia dos recursos e da energia 36 229-247

7   Asici A A 2015 Crescimento económico e seu impacto no ambiente: Uma análise de dados em painel 24 324-333
Google Acadêmico

CAPÍTULO 10

TRATAMENTO DE ÁGUAS RESIDUAIS

Archana Dixit 1 ,Rachna Prakash 2 ,D.K.Awasthi 3 & Shailendra Kumar Shukla 4
Departamento de Química
Colégio P.G. para raparigas Dayanand, Kanpur1&2
Colégio Sri J.N.P.G., Kanpur 3
&
Colégio DBS, Kanpur

A saúde humana e o ambiente são principalmente afectados pela eliminação direta de efluentes industriais e humanos nos recursos naturais sem qualquer tratamento. O tratamento das águas residuais é necessário para reduzir a toxicidade das águas residuais e manter um ambiente seguro e saudável, bem como para promover o bem-estar humano. O **tratamento de** águas residuais (ou **tratamento de águas residuais** domésticas, **tratamento de águas residuais municipais**) é um tipo de tratamento de águas residuais que tem por objetivo remover os contaminantes das águas residuais para produzir um efluente adequado para ser descarregado no ambiente circundante ou para uma aplicação de reutilização pretendida, evitando assim a poluição da água provocada pelas descargas de águas residuais brutas[2]. Existe um grande número de processos de tratamento de águas residuais à escolha. Estes podem variar entre sistemas descentralizados (incluindo sistemas de tratamento no local) e grandes sistemas centralizados que envolvem uma rede de tubagens e estações de bombagem (designadas por esgotos) que transportam as águas residuais para uma estação de tratamento. Nas cidades que têm um sistema de esgotos combinado, os esgotos também transportam o escoamento urbano (águas pluviais) para a estação de tratamento de águas residuais. O tratamento das águas residuais envolve frequentemente duas fases principais, designadas por tratamento primário e secundário, enquanto o tratamento avançado incorpora também uma fase de tratamento terciário com processos de polimento e remoção de nutrientes. O tratamento secundário pode reduzir a matéria orgânica (medida como carência biológica de oxigénio) das águas residuais, utilizando processos biológicos aeróbios ou anaeróbios. Pode também ser acrescentada uma fase de tratamento trimestral (por vezes designada por tratamento avançado) para a remoção de micropoluentes orgânicos, como os produtos farmacêuticos. Este processo foi implementado em grande escala, por exemplo, na Suécia.

O princípio de uma Estação de Tratamento de Águas Residuais (ETAR) envolve o tratamento de águas residuais através de uma série de processos físicos, biológicos e químicos para remover poluentes e contaminantes. O princípio principal é imitar e melhorar os processos naturais que ocorrem no ambiente para purificar a água.

Talvez seja surpreendente saber que todos nós bebemos e tomamos banho em água reciclada. A água que deitamos na sanita é transformada em água potável e cabe às estações de tratamento de águas residuais torná-la apta para consumo humano ou para ser lançada nos rios e oceanos.

As águas residuais dos lavatórios, banheiras, máquinas de lavar roupa, sanitas e outros aparelhos têm de ir para algum lado. Depois de percorrerem quilómetros de rede de esgotos, acabam nas estações de tratamento de águas residuais, cuja função é tratá-las e descarregá-las.

As estações de tratamento de águas residuais recolhem, tratam e descarregam as águas residuais, prestando um serviço essencial ao ambiente e à saúde pública.

Sem um tratamento adequado, as águas residuais são lixiviadas para o ambiente e contaminam os ecossistemas. Por exemplo, as águas residuais contêm bactérias e produtos químicos que se decompõem utilizando o oxigénio da água. Ao fazê-lo, utilizam o oxigénio de que os peixes e a vida aquática necessitam para sobreviver, pelo que necessitam de tratamento para preservar o ecossistema.

O papel mais importante das estações de tratamento de águas residuais é o de restituir às águas residuais uma qualidade específica para uma descarga segura.

Como funciona uma estação de tratamento de águas residuais?
Processo de tratamento de águas residuais
As águas residuais contêm uma grande quantidade de matérias orgânicas tóxicas. Os microrganismos são amplamente utilizados na estação de tratamento de águas residuais para remover esta matéria orgânica tóxica. A estação de tratamento de esgotos ou de águas residuais é constituída por duas fases.

As estações de tratamento de águas residuais passam por várias fases de tratamento. Após a filtração preliminar, existem <u>três fases principais de tratamento das águas residuais </u>(primária, secundária e terciária), sendo a terceira fase reservada ao polimento.

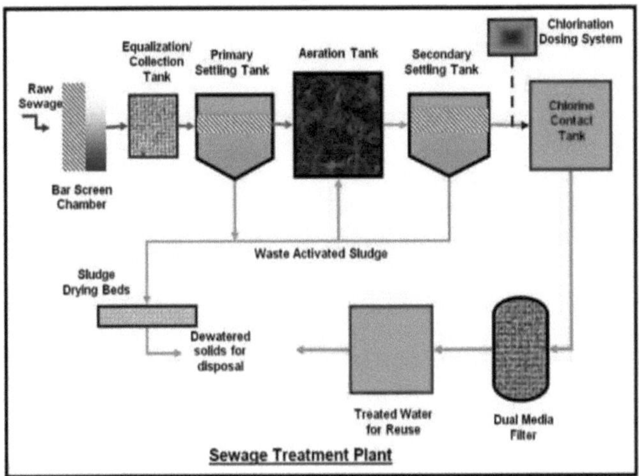

Tratamento preliminar

As águas residuais entram na rede da ETAR, passando por vários crivos para eliminar os sólidos de grandes dimensões e os resíduos, sendo a areia eliminada por atenuação do caudal. O objetivo desta fase é filtrar as águas residuais de detritos, areia, areia e partículas grandes.

Fase primária

A fase primária consiste em separar os sólidos dos líquidos. As águas residuais são bombeadas para tanques de sedimentação, onde a gravidade força os sólidos para o fundo do tanque. A água é então libertada, deixando para trás uma lama/slurry.

As lamas são um subproduto do tratamento primário e podem por vezes ser reutilizadas como fertilizante, mas requerem um tratamento como a desidratação para as estabilizar. A incineração é o destino mais provável para as lamas muito contaminadas.

Tratamento secundário

O tratamento secundário é a fase do tratamento biológico que decompõe os contaminantes orgânicos das águas residuais.

Os dois processos mais frequentemente utilizados são as lamas activadas (lagoas arejadas) e os leitos filtrantes (águas residuais tratadas sobre agregados), em que as bactérias "boas" das lamas/agregados decompõem os agentes patogénicos das águas residuais.

Após o tratamento secundário, as águas residuais podem por vezes ser libertadas, desde que o risco para a vida humana e animal e para o ambiente seja baixo.

Tratamento terciário

As águas residuais são consideradas limpas após o tratamento secundário, mas o tratamento terciário devolve-lhes uma qualidade ainda mais elevada para serem libertadas em águas protegidas. O tipo de tratamento terciário depende das águas residuais. Por exemplo, suponhamos que devemos lançar as águas residuais em águas balneares ou conquícolas. Nesse caso, é necessária uma desinfeção e os nutrientes presentes na água, como o fósforo, também devem ser removidos.

Os tipos de tratamento terciário incluem:

Microfiltração (em que a água passa através de pequenos orifícios a alta pressão).

Troca de iões (quando os iões presentes na água são trocados por outros iões).

Adsorção de carvão ativado (que remove substâncias orgânicas).

Desinfeção (quando a luz UV ou produtos químicos matam os agentes patogénicos orgânicos remanescentes).

https://www.membracon.co.uk/products-water-treatment-solutions/wastewater-treatment/ **Tratamento biológico:**

Os microrganismos aeróbicos são inoculados na estação de tratamento de águas residuais. Estes micróbios utilizam os componentes orgânicos das águas residuais e reduzem a sua toxicidade. Isto pode ser medido pelo CBO (carência biológica de oxigénio).

Após o tratamento biológico, as lamas são bombeadas da estação de tratamento para um grande tanque. Este grande tanque é constituído por bactérias anaeróbias que conduzem à digestão das lamas. Durante a digestão, é produzido biogás, que é utilizado como fonte de energia. Por conseguinte, a conceção de uma estação de tratamento de águas residuais e a gestão das águas residuais desempenham um papel crucial na manutenção do bem-estar humano.

Produção de energia

Os microrganismos que estão envolvidos na produção de energia são designados por células de combustível microbianas. As células de combustível microbianas são utilizadas para gerar uma variedade de fontes de energia, como o biogás e a eletricidade. Os resíduos agrícolas, o estrume e os resíduos domésticos são utilizados como matérias-primas para a produção de biogás. A produção de biogás é feita num grande tanque de betão que se designa por central de biogás.

As biomassas (bio-resíduos) são recolhidas na central de biogás e o chorume é alimentado. As biomassas são ricas em matéria orgânica. Algumas das bactérias podem crescer anaerobicamente dentro da central de biogás. Estas bactérias podem digerir as biomassas que estão presentes no chorume e nas águas residuais. Durante a digestão, uma grande quantidade de mistura de gases é libertada no interior do tanque. A mistura desses gases é chamada de biogás. O biogás é removido da unidade de biogás através de uma saída separada.

As células de combustível microbianas também são utilizadas para gerar eletricidade a partir de águas residuais. As células de combustível microbianas utilizam a matéria orgânica da estação de tratamento de águas residuais. Durante a digestão, as matérias orgânicas são convertidas em moléculas simples e libertam dióxido de carbono e electrões. Esses electrões são absorvidos pelo elétrodo e utilizados como fonte de eletricidade.

Tratamento de águas residuais

As estações de tratamento de águas residuais tratam as águas residuais dos colectores públicos, produzindo água limpa e inodora que podemos beber e utilizar para tomar banho. Toda a água que consumimos da torneira é reciclada, sendo a água potável submetida a fases de tratamento terciário. As actuais estações de tratamento de águas residuais são altamente automatizadas, melhorando o desempenho das instalações e reduzindo o risco de erro humano. A tecnologia de sensores, as redes e os controlos automáticos mantêm as estações a funcionar sem intervenção humana.

Se achou este artigo útil, leia o nosso artigo sobre <u>reciclagem de água e como funcionam os sistemas de reciclagem de água</u>.

Efeitos

As águas residuais lançadas nos rios e nos oceanos podem constituir uma ameaça para a saúde humana e para o ambiente.

Saúde humana

De acordo com o GESAMP (2001), a contaminação do ambiente marinho costeiro por águas residuais conduz a um número significativo de doenças infecciosas relacionadas com os banhos e a natação em águas marinhas e com o consumo de marisco. A exposição do ser humano às toxinas associadas à proliferação de algas também representa um risco significativo.

A maioria das doenças é causada por agentes patogénicos, que são agentes biológicos/infecciosos que causam doenças ou enfermidades (Wikipedia http://en.wikipedia.org/wiki/Pathogen). As bactérias patogénicas podem sobreviver no mar de alguns dias a várias semanas; os vírus podem sobreviver na água, no peixe ou no marisco durante vários meses, enquanto o vírus da hepatite pode permanecer viável no mar durante mais de um ano (GESAMP 2001).

Dependendo da sua origem e dos métodos de recolha, as águas residuais podem também conter uma série de produtos químicos e resíduos especializados, incluindo produtos químicos industriais, nutrientes como nitratos e fosfatos, metais pesados, produtos farmacêuticos, resíduos médicos e óleos e gorduras. Estas substâncias resultam em ameaças adicionais para a saúde humana.

O ambiente

Os nutrientes são elementos químicos essenciais de que os organismos necessitam para sobreviver e reproduzir-se (Smith & Smith 1998). Os macronutrientes, necessários em grandes quantidades, incluem o carbono, o hidrogénio, o oxigénio, o azoto, o fósforo, o potássio, o enxofre, o magnésio e o cálcio, enquanto que os micronutrientes, como o ferro, o cobre e o zinco, são necessários em menores quantidades (Smith & Smith 1998). De acordo com GESAMP (2001), os esgotos tendem a ser a principal fonte de nutrientes perto das cidades, enquanto a agricultura predomina nas zonas rurais. O aumento dos nutrientes pode levar à eutrofização, que é um crescimento excessivo da vida vegetal marinha e à decomposição (Wikipedia http://en.wikipedia.org/wiki/eutrophication). As plantas, como as algas, sofrem muitas vezes um aumento da população (chamado "bloom" de algas) que limita a luz solar disponível e causa falta de oxigénio na água. Quando os níveis de oxigénio diminuem, os animais marinhos, os recifes de coral, as pradarias de ervas marinhas e outros habitats vitais da região das Caraíbas alargadas sofrem e podem morrer. Algumas eflorescências de algas são tóxicas e podem prejudicar ou mesmo matar baleias, golfinhos e outros mamíferos marinhos - e causar centenas de milhões de dólares de prejuízos à pesca comercial.

Estudos globais e das Caraíbas sobre saneamento e esgotos

De acordo com um relatório publicado pela UNICEF e pela Organização Mundial de Saúde (2008), o mundo não está no bom caminho para atingir o Objetivo de Desenvolvimento do Milénio (ODM) em matéria de saneamento e 2,5 mil milhões de pessoas ainda não têm acesso a instalações sanitárias melhoradas. De acordo com o mesmo estudo, 1,2 mil milhões de pessoas em todo o mundo vivem sem quaisquer instalações de saneamento. Sem uma aceleração imediata, o mundo não conseguirá sequer atingir metade dos ODM em matéria de saneamento até 2015. Com base nas tendências actuais, haverá ainda 2,4 mil milhões de pessoas em todo o mundo sem saneamento melhorado em 2015.

As instalações sanitárias melhoradas são definidas como instalações que garantem a separação higiénica dos excrementos humanos do contacto humano; ligação a um esgoto público; ligação a um sistema sético; latrina de descarga; latrina de fossa simples; latrina de fossa melhorada ventilada. O saneamento não melhorado é: latrina pública ou partilhada; latrina de fossa aberta; latrinas de balde (JMP Joint Monitoring Programme for Water supply & Sanitation).

A cobertura mais baixa de instalações sanitárias melhoradas verifica-se na África Subsariana e no Sul da Ásia.

Um estudo global da Organização Mundial de Saúde (OMS) estima que os banhos em mares poluídos causam cerca de 250 milhões de casos de gastroenterite e de doenças respiratórias superiores todos os anos. Muitos estudos mostram que as doenças respiratórias e intestinais e as infecções entre os banhistas aumentam como consequência direta do aumento das quantidades de poluição das águas residuais GESAMP (2001).

De acordo com Shuval 2003, a perda económica estimada a nível mundial, causada por microrganismos patogénicos, é de cerca de 12 mil milhões de dólares por ano. O marisco contaminado por proliferação de algas nocivas causa problemas de saúde significativos e um estudo realizado pela Agência Europeia do Ambiente (AEA 2005) mostrou que o impacto socioeconómico na Grécia, Itália e Espanha é de cerca de 329 milhões por ano.

O número de "zonas mortas", que são áreas de condições anaeróbicas no fundo do mar, devido ao aumento das quantidades de nutrientes, duplicou desde 1990 (GPA/UNEP 2006). Todos os verões, surge uma "zona morta" ao largo da Louisiana, no Golfo do México, causada por quantidades excessivas de azoto descarregado pelo rio Mississipi.

O saneamento na América Latina e nas Caraíbas caracteriza-se por um acesso insuficiente, sobretudo nas zonas rurais, e, em muitos casos, por uma má qualidade dos serviços, com possíveis impactos na saúde pública. De acordo com o Programa de Monitorização Conjunta da UNICEF e da Organização Mundial de Saúde (2008), a percentagem de pessoas na região que têm acesso a instalações sanitárias melhoradas aumentou de 68% em 1990 para 77% em 2004 e 79% em 2006. De acordo com os cálculos de 2004, desses 77%, 51% das casas estavam ligadas a um coletor de esgotos e 26% da população tinha acesso a fossas sépticas e a vários tipos de latrinas. No total, 125 milhões de pessoas, ou 23% da população da região, não tinham acesso a um saneamento melhorado. No Haiti, apenas 25% da população em 1995 e 30% da população em 2004 tinham acesso a saneamento melhorado (ver figura 1). As Honduras, a República Dominicana, o México e a Guatemala são os países que registaram o maior aumento no acesso a saneamento melhorado entre 1995 e 2004.

O relatório publicado pela UNICEF e pela Organização Mundial de Saúde (2008) mostra que o progresso da América Latina e das Caraíbas em relação ao objetivo de saneamento dos ODM está no bom caminho e que, até 2015, 84% da população da região deverá ter acesso a saneamento melhorado.

De acordo com o estudo de 2004 "**GIWA Regional Assessment 3a for the Caribbean Small Island subsystem**", as instalações de tratamento de águas residuais são frequentemente inexistentes ou insuficientes em muitos países da região. Por exemplo, em Santa Lúcia, apenas 13% da população está ligada à rede de esgotos (GEF et al 2001). A eliminação não regulamentada de dejectos humanos, por exemplo em Antígua e Barbuda, e a drenagem insuficiente resultaram em poças de água contaminada. Durante condições climatéricas severas, estas poças constituem uma fonte importante de surtos de doenças relacionadas com os esgotos (GEF et al 2001). Algumas baías das Ilhas Virgens Americanas têm níveis elevados de bactérias, especialmente as que têm uma grande concentração de barcos. O aumento do número de bactérias causa sérias ameaças à saúde humana e prejudica a qualidade da água com a proliferação de algas. Além disso, têm-se registado repetidamente mortes de peixes e as praias têm sido encerradas devido a sistemas de esgotos mal concebidos e deficientes (DPNR/DEP & USDA/NRCS 1998). Em Barbados, os recifes de coral foram afectados pela eutrofização, causando alterações na composição das espécies de corais (Linton & Warner 2003). Durante a década de 1980, muitos recifes pouco profundos em Granada e nas Granadinas foram degradados e ficaram cobertos de algas, presumivelmente devido a uma combinação de esgotos, poluição agro-química e sedimentação causada pelo desenvolvimento costeiro (Smith et al 2000).

De acordo com a "**Avaliação Regional GIWA 3b e 3c para a Colômbia, Venezuela, América Central e México**" de 2006, 472 653 m³ /dia de águas residuais não tratadas são descarregadas no mar ao longo da costa das Caraíbas colombianas. A eutrofização na Baía de Cartagena e na Ciénaga de Tesca, na Colômbia, tem causado mortandade em massa de peixes devido à descarga de águas residuais não tratadas e ao escoamento de fertilizantes (PNUMA 1999). Em fevereiro de 2000, registou-se também uma mortandade maciça de peixes em Barlovento, na Venezuela, associada a bactérias patogénicas (UNEP 2002). A eutrofização causou ainda a degradação dos recifes de coral nas Islas del Rosario, na Colômbia (Garzón-Ferreira et al. 2000). Entre 1991 e 1996, uma anomalia climática e um acentuado enriquecimento em nutrientes deram origem a uma grave proliferação de fitoplâncton, seguida de uma súbita depleção de oxigénio, que levou a uma redução da cobertura dos recifes de coral de 43% para menos de 5% no Parque Nacional Morrocoy, Venezuela (Garzón-Ferreira et al. 2000). Os estudos sobre a qualidade da água e dos sedimentos efectuados nos principais rios do leste da Venezuela revelaram que, em torno de Matazas, os sedimentos continham elevadas concentrações de matéria orgânica e de coliformes que excediam largamente as normas venezuelanas para a água (Senior et al 1999). A maioria das comunidades nas zonas inferiores da bacia do rio Magdalena, na Colômbia, não dispõe de instalações de tratamento de águas residuais e os sólidos em suspensão e a matéria fecal afectam a saúde das comunidades costeiras a jusante.

No México, o turismo gera grandes quantidades de águas residuais e a sua gestão tornou-se problemática. As águas residuais são frequentemente descarregadas diretamente em lagoas e baías, como a Baía de Chetumal e a Lagoa Nitchupé em Cancún, no México. De acordo com o estudo GIWA de 2006, o sector do turismo perdeu rendimentos e a produção pesqueira diminuiu na Costa Rica e na Baía de Chetumal devido à poluição.

De acordo com a **"GIWA Regional Assessment 4 for the Islands of the Greater Antilles"** de 2004, uma das principais fontes de nutrientes no meio marinho são as águas residuais não tratadas. As instalações de tratamento de águas residuais são inadequadas em muitos locais. Nas Bahamas, 15,6% da população tem acesso a serviços de recolha de águas residuais e 44% das estações de tratamento de águas residuais estão em mau estado (PNUA/CEP 1998). A eliminação dos resíduos humanos no Haiti é o problema mais urgente. Não existem serviços de recolha de esgotos e apenas 40% da população (sobretudo urbana) utiliza latrinas e fossas sépticas, sendo 80-90% dos sólidos despejados ilegalmente nos rios e mares (PNUA/PEC 1998).

Este estudo mostra que a poluição por esgotos nesta sub-região causou a mortalidade dos peixes;

eutrofização;

ameaças aos corais, aos ecossistemas pantanosos e às pradarias de ervas marinhas;

perda de diversidade biológica;

marés vermelhas que mataram organismos marinhos;

ameaças à saúde humana devido ao elevado número de microrganismos patogénicos (por exemplo, vírus, bactérias) e às toxinas criadas pela proliferação de algas; ameaças ao turismo.

Nas Baamas, as autoridades sanitárias aconselharam os seus cidadãos a evitar o consumo do gastrópode marinho búzio-rainha (*Strombusgigas*), em determinadas épocas do ano, devido à presença de um agente patogénico Vibrio nestes organismos. O consumo de búzios infectados com este agente patogénico provocou doenças graves e uma morte humana registada [cc1].

De acordo com (Siung-Chang 1997), os esgotos são considerados como uma das causas mais comuns de degradação do ambiente costeiro nas Caraíbas. Este facto foi reforçado pelas classificações regionais de prioridades das categorias do Programa Global de Ação para a Proteção do Ambiente Marinho contra as Actividades Terrestres (GPA), que indicavam os esgotos como a primeira prioridade (GESAMP 2001). A identificação das águas residuais domésticas não tratadas como a principal fonte de contaminação do meio marinho das Caraíbas (Ref) foi um fator importante que levou ao desenvolvimento do Protocolo sobre o Controlo das Fontes Terrestres de Poluição Marinha (Protocolo LBS) da Convenção de Cartagena.

De acordo com o PNUA/GPA (2006), os elevados custos de construção e manutenção das estações de tratamento de águas residuais tradicionais são frequentemente a razão para não tratar as águas residuais antes da sua eliminação. No entanto, existem métodos biológicos de tratamento das águas residuais que não estão contaminadas com resíduos industriais e que são adequados ao carácter tropical da região das Caraíbas (PNUA/GPA 2006).

Leis, regulamentos e resposta política sobre esgotos

A poluição das águas residuais terrestres e oceânicas é regulamentada em muitos quadros diferentes, desde a legislação regional, a legislação internacional não vinculativa e

acordos vinculativos, planos de ação e legislação e regulamentação nacionais (PNUA 2005).

O quadro jurídico regional mais importante é a Convenção para a Proteção e o Desenvolvimento do Meio Marinho da Região das Caraíbas Alargadas (Convenção de Cartagena). A Convenção entrou em vigor em 1986 e é um acordo ambiental regional multilateral e juridicamente vinculativo para a proteção e o desenvolvimento da WCR. O Protocolo relativo à poluição de fontes e actividades terrestres (**Protocolo LBS**) da Convenção de Cartagena estabelece obrigações gerais e um quadro jurídico para a cooperação regional, fornece uma lista de categorias de fontes prioritárias, actividades e poluentes associados que suscitam preocupação e promove o estabelecimento de normas de poluição e calendários de aplicação. O Anexo III refere-se diretamente às águas residuais domésticas e estabelece limitações regionais específicas para os efluentes, bem como um calendário para a aplicação do tratamento das águas residuais.

Para efeitos do anexo, os limites dos efluentes são divididos em duas classes, consoante a água em que são descarregados. As águas da classe 1 são particularmente sensíveis aos impactos da poluição, enquanto as águas da classe 2 são menos sensíveis. Os limites de efluentes para as águas residuais domésticas no Protocolo LBS são fixados em

Parâmetro	Águas de classe 1	Águas de classe 2
Total de sólidos suspensos *	30 mg/l	150 mg/l
Carência bioquímica de oxigénio (CBO)$_5$	30 mg/l	150 mg/l
PH	5-10 unidades de pH	5-10 unidades de pH
Gorduras, óleos e gorduras	15 mg/l	50 mg/l
Coliformes fecais ou *E. col* Lor entrerococci	Coliformes fecais: 200 mpn/100ml E. coli: 126 organismos/100ml Entrerococci: 35 org./100ml	Não aplicável
Flutuáveis	Não visível	Não visível

não incluir as algas das lagoas de tratamento

Referências

1.https://byjus.com/biology/sewage-treatment/

2. https://www.membracon.co.uk/blog/what-is-a-sewage-treatment-plant- how-does-it-work-2/

3. https://www.membracon.co.uk/products-water-treatment-solutions/wastewater-treatment/

4. https://neoakruthi.com/blog/waste-water-treatment-methods.html

5. Canter et al., 1982, estudaram a eficiência das CWs. O desempenho

das lagoas de estabilização de águas residuais na obtenção da

Os objectivos para os países em desenvolvimento parecem ser satisfatórios em muitos casos.

6. Canteret al. (1982), estudaram a eficiência das zonas húmidas construídas nos países em desenvolvimento. E verificaram a eficiência da planta

CBO, CQO, azoto, fósforo e bactérias indicadoras.

7. Chakar bhushan et al. (2017) analisaram a conceção de uma estação de tratamento de águas residuais para a aldeia de lohegaon, em Pune.

8. Lin et al. (2004), Arrojo et al. (2005), ambos os investigadores utilizaram com sucesso o tratamento de águas residuais domésticas com a ajuda de SBR

CAPÍTULO 11

ORÇAMENTO DE CALOR DA TERRA

Archana Dixit 1& Kalpana Vajpeyi 2
Professor Assistente
Departamento de Química 1 e 2
Colégio P.G. para Raparigas Dayanand, Kanpur 1
Colégio DBS, Kanpur 2

O balanço térmico da Terra é um equilíbrio ideal entre o calor que entra e é absorvido pela Terra e o calor que sai da Terra sob a forma de radiação. Se este equilíbrio for perturbado, a Terra ficará mais quente ou mais fria com o passar do tempo. Isto justifica o facto de a Terra não aquecer nem arrefecer, apesar da enorme transferência de calor que ocorre. Por outras palavras, o balanço térmico da Terra é simplesmente o ganho e a perda de calor, bem como o balanço do calor recebido e irradiado.

Qual é o orçamento de calor da Terra?

O balanço térmico da Terra é um processo para atingir o equilíbrio térmico, em que o calor que entra é absorvido pela Terra e o calor que sai escapa da Terra sob a forma de radiação. O Sol não aquece a Terra de forma uniforme. Como a Terra é uma esfera, o Sol aquece mais as regiões equatoriais do que as regiões polares. A atmosfera e os oceanos trabalham ininterruptamente para contrariar os desequilíbrios do aquecimento solar através da vaporização da água à superfície, da convecção, da precipitação, dos ventos e da circulação oceânica.

Esta atmosfera acoplada e a circulação oceânica preservam a temperatura da Terra das seguintes formas:

O motor térmico do clima deve redistribuir o calor solar não só do equador para os pólos, mas também da superfície da Terra e da baixa atmosfera para o espaço.

A Terra está em equilíbrio radiativo e a temperatura global é comparativamente estável quando os fluxos de energia solar recebidos são equilibrados por um fluxo igual de calor para o espaço.

As regiões situadas no equador e nas latitudes de 40° N e S recebem muita luz solar, sendo conhecidas como regiões de excedentes energéticos. As regiões para além

As latitudes de 40° N e S perdem mais calor do que o obtido a partir da luz solar; por isso, são chamadas regiões de défice energético.

A atmosfera (ventos planetários) e os oceanos (correntes oceânicas) transportam calor suplementar dos trópicos (regiões com excedente de energia) para os pólos (regiões com défice de energia), compensando a perda de calor nas latitudes mais elevadas.

A maior parte da transferência de calor ocorre nas latitudes médias (30° a 50°); por conseguinte, grande parte das tempestades está associada a esta região.

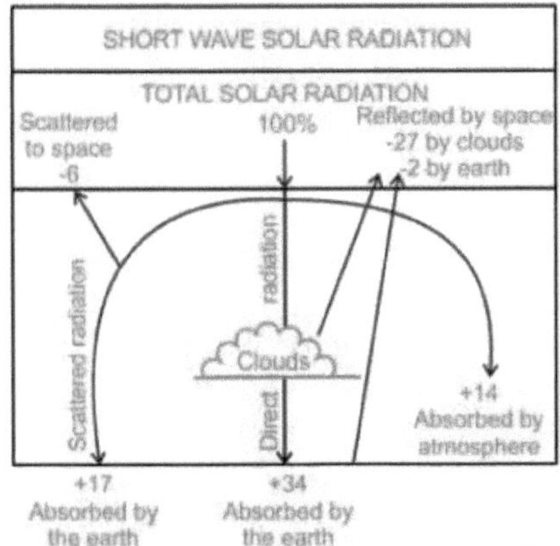

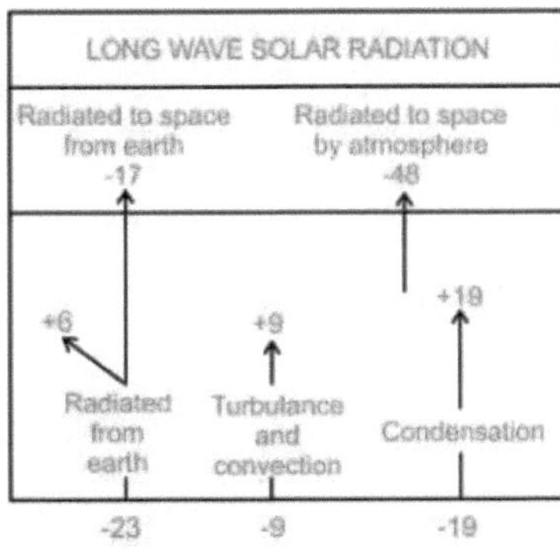

Assim, a transferência do excesso de energia das latitudes mais baixas para as regiões deficitárias em energia das latitudes mais altas mantém um equilíbrio global na superfície da Terra.

Figura .2 Orçamento de calor da Terra. De toda a radiação solar que atinge a Terra, 30% é reflectida de volta para o espaço e 70% é absorvida pela Terra (47%) e pela atmosfera (23%). O calor absorvido pela terra e pelos oceanos é trocado com a atmosfera por condução, radiação e calor latente (mudança de fase). O calor absorvido pela atmosfera acaba por ser irradiado de volta para o espaço (PW).

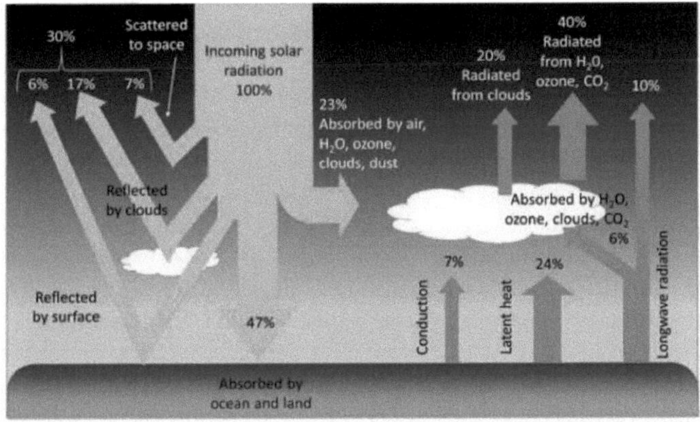

O equilíbrio entre o calor que entra e o que sai da Terra é designado por **orçamento térmico**. Como em qualquer orçamento, para manter as condições constantes, o orçamento deve ser equilibrado de modo a que o calor que entra seja igual ao calor que sai. O balanço térmico da Terra é apresentado de seguida (Figura .2)

De toda a energia solar que atinge a Terra, cerca de 30% é reflectida de volta para o espaço a partir da atmosfera, das nuvens e da superfície da Terra. Outros 23% da energia é absorvida pelo vapor de água, nuvens e poeiras na atmosfera, onde é convertida em calor. Um pouco menos de metade (47%) da radiação solar recebida é absorvida pela terra e pelo oceano, e esta energia aquece a superfície da Terra. A energia absorvida pela Terra regressa à atmosfera através de três processos: condução, radiação e calor latente (mudança de fase) (Figura 2).

A condução é a transferência de calor através do contacto direto entre a superfície e a atmosfera. O ar é um condutor térmico relativamente fraco (o que significa que é um bom isolante), pelo que a condução representa apenas uma pequena parte da transferência de energia entre a Terra e a atmosfera; equivalente a cerca de 7% da energia solar recebida.

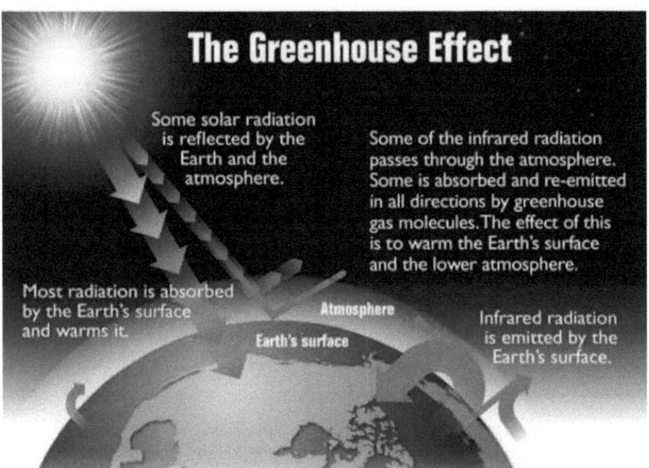

Todos os corpos com uma temperatura superior ao zero absoluto (-273o C) irradiam calor sob a forma de **radiação** infravermelha de onda longa (ver o espetro eletromagnético). A Terra aquecida não é exceção, e cerca de 16% da energia solar original é irradiada da Terra para a atmosfera (Figura 2). Alguma desta energia radiada dissipar-se-á no espaço, mas uma quantidade significativa de calor será absorvida pela atmosfera. Esta é a base do **efeito de estufa** (Figura 3). No efeito de estufa, a radiação solar de onda curta atravessa a atmosfera e atinge a superfície da Terra, onde é absorvida. Quando a radiação é reemitida pela Terra, está agora sob a forma de radiação infravermelha de comprimento de onda longo, que não atravessa facilmente a atmosfera. Em vez disso, esta radiação infravermelha é absorvida pela atmosfera, nomeadamente pelos gases com efeito de estufa, como o CO2, o metano e o vapor de água. Como resultado, a atmosfera aquece. Sem o efeito de estufa, a temperatura média na Terra seria de cerca de -18o C, o que é demasiado frio para a água líquida e, por conseguinte, a vida tal como a conhecemos não poderia existir!

A energia radiante do sol é importante para vários processos oceânicos importantes:

O clima, os ventos e as principais correntes oceânicas dependem, em última análise, da radiação solar que atinge a Terra e aquece diferentes áreas em diferentes graus.

A luz solar aquece as águas superficiais onde vive grande parte da vida oceânica. A radiação solar fornece luz para a fotossíntese, que sustenta todo o ecossistema oceânico. A energia que chega à Terra proveniente do Sol é uma forma de radiação electromagnética, representada pelo espetro eletromagnético (Figura 3). As ondas electromagnéticas variam na sua frequência e comprimento de onda. As ondas de alta frequência têm comprimentos de onda muito curtos e são formas de radiação de energia muito elevada, como os raios gama e os raios X. Estes raios podem penetrar facilmente nos corpos dos organismos vivos e interferir com átomos e moléculas individuais. No outro extremo do espetro estão as ondas de baixa energia e de longo comprimento de onda, como as ondas de rádio, que não representam um perigo para os organismos vivos.

A maior parte da energia solar que chega à Terra encontra-se na gama da luz visível, com comprimentos de onda entre 400 e 700 nm. Cada cor da luz visível tem um comprimento de onda único e, em conjunto, constituem a luz branca. Os comprimentos de onda mais curtos situam-se na extremidade violeta e ultravioleta do espetro, enquanto os comprimentos de onda mais longos se situam na extremidade vermelha e infravermelha. No meio, as cores do espetro visível compreendem o conhecido "ROYGBIV": vermelho, laranja, amarelo, verde, azul, índigo e violeta.

Existe uma grande preocupação com o efeito de estufa em todo o mundo; não devido à presença do efeito em si, mas porque o efeito se está a intensificar, causando alterações climáticas ou aquecimento global. Desde a Revolução Industrial, as concentrações atmosféricas dos principais gases com efeito de estufa, em particular o $CO2$ e o metano, aumentaram drasticamente devido à industrialização, à queima de combustíveis fósseis e à desflorestação. Ao mesmo tempo, registou-se um rápido aquecimento do clima global; as concentrações de $CO2$ aumentaram mais de 25% e a temperatura global subiu 0,5o C no último século. A não ser que a produção destes gases com efeito de estufa seja travada, esta tendência de aquecimento rápido pode continuar, com consequências potencialmente desastrosas. A maior via de troca de calor entre a terra ou os oceanos e a atmosfera é o **calor latente** transferido através de **mudanças de fase**; calor libertado ou absorvido quando a água se move entre as formas sólida, líquida e de vapor. É necessário adicionar calor à água líquida para que esta se evapore e, quando se forma vapor de água, esse calor é retirado do oceano e transferido para a atmosfera juntamente com o vapor de água. Quando o vapor de água se condensa em chuva, esse calor é devolvido aos oceanos. O mesmo processo acontece com a formação e a fusão do gelo. O calor é absorvido pelo gelo quando este derrete, e o calor é libertado quando o gelo se forma, e estas mudanças de fase transferem calor entre os oceanos e a atmosfera.

Para completar o balanço térmico, o calor que é absorvido pela atmosfera, quer diretamente da radiação solar, quer por condução, radiação e calor latente, acaba por ser irradiado para o espaço (Figura 2).

Aquecimento diferencial da superfície terrestre

Se a Terra fosse uma superfície plana virada para o Sol, todas as partes dessa superfície receberiam a mesma quantidade de radiação solar. No entanto, como a Terra é uma esfera, a luz solar não é distribuída de forma igual pela superfície da Terra, pelo que diferentes regiões da Terra serão aquecidas a diferentes níveis. Este aquecimento diferencial da superfície da Terra ocorre por várias razões. Em primeiro lugar, devido à curvatura da Terra, a luz solar só incide perpendicularmente à superfície no centro da esfera (regiões equatoriais). Em qualquer outro ponto da Terra, o ângulo entre a superfície e a radiação solar recebida é inferior a 90o. Por este motivo, a mesma quantidade de radiação solar recebida será concentrada numa área mais pequena no equador, mas será espalhada por uma área muito maior nos pólos, pelo que os trópicos recebem uma luz solar mais intensa e uma maior quantidade de aquecimento por unidade de área do que as regiões polares.

Albedo

A Terra não ganha ou perde calor como um todo. Mantém a sua temperatura constante.

Isto só é possível se a quantidade de calor absorvida como insolação for igual à quantidade perdida pela Terra como resultado da radiação terrestre.

- **O albedo** é uma medida da quantidade de luz que incide sobre uma superfície e é reflectida sem ser absorvida.

-

Tem um valor inferior a um e é um **coeficiente de reflexão.**

Alguma radiação solar é reflectida, dispersa e absorvida à medida que atravessa a atmosfera.

O albedo da terra é a quantidade de radiação reflectida.

As diferentes superfícies terão diferentes valores de albedo.

A **"Influência da Ilha de Calor Urbana"** ocorre quando as áreas altamente desenvolvidas, como as cidades, têm temperaturas médias mais elevadas do que as áreas suburbanas ou rurais circundantes, devido ao efeito do albedo.

Menos folhagem, maior densidade populacional e mais infra-estruturas com superfícies escuras podem ser responsabilizados pela temperatura média mais elevada (estradas de asfalto, edifícios de tijolo, etc.).

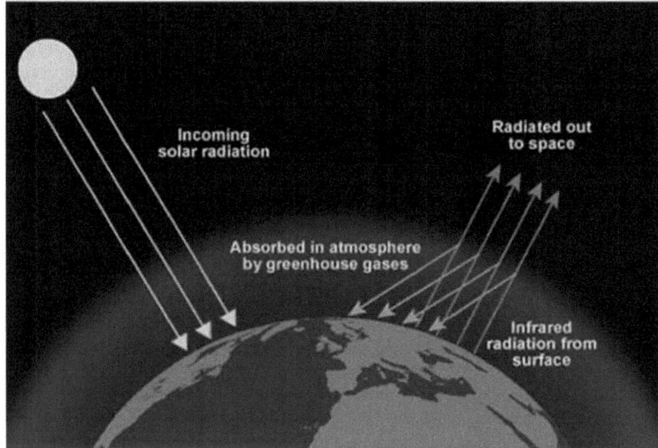

Fig 4. Efeito AlbedoVariação no orçamento líquido de calor da Terra

Embora a Terra, no seu conjunto, mantenha um equilíbrio entre a insolação e a radiação terrestre, não é o que se verifica em todas as latitudes. A quantidade de insolação na zona tropical é superior à quantidade de radiação terrestre. Por conseguinte, é um local com excesso de calor. O ganho de calor na zona polar é menor do que a perda de calor. Por conseguinte, é uma região com défice de calor. Por conseguinte, a insolação provoca um desequilíbrio térmico em várias latitudes. Os ventos e as correntes oceânicas, que transportam o calor das zonas com excesso de calor para as regiões com défice de calor, ajudam a atenuar, em certa medida, este desequilíbrio.

Este processo de redistribuição e equilíbrio do calor latitudinal é designado por

equilíbrio térmico latitudinal.

Mecanismo

O Sol fornece a maior parte da energia à Terra sob a forma de **radiação solar de ondas curtas.**

A energia solar irradiada para a superfície da Terra é expressa em 100% ou 100 unidades.

35% da radiação solar total que entra na atmosfera terrestre é dispersa por partículas de poeira (6%), reflectida por nuvens (27%) e reflectida pela superfície do solo (2%).

51% são recebidos pela superfície terrestre (recebidos sob a forma de radiação direta) e 14% são absorvidos pelos gases atmosféricos (ozono, oxigénio, etc.) e pelo vapor de água em várias zonas verticais da atmosfera.

O orçamento de calor da atmosfera é constituído por 48% de radiação solar, sendo 14% provenientes da radiação solar de onda curta que entra e 34% provenientes da **radiação terrestre de onda longa** que sai.

Depois de receber a energia do Sol, a Terra irradia energia por ondas longas da sua superfície para a atmosfera.

Uma vez que contribui para o aquecimento da atmosfera inferior, a radiação terrestre é também conhecida como **"radiação efectiva".**

Significado

O equilíbrio térmico da Terra é um componente crítico do que a torna habitável e isso é conseguido pelo Orçamento de Calor da Terra.

Mantém a nossa terra quente.

É fundamental para aumentar a produção de painéis solares que captam e convertem esta energia.

É responsável pelas alterações de temperatura desde o equador até aos pólos.

Contribui para o processo de fotossíntese e, por conseguinte, para o crescimento das plantas.

Conclusão

É de notar que, na prática, o mecanismo da radiação solar e terrestre é muito mais sofisticado. Por exemplo, nem toda a energia absorvida pela atmosfera proveniente do Sol e da Terra é irradiada diretamente para o espaço; pelo contrário, uma parte significativa da energia recebida pela atmosfera é contra-radiada para a superfície da Terra e depois irradiada para o espaço e para a atmosfera.

Referência:

1 .https://rwu.pressbooks.pub/webboceanography/chapter/8-1-earths- heat-budget/

2 .https://pwonlyias.com/upsc-notes/heat-budget-how-earth-manages- its-energy/

3 .https://www.gktoday.in/heat-budget-of-the-earth/

4.https://earthobservatory.nasa.gov/features/EnergyBalance

Avaliar o papel das directrizes das ciências ambientais na atenuação de problemas ambientais emergentes Desafios

Akanksha Gaur[1] , **Monika Agarwal***[2] , **Rajeev Kumar**[2]

1Departamento de Química, MUIT Lucknow, Uttar Pradesh, Índia

2 Departamento de Química, D. A-V. College, CSJM University, Kanpur-208001, Uttar Pradesh, Índia

RESUMO

Os desafios ambientais, que vão desde as terríveis consequências das alterações climáticas até aos efeitos devastadores da destruição dos habitats e da poluição, tornaram-se cada vez mais complexos e prementes. À luz destas questões crescentes, o presente documento de análise faz uma análise exaustiva do papel fundamental desempenhado pelas directrizes das ciências ambientais na abordagem e atenuação destes desafios emergentes. Investiga a trajetória evolutiva destas orientações, a sua profunda influência na elaboração de políticas e nos processos de decisão e a sua eficácia na promoção de práticas sustentáveis. Através de uma análise exaustiva de estudos de caso convincentes e do extenso corpo de literatura científica, esta revisão sublinha a importância vital das directrizes no cultivo da gestão ambiental e apresenta recomendações perspicazes para a sua melhoria e aperfeiçoamento contínuos. A evolução das directrizes em ciências ambientais reflecte uma consciência crescente da natureza intrincada dos problemas ambientais e da necessidade de soluções matizadas. Inicialmente, estas directrizes foram concebidas para regular a poluição e proteger a saúde humana. Através de uma exploração exaustiva da literatura científica, este documento de análise esclarece o papel fundamental que as directrizes científicas ambientais desempenham na abordagem dos desafios ambientais. Sublinha o seu significado no cultivo da gestão ambiental e oferece recomendações ponderadas para o seu aperfeiçoamento. Ao navegarmos no complexo terreno das questões ambientais, estas directrizes são os nossos faróis orientadores, ajudando-nos a traçar um rumo para um futuro mais sustentável e resiliente para o nosso planeta, onde o delicado equilíbrio da natureza é preservado para as gerações vindouras.

Palavras-chave:

desafios ambientais, destruição de habitats, directrizes da ciência ambiental, evolução, tomada de decisões, sustentabilidade, gestão ambiental, cooperação global, mecanismos de aplicação, sensibilização do público, conservação ecológica, responsabilidade das empresas, regulamentação jurídica, gestão de recursos, perda de biodiversidade, estabilidade dos ecossistemas.

INTRODUÇÃO

Os desafios ambientais emergentes, incluindo as alterações climáticas, a perda de biodiversidade, a poluição e a destruição de habitats, representam graves ameaças para o nosso planeta e para os seus habitantes. Estas questões prementes exigem soluções eficazes e, no centro do esforço para as enfrentar, estão as orientações cruciais fornecidas pela ciência ambiental. Estas orientações funcionam como a Estrela Polar, guiando investigadores, decisores políticos e indivíduos para acções informadas e sustentáveis que podem mitigar os danos ambientais. As alterações climáticas são um dos desafios ecológicos mais urgentes e de maior alcance. As directrizes das ciências ambientais desempenham um papel central na compreensão das suas causas e efeitos. Fornecem um quadro para a compreensão da intrincada rede de factores que contribuem para as alterações climáticas, tais como as emissões de gases com efeito de estufa, a desflorestação e os processos industriais. Com este conhecimento, os investigadores podem desenvolver estratégias específicas para reduzir as emissões, conservar a energia e fazer a transição para recursos renováveis. Os decisores políticos, por sua vez, baseiam-se nestas directrizes para elaborar regulamentos e acordos destinados a travar as alterações climáticas à escala global, como o Acordo de Paris.

Além disso, os indivíduos podem fazer escolhas informadas sobre a sua pegada de carbono, guiados pelos princípios da ciência ambiental. A perda de biodiversidade, outra preocupação crítica, ameaça o delicado equilíbrio dos ecossistemas em todo o mundo. As directrizes da ciência ambiental informam-nos sobre a preservação da biodiversidade e as consequências devastadoras da extinção de espécies. Defendem a proteção dos habitats naturais e a prevenção de espécies invasoras. Orientados por estes princípios, os esforços de conservação visam as espécies ameaçadas e os seus habitats, trabalhando para inverter a tendência alarmante de declínio da biodiversidade.

Além disso, estas orientações sublinham a interligação de todos os organismos vivos, realçando a importância de preservar a biodiversidade pelo seu valor intrínseco e pelos serviços que presta aos seres humanos, como a polinização e a estabilidade dos ecossistemas. A poluição, nas suas várias formas, representa um dano significativo tanto para o ambiente como para a saúde humana. As directrizes das ciências ambientais oferecem um roteiro para compreender as fontes e os impactos da poluição, quer se trate da poluição atmosférica provocada pelas emissões industriais ou da poluição da água provocada pelo escoamento agrícola. Com este conhecimento, os cientistas podem desenvolver tecnologias e estratégias inovadoras para atenuar os efeitos da poluição, desde sistemas de filtragem avançados a alternativas energéticas mais limpas. Os decisores políticos baseiam-se nestas directrizes para estabelecer regulamentos que limitam os níveis de poluição e promovem práticas sustentáveis, protegendo as comunidades e os ecossistemas de danos. Os indivíduos também podem fazer escolhas que reduzam a sua contribuição para a poluição, desde a utilização de transportes públicos até à redução do consumo de plásticos de utilização única. A destruição do habitat, muitas vezes devido à urbanização e à expansão agrícola, perturba os ecossistemas e põe em perigo inúmeras espécies. As orientações das ciências ambientais sublinham a importância de preservar os habitats naturais e de adotar práticas sustentáveis de utilização dos solos. Estes princípios orientam os planeadores e promotores urbanos na conceção de cidades e comunidades mais amigas do ambiente, dando prioridade aos espaços verdes e minimizando a destruição de habitats. A agricultura também pode beneficiar destas directrizes, promovendo a rotação de culturas e práticas florestais sustentáveis. Ao seguir estas recomendações, podemos reduzir o impacto negativo da destruição de habitats, assegurando simultaneamente um equilíbrio entre o desenvolvimento humano e a conservação do ambiente.

Em conclusão, as directrizes das ciências ambientais são inestimáveis para enfrentar os desafios multifacetados das alterações climáticas, da perda de biodiversidade, da poluição e da destruição de habitats. Dotam os investigadores, os decisores políticos e os indivíduos de conhecimentos e estratégias para combater eficazmente estas questões. À medida que navegamos no complexo terreno dos desafios ambientais, estas directrizes fornecem a base para a construção de um futuro mais sustentável e harmonioso para o nosso planeta e os seus habitantes.

EVOLUÇÃO DAS ORIENTAÇÕES EM MATÉRIA DE CIÊNCIAS DO AMBIENTE

As directrizes em matéria de ciências do ambiente evoluíram significativamente em resposta às crescentes preocupações ambientais. Inicialmente, estas orientações concentravam-se principalmente na regulação da poluição e na proteção da saúde humana, mas desde então têm-se expandido para abranger uma gama mais vasta de considerações ecológicas e de sustentabilidade. Em meados do século XX, surgiram as primeiras directrizes científicas ambientais, à medida que o mundo se debatia com as consequências da industrialização e da poluição. O seu principal objetivo era regular e manter a qualidade do ar e da água para salvaguardar a saúde humana e a integridade dos ecossistemas naturais (Smith, 1956). Estas primeiras directrizes constituíram uma resposta crucial à degradação ambiental que acompanhou a rápida industrialização e urbanização. À medida que a nossa compreensão do mundo natural se aprofundou, as directrizes das ciências ambientais evoluíram para integrar princípios ecológicos. Esta transformação reconheceu a intrincada interdependência entre os organismos vivos e os seus ambientes. Com o reconhecimento do delicado equilíbrio dos ecossistemas, as directrizes começaram a enfatizar a gestão baseada nos ecossistemas e a conservação da biodiversidade (EPA, 1980). Esta mudança marcou um ponto de viragem crítico na política ambiental, salientando a importância de preservar a riqueza das espécies e a integridade dos habitats. Mais recentemente, o reconhecimento global das alterações climáticas como uma ameaça iminente e generalizada conduziu a uma nova evolução das directrizes científicas ambientais. As alterações climáticas, impulsionadas principalmente pelas emissões de gases com efeito de estufa, levaram as orientações a abordar novas dimensões da proteção ambiental. Estas directrizes abrangem agora medidas para reduzir as emissões de gases com efeito de estufa, promover a eficiência energética e minimizar as pegadas de carbono (UNFCCC, 2015). O histórico Acordo de Paris de 2015 é um exemplo brilhante de cooperação global com base nestas orientações, com as nações a comprometerem-se com uma ação colectiva para combater as alterações climáticas. Este percurso evolutivo das orientações científicas ambientais reflecte uma consciência crescente da interligação das questões ambientais e da necessidade de abordagens abrangentes e adaptativas para as resolver. As directrizes passaram de um enfoque restrito nas preocupações imediatas com a saúde humana para uma perspetiva mais ampla que considera a saúde de todo o planeta e de todos os seus habitantes. Reconhecem que as nossas acções de hoje têm consequências profundas e de grande alcance para as gerações futuras e para os ecossistemas de que depende toda a vida.

Em conclusão, a evolução das orientações das ciências ambientais, desde as suas raízes iniciais no controlo da poluição até ao seu estado atual de resposta a desafios ecológicos e de sustentabilidade complexos, é um testemunho da adaptabilidade e da capacidade de resposta deste domínio. Estas directrizes moldaram políticas, impulsionaram a inovação e inspiraram a cooperação global para abordar as questões ambientais. À medida que enfrentamos os desafios ambientais prementes do nosso tempo, estas directrizes continuam a servir como ferramentas essenciais para orientar as nossas acções e decisões no sentido de promover o bem-estar do nosso planeta e dos seus diversos ecossistemas.

IMPACTO NA POLÍTICA E NA TOMADA DE DECISÕES

As directrizes científicas ambientais exercem uma influência substancial sobre os processos políticos e de tomada de decisões a vários níveis, desde o local ao global, servindo como referências indispensáveis para governos, empresas e organizações que se esforçam por formular estratégias e regulamentos sustentáveis. As directrizes científicas ambientais constituem a base dos quadros regulamentares a nível local e nacional. Estas directrizes oferecem a base científica essencial sobre a qual são construídos os regulamentos e normas ambientais, estabelecendo limites juridicamente vinculativos para várias actividades com impacto no ambiente. Por exemplo, a Lei do Ar Limpo (U.S. EPA, 1970) nos Estados Unidos baseia-se fortemente em orientações científicas ambientais para estabelecer níveis admissíveis de emissões poluentes, controlar a extração de recursos e gerir as práticas de utilização dos solos. Estes regulamentos protegem a saúde pública e os ecossistemas e fornecem um roteiro para as indústrias e os indivíduos. A nível mundial, as directrizes científicas ambientais têm um enorme peso na elaboração de acordos e convenções internacionais para enfrentar os desafios ambientais prementes. Estes acordos são cruciais para fomentar a cooperação entre nações para combater questões globais que transcendem as fronteiras. O Protocolo de Montreal (PNUA, 1987), que abordou com êxito a destruição da camada de ozono, é um excelente exemplo. Baseou-se em grande medida nas orientações da ciência ambiental para estabelecer objectivos de eliminação progressiva das substâncias que empobrecem a camada de ozono. Estes pactos internacionais demonstram o papel fundamental que a orientação científica desempenha na união das nações em torno de objectivos ambientais comuns.

As directrizes de ciência ambiental são cada vez mais influentes no mundo empresarial, à medida que as empresas e as indústrias reconhecem a importância da sustentabilidade e da responsabilidade empresarial. Muitas empresas adoptam voluntariamente estas directrizes para mostrar o seu empenho em práticas amigas do ambiente. Ao aderir a estas directrizes, as empresas podem demonstrar a sua dedicação à sustentabilidade, afectando os comportamentos empresariais em vários aspectos, incluindo a gestão da cadeia de abastecimento e a redução de emissões. Iniciativas como o Pacto Global das Nações Unidas (2000) incentivam as empresas a alinhar as suas operações com os princípios da ciência ambiental, promovendo um sentido de responsabilidade empresarial que se estende para além das margens de lucro. As directrizes das ciências ambientais são ferramentas essenciais para governos, empresas e organizações que procuram navegar no complexo panorama dos desafios ambientais. Fornecem uma base científica para a elaboração de políticas e regulamentos eficazes, impulsionam a cooperação internacional através de acordos globais e motivam as entidades empresariais a adotar práticas ambientalmente responsáveis. À medida que o mundo se debate com questões ambientais cada vez mais urgentes, estas directrizes continuam a ser fundamentais para moldar um futuro mais sustentável e harmonioso para o planeta e os seus habitantes.

EFICÁCIA NA PROMOÇÃO DE PRÁTICAS SUSTENTÁVEIS

As directrizes das ciências do ambiente determinam a forma como as sociedades interagem com o seu ambiente natural. Foram concebidas para proporcionar um quadro de práticas sustentáveis que atenuem os desafios ambientais e protejam os frágeis ecossistemas do nosso planeta. No entanto, a eficácia destas orientações não é uniforme e depende de vários factores, incluindo a sua implementação, aplicação e adaptabilidade. Este ensaio explora os êxitos e os desafios associados às directrizes científicas ambientais, examinando estudos de casos que ilustram o seu impacto positivo e abordando os obstáculos que impedem a sua eficácia.

Histórias de sucesso

1.   Proibição do DDT e recuperação da população de águias-carecas Em 1962, o livro pioneiro de Rachel Carson, "primavera Silenciosa", pôs em evidência os efeitos nocivos do DDT (diclorodifeniltricloroetano) na vida selvagem, nomeadamente nas populações de aves. Os Estados Unidos, guiados por directrizes ambientais, proibiram o DDT. Esta decisão teve um impacto profundo na recuperação da população de águias-carecas, que se encontrava em vias de extinção. Como predadoras de topo, as águias-carecas acumulavam DDT nos seus corpos através da cadeia alimentar, o que levava ao adelgaçamento das cascas dos ovos e à redução das taxas de reprodução. A proibição do DDT permitiu que estas aves icónicas recuperassem de forma notável, simbolizando o poder de orientações ambientais bem informadas para inverter os danos ecológicos.

2.   A Diretiva Energias Renováveis da União Europeia (UE) tem estado na vanguarda dos esforços para combater as alterações climáticas através da redução das emissões de gases com efeito de estufa. A Diretiva Energias Renováveis, introduzida em 2009, é um excelente exemplo de como os princípios da ciência ambiental podem impulsionar práticas sustentáveis. Esta diretiva estabeleceu objectivos ambiciosos para os Estados-Membros aumentarem a percentagem de fontes de energia renováveis no seu cabaz energético. Como resultado, foram feitos investimentos significativos em energia eólica, solar e noutras tecnologias renováveis. Esta mudança não só reduziu as emissões de gases com efeito de estufa. No entanto, também promoveu a inovação e a criação de emprego no sector das energias renováveis, demonstrando os benefícios económicos do alinhamento com as orientações ambientais.

3.   Restauração do ecossistema da Baía de Chesapeake A Baía de Chesapeake, o maior estuário dos Estados Unidos, tem enfrentado inúmeros desafios ambientais, incluindo a poluição e a degradação do habitat. As directrizes da ciência ambiental, como a gestão das bacias hidrográficas e as estratégias de redução da poluição, têm sido fundamentais para os esforços de recuperação em curso. O Programa da Baía de Chesapeake, criado em 1983, coordenou as acções de vários estados e agências federais para melhorar a qualidade da água, restaurar habitats e proteger espécies. Estes esforços de colaboração demonstram o potencial das directrizes ambientais para resolver problemas ambientais complexos e de grande escala.

Desafios

1.   Aplicação inconsistente de directrizes e regulamentos Embora as directrizes ambientais possam ser bem concebidas, a sua eficácia pode ser prejudicada por uma aplicação inconsistente em muitas regiões. A aplicação da regulamentação varia muito entre jurisdições e pode ser influenciada por factores políticos, económicos e sociais. Esta incoerência pode levar à degradação ambiental em áreas com uma aplicação pouco rigorosa e criar desigualdades na proteção ambiental. O Programa das Nações Unidas para o Ambiente (PNUA) observou em 2019 que a aplicação coerente continua a ser um

desafio significativo para alcançar os objectivos globais de sustentabilidade.

2. Avanços tecnológicos e ameaças ambientais emergentes Os rápidos avanços tecnológicos e as novas ameaças ambientais desafiam as directrizes existentes. O Painel Intergovernamental sobre as Alterações Climáticas (IPCC) salientou em 2021 que as alterações climáticas e os impactos que lhes estão associados estão a evoluir a um ritmo que pode ultrapassar a capacidade das actuais orientações para enfrentar adequadamente os novos desafios. Por exemplo, a proliferação de veículos eléctricos e de tecnologias de energias renováveis ultrapassou os quadros regulamentares concebidos para os transportes convencionais baseados em combustíveis fósseis e para a produção de energia. A adaptação das directrizes para acomodar estas mudanças exige agilidade e previsão.

3. Equilíbrio entre o desenvolvimento económico e a proteção do ambiente Encontrar um equilíbrio entre o desenvolvimento económico e a proteção do ambiente continua a ser um desafio persistente na aplicação das orientações. Esta tensão resulta de interesses concorrentes, uma vez que algumas partes interessadas dão prioridade ao crescimento económico em detrimento das preocupações ambientais. Fisher et al. (2019) enfatizam as complexidades desta questão, pois muitas vezes leva a conflitos e compromissos que podem comprometer a sustentabilidade a longo prazo. Para superar este desafio, é essencial encontrar formas inovadoras de harmonizar o desenvolvimento económico com a proteção ambiental. Caminho a seguir: Aumentar a eficácia das directrizes da ciência ambiental

Para enfrentar os desafios e aumentar a eficácia das orientações científicas ambientais, podem ser consideradas várias estratégias:

1. Reforçar a cooperação internacional As questões ambientais transcendem frequentemente as fronteiras nacionais, tornando a cooperação internacional crucial. Os governos e as organizações devem colaborar para harmonizar as directrizes, partilhar as melhores práticas e facilitar a troca de informações. O reforço dos acordos e tratados internacionais pode ajudar a resolver as inconsistências de aplicação e promover uma abordagem mais unificada à proteção ambiental.

2. Revisão e adaptação contínuas Dado o ritmo acelerado das alterações ambientais, as directrizes devem ser regularmente revistas e adaptadas para enfrentar os desafios emergentes. A incorporação de mecanismos flexíveis que permitam actualizações e revisões pode garantir que as orientações permaneçam relevantes e eficazes face à evolução das ameaças ambientais.

3. Sensibilização e educação do público As orientações ambientais são mais eficazes quando apoiadas por um público informado e empenhado. As campanhas de educação e sensibilização podem ajudar a criar um sentido de responsabilidade e incentivar os indivíduos e as empresas a adoptarem voluntariamente práticas sustentáveis. A literacia ambiental é uma componente essencial para promover a adoção generalizada de orientações.

4. Incentivos e desincentivos económicos Os governos podem utilizar instrumentos económicos, tais como subsídios para práticas sustentáveis e impostos sobre actividades prejudiciais ao ambiente, para alinhar os incentivos económicos com os objectivos ambientais. Ao integrar considerações económicas na aplicação das orientações, torna-se possível incentivar as empresas e os indivíduos a fazerem escolhas ambientalmente responsáveis.

5.   Incentivar a inovação A inovação desempenha um papel fundamental na resposta aos desafios ambientais. Os governos, as empresas e as instituições de investigação devem colaborar para desenvolver e adotar novas tecnologias e práticas que estejam em conformidade com as orientações ambientais. O investimento em investigação e desenvolvimento pode levar a descobertas que facilitem formas mais sustentáveis de viver e fazer negócios.

6.   Reforço da aplicação: Para garantir a aplicação consistente das directrizes ambientais, os governos devem investir em agências reguladoras, sistemas de monitorização e quadros legais. A aplicação de sanções efectivas em caso de incumprimento pode ter um efeito dissuasor, enquanto as recompensas pelo cumprimento podem incentivar a adesão às directrizes.

As directrizes em matéria de ciências do ambiente podem impulsionar mudanças positivas e promover práticas sustentáveis que atenuem os desafios ambientais. Histórias de sucesso como a proibição do DDT, a diretiva da UE relativa às energias renováveis e a recuperação do ecossistema da Baía de Chesapeake demonstram o impacto positivo de orientações bem aplicadas. No entanto, desafios como a aplicação inconsistente, a rápida evolução das ameaças ambientais e o equilíbrio entre o desenvolvimento económico e a proteção do ambiente continuam a ser obstáculos significativos.

Para ultrapassar estes desafios e aumentar a eficácia das orientações ambientais, é essencial a cooperação internacional, a revisão e adaptação contínuas, a sensibilização e educação do público, os incentivos económicos, a inovação e o reforço dos mecanismos de aplicação. Ao abordar coletivamente estas questões, as sociedades podem navegar melhor nas complexidades da nossa relação com o ambiente e trabalhar para um futuro mais sustentável. O êxito das orientações em matéria de ciências ambientais depende, em última análise, do nosso empenhamento em preservar o planeta para as gerações futuras.

5. REFORÇAR O PAPEL DAS ORIENTAÇÕES EM MATÉRIA DE CIÊNCIAS DO AMBIENTE

As directrizes em matéria de ciências do ambiente constituem ferramentas cruciais para enfrentar vários desafios ambientais. Proporcionam um quadro estruturado para que os governos, as organizações e os indivíduos tomem decisões informadas e actuem no sentido de proteger e gerir de forma sustentável os nossos recursos naturais. No entanto, num mundo em rápida mudança, caracterizado por ameaças ambientais emergentes e conhecimentos científicos em evolução, a eficácia destas orientações depende da sua capacidade de adaptação e de se manterem relevantes. Este ensaio explora recomendações críticas para reforçar o papel das directrizes científicas ambientais na atenuação dos desafios ambientais emergentes.

Atualização regular das orientações

As orientações em matéria de ciências do ambiente devem ser regularmente revistas e actualizadas para responder eficazmente aos desafios ambientais emergentes. A natureza dinâmica da ciência ambiental e o surgimento de novas questões exigem uma melhoria contínua. A Agência de Proteção do Ambiente dos EUA (EPA), no seu relatório de 2022, salienta a importância de revisões periódicas para incorporar os conhecimentos científicos mais recentes e abordar as preocupações emergentes. Este processo de atualização deve envolver equipas multidisciplinares de cientistas, decisores políticos e partes interessadas para garantir que as orientações se mantêm cientificamente sólidas e práticas.

Um aspeto crítico das actualizações regulares é a incorporação de novos dados e resultados de investigação. Por exemplo, no domínio das alterações climáticas, as orientações devem reflectir as últimas tendências em matéria de emissões de gases com efeito de estufa e os seus impactos no ambiente. Podemos garantir que fornecem soluções práticas para os desafios emergentes, mantendo as orientações actualizadas.

Cooperação e colaboração globais

Muitos desafios ambientais ultrapassam as fronteiras nacionais, como a poluição do ar e da água, a desflorestação e as alterações climáticas. O reforço da cooperação internacional é vital para abordar eficazmente estas questões transfronteiriças. As directrizes das ciências ambientais podem facilitar a colaboração global, fornecendo um quadro e uma linguagem comuns para as nações trabalharem em conjunto.

A Organização das Nações Unidas (ONU), nas suas recomendações para 2023, sublinha a importância de uma cooperação internacional reforçada na abordagem das questões ambientais globais. As directrizes podem servir de base para negociações, acordos e iniciativas conjuntas entre nações. Além disso, podem ajudar a normalizar a recolha de dados, a monitorização e a elaboração de relatórios, facilitando aos países a comparação dos progressos e a partilha das melhores práticas.

Campanhas de educação e sensibilização

As campanhas de educação e sensibilização do público são essenciais para promover a compreensão e a adoção de orientações científicas ambientais. A literacia ambiental entre a população em geral pode levar a decisões mais informadas e a um maior apoio a práticas sustentáveis. A UNESCO (2021) defende a realização de tais campanhas para capacitar os indivíduos e as comunidades a apropriarem-se das questões ambientais.

Estas campanhas podem abranger várias actividades, desde currículos escolares que integrem a educação ambiental até iniciativas de sensibilização do público que informem os cidadãos sobre os benefícios do cumprimento das orientações. O envolvimento com as comunidades e as partes interessadas através de workshops, seminários e plataformas interactivas pode fomentar um sentido de responsabilidade e incentivar a participação ativa nos esforços de proteção ambiental.

Aplicação e responsabilização mais rigorosas

Um dos desafios persistentes na governação ambiental é a aplicação inconsistente de orientações e regulamentos. São necessários mecanismos de aplicação mais rigorosos e uma maior responsabilização para garantir o cumprimento e dissuadir práticas prejudiciais ao ambiente. O Banco Mundial (2018) sublinha a importância de quadros regulamentares sólidos e de agências de execução para promover a adesão às directrizes.

Os governos devem atribuir recursos suficientes aos organismos reguladores do ambiente, incluindo pessoal, tecnologia e equipamento de monitorização, para atingir este objetivo. As sanções por incumprimento devem ser suficientemente significativas para terem um efeito dissuasor. Ao mesmo tempo, os incentivos ao cumprimento, tais como benefícios fiscais ou subsídios, podem motivar as empresas e os indivíduos a adoptarem práticas sustentáveis. Mecanismos transparentes de comunicação e responsabilização podem ajudar a acompanhar os progressos e a responsabilizar os infractores pelas suas acções.

Inovação e adaptação

Os desafios ambientais emergentes exigem frequentemente soluções inovadoras e estratégias de adaptação. As directrizes em matéria de ciências ambientais devem incentivar a inovação e a adaptabilidade para abordar eficazmente estas novas questões. Isto inclui a adoção de conceitos como a economia circular, que tem como objetivo minimizar os resíduos e maximizar a eficiência dos recursos. A Fundação Ellen MacArthur (2013) promove a integração dos princípios da economia circular nas directrizes para promover a gestão sustentável dos recursos.

A inovação pode assumir muitas formas, desde o desenvolvimento de novas tecnologias até à reimaginação de processos existentes. As orientações devem incentivar a investigação e o desenvolvimento no domínio das energias renováveis, da redução de resíduos e da agricultura sustentável. Além disso, devem proporcionar flexibilidade para se adaptarem à evolução das circunstâncias e permitir a experimentação de abordagens inovadoras à proteção do ambiente.

Estudos de casos: Aplicação das recomendações

Para ilustrar a aplicação prática destas recomendações, podemos examinar alguns estudos de casos que demonstram a sua eficácia na abordagem dos desafios ambientais emergentes.

Atualização das orientações para a atenuação das alterações climáticas

As alterações climáticas são um desafio ambiental em rápida evolução que exige uma adaptação contínua das orientações. Em resposta a novas descobertas científicas, as orientações para a redução das emissões de gases com efeito de estufa devem ser regularmente actualizadas para refletir os dados e a investigação mais recentes. Por exemplo, os recentes avanços nas tecnologias de captura e armazenamento de carbono (CCS) têm o potencial de reduzir significativamente as emissões dos processos industriais. Os governos podem acelerar o progresso em direção à neutralidade de carbono revendo e actualizando regularmente as orientações para incorporar a CAC como uma estratégia de mitigação viável.

Cooperação mundial sobre a poluição dos oceanos por plásticos

A questão da poluição por plásticos nos oceanos do mundo é um desafio global que exige esforços internacionais concertados. As directrizes da ciência ambiental podem servir de base para iniciativas de colaboração entre países. O Programa das Nações Unidas para o Ambiente (PNUA) pode facilitar a criação de um quadro de orientação global para a gestão e redução dos resíduos de plástico. Este quadro encorajaria as nações a desenvolverem e aplicarem regulamentos, aderindo simultaneamente a princípios e normas comuns. Ao promover a cooperação global com base em directrizes, podemos combater eficazmente o problema crescente da poluição dos oceanos por plásticos.

Campanhas de sensibilização do público para a conservação da biodiversidade

A perda de biodiversidade é um desafio ambiental emergente com profundas implicações para os ecossistemas e o bem-estar humano. Tal como recomendado pela UNESCO, as campanhas de educação e sensibilização do público podem desempenhar um papel fundamental nos esforços de conservação da biodiversidade. Estas campanhas podem informar as pessoas sobre a importância da biodiversidade, as ameaças que enfrenta e as acções que os indivíduos podem tomar para a proteger. Através dessas campanhas, os cidadãos podem tornar-se defensores de políticas e práticas que se alinham com as directrizes de conservação da biodiversidade, tais como a proteção de espécies ameaçadas e a preservação de habitats naturais.

Aplicação mais rigorosa das directrizes relativas à qualidade do ar

A poluição atmosférica continua a ser uma preocupação ambiental premente em muitas zonas urbanas de todo o mundo. Os governos podem implementar medidas de aplicação mais rigorosas e mecanismos de responsabilização baseados em directrizes de qualidade do ar para resolver esta questão. Por exemplo, as agências reguladoras podem aumentar a frequência e o rigor da monitorização da qualidade do ar e das inspecções às emissões. Os infractores das normas de qualidade do ar podem ser sujeitos a pesadas multas, enquanto as empresas que investem em tecnologias e práticas mais limpas podem beneficiar de incentivos fiscais. Ao alinhar os esforços de aplicação com as directrizes, as cidades podem melhorar significativamente a qualidade do ar e a saúde pública.

Orientações para a economia circular para embalagens de plástico

A proliferação de embalagens de plástico de utilização única representa um desafio ambiental crescente. As directrizes que incentivam uma mudança para uma abordagem de economia circular podem ser altamente eficazes. Os governos e as associações industriais podem trabalhar em conjunto para desenvolver políticas que promovam a redução, reutilização e reciclagem das embalagens de plástico. Essas directrizes podem incluir objectivos para reduzir os plásticos de utilização única, promover materiais de embalagem amigos do ambiente e incentivar a adoção de tecnologias de reciclagem. Ao alinharem-se com os princípios da economia circular, as directrizes podem ajudar a mitigar o impacto ambiental das embalagens de plástico e a reduzir os resíduos de plástico.

As directrizes científicas no domínio do ambiente são fundamentais para enfrentar os desafios ambientais emergentes e promover práticas sustentáveis. As principais recomendações para aumentar a sua eficácia incluem actualizações regulares para incorporar os conhecimentos científicos mais recentes, cooperação global para resolver questões transfronteiriças, campanhas de educação e sensibilização do público para capacitar os indivíduos, medidas mais rigorosas de aplicação e responsabilização e uma ênfase na inovação e adaptabilidade.

Estas recomendações fornecem um quadro abrangente para melhorar o papel das directrizes na governação ambiental. Ao adotar estas estratégias, os governos, as organizações e os indivíduos podem trabalhar em conjunto para navegar nas complexidades da nossa paisagem ambiental em evolução e construir um futuro mais sustentável para as gerações futuras. Através da implementação proactiva destas recomendações, podemos esperar enfrentar os desafios ambientais do futuro com confiança e resiliência.

CONCLUSÃO

As directrizes em matéria de ciências do ambiente desempenharam inegavelmente um papel fundamental na abordagem e atenuação dos desafios ambientais emergentes. A sua evolução dinâmica, o seu profundo impacto nos processos políticos e de tomada de decisões e a sua eficácia na promoção de práticas sustentáveis são exemplificados por numerosas histórias de sucesso em todo o mundo. No entanto, como as questões ambientais continuam a evoluir e a intensificar-se, é imperativo reconhecer os desafios persistentes que temos pela frente. Para aproveitar verdadeiramente o potencial destas directrizes e abordar a paisagem ambiental em constante mudança, temos de nos empenhar na melhoria e adaptação contínuas através de vários meios.

Em primeiro lugar e acima de tudo, o papel das orientações científicas ambientais pode ser reforçado através de actualizações e revisões regulares. A ciência é um domínio em constante evolução e a nossa compreensão dos processos e desafios ambientais está em constante expansão. Para garantir que as orientações se mantêm relevantes e eficazes, devem ser revistas e actualizadas regularmente para incorporar os conhecimentos científicos e os avanços tecnológicos mais recentes. Este processo iterativo permitir-nos-á enfrentar as ameaças emergentes de forma mais eficaz e implementar soluções baseadas em provas.

A cooperação global é outro aspeto crítico do reforço do impacto das orientações em matéria de ciências ambientais. Os desafios ambientais transcendem frequentemente as fronteiras nacionais e as soluções práticas exigem uma colaboração à escala mundial. Os acordos e convenções internacionais, informados por estas directrizes, devem ser promovidos e mantidos para enfrentar desafios como as alterações climáticas, a perda de biodiversidade e a poluição. O compromisso com objectivos comuns e o intercâmbio de melhores práticas permitirão às nações trabalhar em conjunto para salvaguardar o planeta.

A educação é fundamental para capacitar os indivíduos e as comunidades a compreender e aplicar as directrizes da ciência ambiental. A sensibilização do público e a literacia ambiental podem conduzir a mudanças significativas no comportamento e na tomada de decisões. As iniciativas para educar o público, os decisores políticos e as empresas sobre a importância destas orientações e as consequências da degradação ambiental são essenciais para promover um sentido de responsabilidade coletivo.

REFERÊNCIAS

> Carson, R. (1962). Silent Spring. Houghton Mifflin.

> Programa da Baía de Chesapeake. (2020). Acordo da Bacia Hidrográfica da Baía de Chesapeake.
https://www.chesapekebay.net/about/agreement

> EPA. (1980). Directrizes para a avaliação dos riscos ecológicos. Comissão Europeia
(2009). Diretiva relativa às energias renováveis.
https://ec.europa.eu/energy/topics/renewable- energy/renewable-energy-directiva_pt

> Fisher, J. A., et al. (2019). Avaliação dos impactos ambientais e socioeconómicos da mineração artesanal de ouro na região de Madre de Dios, no Peru. Ciência do Ambiente Total, 653, 1457-1467.

> IPCC. (2021). Climate Change 2021: The Physical Science Basis.
https://www.ipcc.ch/report/ar6/wg1/

> Smith, L. (1956). Air Pollution Control: A History of Air Pollution Control Legislation in the United States [História da Legislação de Controlo da Poluição do Ar nos Estados Unidos]. Departamento de Saúde, Educação e Bem-Estar dos EUA.

> ONU. (2023). Objectivos de Desenvolvimento Sustentável.
https://sdgs.un.org/goals

> PNUA. (1987). Protocolo de Montreal relativo às substâncias que empobrecem a camada de ozono. https://ozone.unep.org/montreal-protocol

> PNUA. (2019). Perspetivas globais do ambiente - GEO-6: Planeta saudável,

pessoas saudáveis. https://www.unep.org/resources/global-environment-outlook-geo-6

\> UNESCO. (2021). Educação para os Objectivos de Desenvolvimento Sustentável: Objectivos de aprendizagem. https://unesdoc.unesco.org/ark:/48223/pf0000264681

\> Pacto Global das Nações Unidas. (2000). United Nations Global Compact. https://www.unglobalcompact.org/

\> UNFCCC. (2015). Acordo de Paris. https://unfccc.int/process-and-meetings/the-paris-agreement/the-paris-agreement

CAPÍTULO 13

ENVENENAMENTO POR ARSÉNICO

D.K.Awasthi
Departamento de Química
Colégio Sri JNMPG Lucknow U.P. Índia

O envenenamento por arsénico, ou arsenicose, ocorre quando uma pessoa ingere níveis perigosos de arsénico. O arsénio é um metal pesado altamente venenoso e cancerígeno, que produz efeitos muito nocivos para o corpo humano. O arsénico é um químico semi-metálico natural que se encontra em todo o mundo nas águas subterrâneas, podendo ser ingerido por ingestão, absorção ou inalação. O envenenamento por arsénio pode causar complicações de saúde graves e a morte se não for tratado, pelo que existem precauções para proteger as pessoas em risco. O trióxido de arsénio é utilizado na produção de pesticidas, de produtos de madeira tratada, de herbicidas e de insecticidas, sendo a sua utilização reduzida devido à toxicidade do arsénio e do seu composto.

O óxido de arsénio é o mais tóxico, conhecido como Sankhaya/Somalk, que se apresenta em duas formas: pó cristalino branco ou massa opaca, sem sabor nem cheiro e pouco solúvel em água. É amplamente utilizado na pintura de chita, taxidermia, flores artificiais, perpetração de paredes e preservação de madeira contra formigas e para o tratamento de artrite reumática, sífilis impotência. Outros compostos inorgânicos são o tri-sulfureto de arsénio, o di-sulfureto de arsénio, os compostos de cobre de arsénio verde Scheel/arsenito de cobre e verde Paris/acetoarsenito de cobre. Os compostos orgânicos de arsénio são os cacodilatos, o aotxil, o salvarson e a arsenobentina O arsénio orgânico é menos nocivo do que o arsénio inorgânico. O marisco é uma fonte comum de arsénio orgânico menos tóxico sob a forma de arsenobetaína. As fontes de arsénio produzidas pelo homem são geralmente subprodutos da fundição de minérios de metais não ferrosos, principalmente cobre e, em menor grau, chumbo, zinco e ouro.

Os sintomas de envenenamento por arsénio podem ser agudos, ou graves e imediatos, ou crónicos, em que os danos para a saúde se fazem sentir durante um período mais longo. Os compostos orgânicos de arsénio tendem a ser eliminados na urina de forma inalterada, enquanto as formas inorgânicas são em grande parte convertidas em compostos orgânicos de arsénio no corpo antes da excreção na urina. Os sintomas podem incluir sonolência, dores de cabeça, confusão e diarreia grave. Em caso de exposição prolongada, o envenenamento por arsénico pode desenvolver sintomas como alterações na pigmentação das unhas, um sabor metálico na boca e hálito a alho, sangue na urina, perda de cabelo e cãibras musculares, convulsões, transpiração excessiva e problemas de deglutição. O envenenamento por arsénico afecta normalmente a pele, o fígado, os pulmões e os rins. A razão mais comum para a exposição a longo prazo é a água potável contaminada. A água subterrânea, na maioria das vezes é contaminada naturalmente. Nos alimentos cultivados em zonas afectadas pelo arsénico, o arsénico não se encontra no interior dos alimentos, como os cereais, as leguminosas ou os frutos, mas pode ser encontrado na camada externa dos alimentos ou dos frutos devido à dispersão de água arseniada.

Este elemento foi durante muito tempo associado a actividades criminosas e continua a ser um tema emocionalmente muito carregado, uma vez que doses homicidas maiores podem causar sintomas semelhantes aos da cólera (envenenamento agudo) e a morte. A ingestão de doses baixas através dos alimentos ou da água é a principal via de entrada deste metaloide no organismo, onde a absorção tem lugar no estômago e nos intestinos, seguida de libertação na corrente sanguínea. No envenenamento crónico, o arsénio é convertido pelo fígado numa forma menos tóxica, a partir da qual acaba por ser largamente excretado na urina.

Apenas uma exposição muito elevada pode infetar e conduzir a uma acumulação apreciável no organismo. São conhecidas vias alternativas menores de entrada através da halação e da exposição dérmica. O arsénio é um veneno protoplástico devido ao seu efeito no grupo sulfidrilo das células, interferindo com as enzimas celulares, a respiração celular e a mitose.

No entanto, a contaminação também pode ocorrer devido à exploração mineira ou à agricultura. Os países com níveis elevados de arsénico nas águas subterrâneas são os Estados Unidos, a Índia, a China e o México. As zonas mais afectadas são o Bangladesh e Bengala Ocidental. Existem testes para diagnosticar o envenenamento através da medição do arsénio no sangue, na urina, no cabelo e nas unhas. Descobertas mais recentes mostram que o consumo de água com níveis tão baixos como 0,00017mg/L (0,17 partes por bilião) durante longos períodos de tempo pode levar à arsenicose.

Fig-1: Água potável contaminada com arsénico

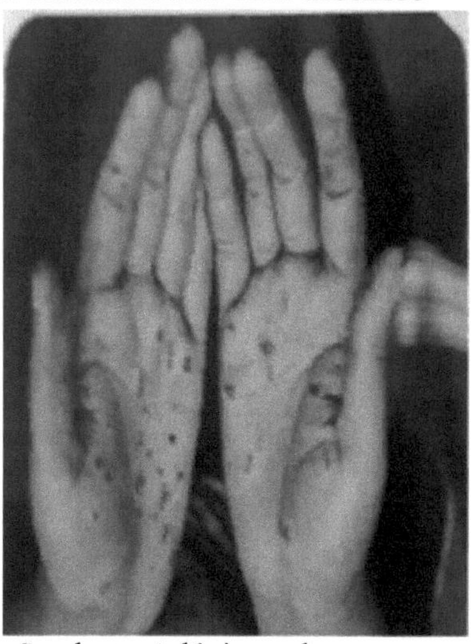

As características não dermatológicas do envenenamento crónico por arsénico devido ao consumo de água potável contaminada com arsénico foram relatadas pela primeira vez em 1961 por Tseng et al, em Taiwan, seguido por Rosenberg no Chile e Datta na Índia. O relatório de Saha é o primeiro relato na literatura mundial de dermatose arsenical crónica devido ao consumo de água e tubos contaminados com arsénico. De facto, alguns compostos orgânicos de arsénio, como a arsenobetaína (AsBet) e a arsenocolina (AsChol), são bem tolerados pelos organismos vivos. Deste ponto de vista, é cada vez mais importante determinar qualitativa e quantitativamente as várias formas de arsénio nos fluidos e tecidos biológicos, bem como em matrizes de importância nutricional e ambiental, especialmente no ecossistema marinho. Isto permitirá uma avaliação muito melhor do risco associado à exposição a compostos de arsénio. Atualmente, as disposições legais referem-se quase exclusivamente à quantidade total do elemento nos alimentos e na água potável. De acordo com a Organização Mundial de Saúde (OMS), a ingestão diária total provisória não deve exceder 2 g de arsénio inorgânico por quilograma de peso corporal. Os organismos marinhos são considerados entre os maiores bioacumuladores de arsénio devido à tendência demonstrada por este elemento para substituir o N OrP em vários compostos, produzindo assim AsBet, AsChol, algalarsenosugars, etc., mas estes são inofensivos para o sistema.

Fig 2: Manchas na palmeira com sintomas de arsénico

Causas: Água potável, o arsénico encontra-se naturalmente nas águas subterrâneas e apresenta sérios riscos para a saúde, mesmo em quantidades elevadas. O envenenamento crónico por arsénico resulta do consumo de água de poço contaminada durante um longo período de tempo. Muitos aquíferos contêm elevadas concentrações de sais de arsénio.

As directrizes da Organização Mundial de Saúde (OMS) para a qualidade da água potável estabeleceram em 1993 um valor de orientação provisório de o.o1mg/L (10 partes por bilião) para os níveis máximos de arsénio contaminante na água potável. Esta recomendação foi estabelecida com base no limite de deteção do equipamento de teste da maioria dos laboratórios na altura da publicação das directrizes da OMS sobre a qualidade da água. Descobertas mais recentes mostram que o consumo de água com níveis tão baixos como 0,00017 (o,17 partes por bilião) durante longos períodos de tempo pode levar à arsenicose. A maior ameaça do arsénio para a saúde pública tem origem em águas subterrâneas contaminadas. O arsénio inorgânico está naturalmente presente em níveis elevados nas águas subterrâneas de vários países, incluindo a Argentina, o Bangladesh, o Chile, a China, a Índia, o México e os Estados Unidos da América, sendo as culturas irrigadas com água contaminada e os alimentos preparados com água contaminada a fonte de exposição.

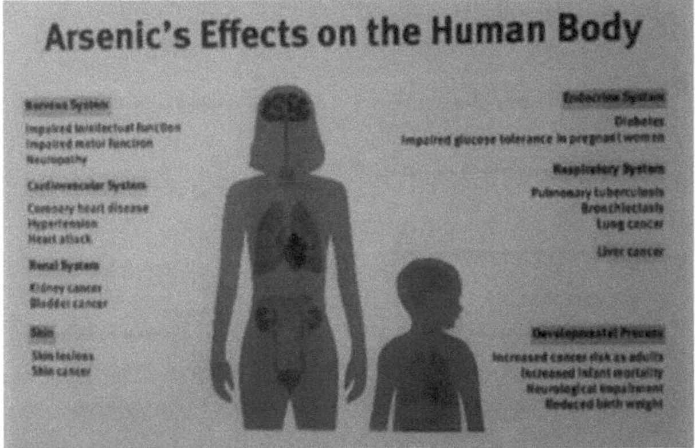

A partir de um estudo realizado em 1988 na China, a agência de proteção dos EUA quantificou a exposição ao longo da vida ao arsénico na água potável a uma concentração de 0,0017mg/L (1,7ppb), 0,00017mg/L e 0,000017/L que provoca cancro da pele ao longo da vida de 1 em 1.000, 1 em 100.000 e 1 em 1.000.000, respetivamente. A OMS afirma que um nível de água de 0,01mg/L (10ppb) representa um risco de 6 em 10.000 hipóteses de cancro da pele ao longo da vida e defende que este nível de risco é aceitável. Um dos piores incidentes de envenenamento por arsénico através da água de poços ocorreu no Bangladesh, que a Organização Mundial de Saúde classificou como "o maior envenenamento em massa de uma população na história", reconhecido como uma grande preocupação de saúde pública. A contaminação das planícies fluviais de Ganga-Brahmaputra, na Índia, e de Padma-Meghna, no Bangladesh, demonstrou impactos adversos na saúde humana. As técnicas mineiras, como a fracturação hidráulica, podem mobilizar arsénio nas águas subterrâneas e nos aquíferos devido ao aumento do transporte de metano e às consequentes alterações das condições redox, e injetar fluido contendo arsénio adicional. A exposição ao arsénico através da água potável, do ar, dos alimentos e das bebidas tem sido relatada em muitos locais do mundo. A exposição através da água potável está a aumentar devido à contaminação por operações industriais e à retirada excessiva do solo para irrigação.

Fig-3: Efeitos do arsénio no corpo humano

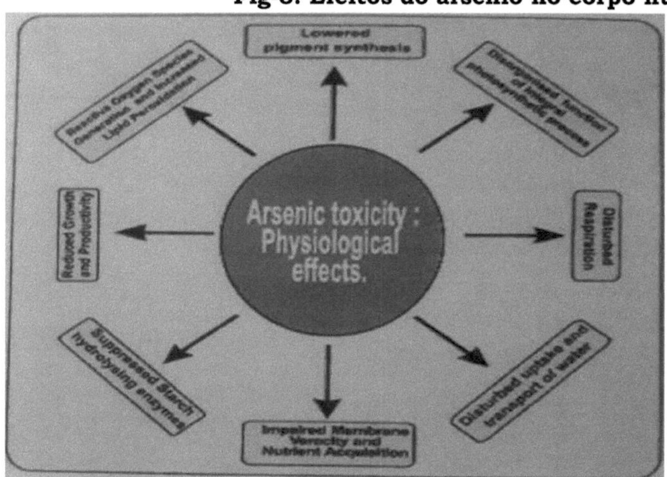

Águas subterrâneas: - Contaminação por arsénico das águas subterrâneas, nos EUA, o U.S. Geological Survey estima que a concentração média de água subterrânea é de 1µg/L ou menos, embora alguns aquíferos de águas subterrâneas, particularmente no oeste dos Estados Unidos, possam conter níveis muito mais elevados. Por exemplo, os níveis médios no Nevada eram de cerca de 8 µg/L, mas níveis de arsénico natural tão elevados como 1000 µg/L foram medidos nos Estados Unidos na água potável. As zonas geotérmicas ativas ocorrem em pontos quentes onde ascendem plumas derivadas do manto, como no Havaí e no parque nacional de Yello Stone, EUA. O arsénio é um elemento incompatível (não se adapta facilmente à estrutura dos minerais comuns que formam as rochas). A concentração de arsénio é elevada principalmente nas águas geotérmicas de cada rocha continental. Foi demonstrado que o arsénio nos fluidos geotérmicos quentes provém principalmente da lixiviação das rochas hospedeiras no Yellow Stone National Park, em Wyoming, EUA, e não dos magmas.

No oeste dos EUA, existem entradas de As (arsénio) nas águas subterrâneas e superficiais provenientes de fluidos geotérmicos no Parque Nacional de Yellowstone e nas suas proximidades, bem como noutras áreas mineralizadas do oeste. As águas subterrâneas associadas a vulcânicas na Califórnia contêm As em concentrações que vão até 48.000 µg/L, sendo os minerais sulfuretos portadores de As a principal fonte. As águas geotérmicas em Dominica, nas Antilhas menores, também contêm concentrações de As> 50 µg/L.

Em geral, porque o arsénio é um elemento incompatível. Acumula-se em magmas diferenciados e noutras áreas mineralizadas ocidentais. Pensou-se que a meteorização de veios de pegmatite em Connecticut, EUA, contribuía com As para as águas subterrâneas.

Na Pensilvânia, a concentração de as na água descarregada de minas de antracite abandonadas variou de <0,03 a 15 µg/L e de minas betuminosas abandonadas, de 0,1o a 64 µg/L, com 10% das amostras excedendo o MLC da Agência de Proteção Ambiental dos Estados Unidos de 10 µg/L.

No Wisconsin, as concentrações de As na agua dos aquíferos de arenito e dolomite foram tão elevadas como 100 µg/L. A oxidação da pirita hospedada por estas formações foi a fonte provável do As.

No Piemonte da Pensilvânia e de Nova Jérsia, as águas subterrâneas do agr mesozóico contêm níveis elevados de As - as águas de poços domésticos da Pensilvânia continham até 65 µg/L µg/L, enquanto que em Nova Jérsia a concentração mais elevada medida recentemente foi de 215 µg/L.

Ar:

O arsénio no ar tem três fontes principais: fundição de metais, queima de carvão e utilização de pesticidas arsenicais. Ocorreram nos Estados Unidos dez incidentes agudos de poluição por arsénio proveniente de fundições. O problema mais grave de poluição atmosférica está, no entanto, associado aos processos de fabrico e aos riscos profissionais. A Comissão Europeia (2000) refere que os níveis de arsénico no ar variam entre 1 ng/m³ em áreas remotas, 2-1,5 ng/m³ em áreas urbanas e até cerca de 50 ng/m³ nas proximidades de instalações industriais. Com base nestes dados, a Comissão Europeia (2000) estimou que, em relação aos alimentos, ao fumo de cigarros, à água e ao solo, o ar contribui com menos de 1% da exposição total ao arsénio. Os problemas de saúde ocupacional e ambiental podem resultar da presença comercial frequente de arsénicos. A exposição ao gás arsina é também um risco para a saúde ambiental preocupante em numerosas circunstâncias profissionais. A arsina é um gás incolor, inodoro, insípido e não irritante que provoca uma destruição rápida e única dos glóbulos vermelhos e pode resultar em insuficiência renal, que é uniformemente fatal sem terapia adequada. A maioria dos casos de envenenamento por arsina ocorreu com a utilização de ácidos e metais brutos, um ou ambos contendo arsénio como impureza.

Solo: A exposição ao arsénio no solo pode ocorrer através de múltiplas vias. Em comparação com a ingestão de arsénio natural da água e da Na dieta, o arsénio do solo constitui apenas uma pequena fração da ingestão. Os principais resíduos de arsénio resultantes da utilização de pesticidas e fertilizantes agrícolas encontram-se nos solos e, em menor grau, nas plantas e animais que vivem em solos contaminados. Os resíduos de pesticidas mais elevados ocorrem em solos de pomares que receberam grandes aplicações de arseniato de chumbo, alguns solos que receberam aplicações maciças de arseniato são atualmente incapazes de suportar o crescimento das plantas.

Pesticidas: A maior utilização do arsénio é na produção de pesticidas agrícolas nas categorias de herbicidas, insecticidas, dessecantes, conservantes de madeira e aditivos alimentares. O trióxido de arsénio era a matéria-prima dos pesticidas inorgânicos mais antigos, incluindo o arseniato de chumbo, o arseniato de cálcio e o arsenito de sódio. Os novos grandes pesticidas arsenicais orgânicos incluem três herbicidas, o metano-arsonato monossódico e dissódico e o cacodicacido, bem como quatro aditivos alimentares que são ácidos fenilarsónicos substituídos. O arseniato de cobre cromatado (CCA) está registado para utilização nos EUA desde 1940 como conservante da madeira, protegendo-a de insectos e agentes microbianos.

Fundição de cobre: Os estudos de exposição na indústria de fundição de cobre são muito mais extensos e estabeleceram ligações definitivas entre o arsénio, um subproduto da fundição de cobre, e o cancro do pulmão por inalação. As exposições ao arsénio medidas nestes estudos variaram entre cerca de 0,05 e 0,3 mg/m3 e são significativamente mais elevadas do que as exposições ambientais ao arsénio.

Diagnóstico: O arsénio pode ser medido no sangue ou na urina. Algumas técnicas analíticas são capazes de distinguir as formas orgânicas das inorgânicas do elemento. Os compostos orgânicos de arsénio tendem a ser eliminados na urina de forma inalterada, enquanto as formas inorgânicas são em grande parte convertidas em compostos orgânicos de arsénio no corpo antes da excreção urinária. O atual índice de exposição biológica para os trabalhadores dos EUA de 35µg/L de arsénio urinário total pode ser facilmente excedido por pessoas saudáveis que comem uma refeição de marisco.

Existem testes para diagnosticar o envenenamento medindo o arsénio no sangue, na urina, no cabelo e nas unhas. A análise à urina é o teste mais fiável para detetar a exposição ao arsénio nos últimos dias. Para uma análise exacta de uma exposição aguda, a análise à urina tem de ser feita no prazo de 2448 horas. As análises ao cabelo e às unhas podem medir a exposição a níveis elevados de arsénio nos últimos 6-12 meses. Estes testes podem determinar se uma pessoa foi exposta a níveis de arsénio acima da média. No entanto, não podem prever se os níveis de arsénio no organismo afectarão a saúde. A exposição crónica ao arsénio pode permanecer nos sistemas do organismo durante um período de tempo mais longo do que uma exposição mais curta ou mais isolada e pode ser detectada num período mais longo após a introdução do arsénio, o que é importante para tentar determinar a fonte da exposição. O cabelo é um bioindicador potencial da exposição ao arsénio devido à sua capacidade de armazenar oligoelementos do sangue. Os elementos incorporados mantêm a sua posição durante o crescimento do cabelo.

Tratamento:
* Retirar a roupa que possa estar contaminada com arsénico.
* Lavar bem e levantar a pele afetada.
* Transfusão de sangue
* Tomar medicamentos para o coração, caso o coração comece a falhar.
* Utilizar suplementos minerais que reduzem o risco de problemas de ritmo cardíaco potencialmente fatais
* Observação da função renal
* A irrigação intestinal é outra opção. Uma solução especial é passada através do trato gastrointestinal, expulsando o conteúdo. A irrigação remove vestígios de arsénio e impede que este seja absorvido pelo intestino.
* Também pode ser utilizada a terapia de quelação - Este tratamento utiliza determinados produtos químicos, incluindo o ácido dimercaptosuccínico e o dimercaprol, para isolar o arsénio das proteínas do sangue.

Conclusão:
Os sintomas de envenenamento por arsénio podem ser agudos, ou graves e imediatos, ou crónicos, em que os danos para a saúde se fazem sentir durante um período mais longo. Os compostos orgânicos de arsénio tendem a ser eliminados na urina de forma inalterada, enquanto as formas inorgânicas são em grande parte convertidas em compostos orgânicos de arsénio no corpo antes da excreção na urina. Os sintomas podem incluir sonolência, dores de cabeça, confusão e diarreia grave. Em caso de exposição prolongada, o envenenamento por arsénico pode desenvolver sintomas como alteração da pigmentação das unhas, um sabor metálico na boca e hálito a alho, sangue na urina, queda de cabelo e cãibras musculares, convulsões, transpiração excessiva e problemas de deglutição. O envenenamento por arsénico afecta normalmente a pele, o fígado, os pulmões e os rins. A razão mais comum para a exposição a longo prazo é a água potável contaminada.

Referências:
1. Bach J, Peremartí J, Annangi B, Marcos R, Hernández A (2016) Os danos oxidativos no ADN aumentam o potencial carcinogénico das

exposições crónicas in vitro ao arsénio. Arch Toxicol 90:1893-1905
2. Borak J, Hosgood HD (2007) Seafood arsenic: implications for human risk assessment. RegulToxicolPharmacol 47:204-212.
3. Golka K, Hengstler JG, Marchan R, Bolt HM (2010) Severe arsenic poisoning: one of the largest man-made catastrophes. Arch Toxicol 85(12):1485-1489
4. Gong X, Ivanov VN, Hei TK (2016) A 2,3,5,6-Tetrametilpirazina (TMP) regulou negativamente a expressão de arsénio-indutor de heme oxigenase-1 e ARS2 através da inibição das vias Nrf2, NF-κB, AP-1 e MAPK em células tubulares proximais humanas. Arch Toxicol
5. Gundert-Remy U, Damm G, Foth H, Freyberger A, Gebel T, Golka K, Röhl C, Schupp T, Wollin K-M, Hengstler JG (2015) High exposure to inorganic arsenic by food: the need for risk reduction. Arch Toxicol 89:2219-2227
6. Hettick BE, Cañas-Carrell JE, French AD, Klein DM (2015) Arsenic: a review of the element's toxicity, plant interactions, and potential methods of remediation. J Agric Food Chem 63(32):7097-7107
7. Nepovimova E, Kuca K (2018) A história do envenenamento: desde os tempos antigos até à ERA moderna. Arch Toxicol. https://doi.org/10.1007/s00204- 018-2290-0.
8. Rahman A, Granberg C, Persson L-Â (2017) Exposição precoce ao arsénico, crescimento de bebés e crianças e morbilidade: uma revisão sistemática. Arch Toxicol 91:3459-3467
9. Bolt HM (2013) Tendências actuais da investigação sobre a toxicologia do arsénio. Arch Toxicol 87(6):925-926.
10. Bolt HM (2015) Highlight report: critical evaluation of key evidence on health hazards in the general European population by exposure to arsenic. Arch Toxicol 89 (12):2455-2457.

CAPÍTULO 14

EFEITO DOS METAIS PESADOS NOS SOLOS

Dr. Shweta Chand Professor Departamento de Química Christ Church College, Kanpur

<u>drshwetachand@gmail.com</u>

Resumo

O solo está a receber uma enorme quantidade de poluentes de várias fontes. A contaminação do solo por metais pesados pode provocar perturbações funcionais do solo, atrasar o crescimento das plantas e até prejudicar a saúde dos seres humanos através da contaminação da cadeia alimentar. Estes metais pesados ou metalóides não sofrem degradação microbiana e química e persistem no solo durante mais tempo.

Palavras-chave: Metais, Metalóides, Técnicas de remediação, Poluição do solo.

Introdução

A poluição do solo com metais pesados é motivo de grande preocupação devido aos seus efeitos prejudiciais para a biota viva. A natureza persistente e não biodegradável dos metais pesados facilita a sua acumulação no ambiente. O solo está a receber uma enorme quantidade de poluentes provenientes de várias fontes. Durante as últimas décadas, a rápida urbanização, a industrialização e a influência imprudente da libertação de contaminantes metálicos nos campos. A contaminação dos solos com metais pesados pode provocar perturbações funcionais dos solos, atrasar o crescimento das plantas e até prejudicar a saúde dos seres humanos através da contaminação da cadeia alimentar. Os metais pesados são bioacumulados nos sistemas vivos e as suas concentrações aumentam à medida que passam de organismos de nível trófico inferior para níveis tróficos superiores, um fenómeno conhecido como concentração biológica. De acordo com Babula et al.,[1] os metais pesados são o subconjunto mal definido de elementos com um peso molecular mais elevado que inclui metais de transição, alguns metalóides, lantanídeos e actinídeos com densidade específica superior à da água, *ou seja,* 5 g cm-3. São classificados como essenciais e não essenciais com base na sua função nos organismos vivos. Os metais pesados essenciais, como o zinco (Zn), o níquel (Ni), o manganês (Mn) e o ferro (Fe), etc., são necessários às plantas para a realização de várias funções fisiológicas e bioquímicas. Os metais pesados não essenciais, como o chumbo (Pb), o arsénio (As), o cádmio (Cd), o crómio (Cr) e o mercúrio (Hg), etc., não têm qualquer papel fisiológico e entram nos sistemas vivos através da cadeia alimentar. Para além dos limites críticos, os metais pesados têm um impacto perigoso na saúde humana, uma vez que impedem o funcionamento normal dos sistemas vivos. A ATSDR[2] enumerou o arsénio, o chumbo, o mercúrio e o cádmio na primeira, segunda, terceira e sétima posições em termos de frequência, toxicidade e potência de exposição humana. O aumento da produção de produtos pecuários e avícolas levou à geração de uma grande quantidade de resíduos no solo provenientes das indústrias. A grande quantidade de resíduos produzidos deve ser tratada corretamente, tendo em conta as medidas ambientais envolvidas no tratamento do solo. Os níveis elevados de metais pesados no solo dependem das características do solo e da taxa de aplicação pelo fornecedor, bem como da sua concentração elementar. Estes metais pesados ou metalóides não sofrem degradação microbiana e química e persistem no solo durante mais tempo. Devido à crescente consciencialização do público e aos efeitos nocivos destes contaminantes para a saúde humana, as comunidades científicas estão a concentrar-se no desenvolvimento de algumas novas tecnologias para a remoção destes metais de solos contaminados.

Fontes de metais pesados no solo

As entradas naturais e antropogénicas estão correlacionadas com a distribuição de metais pesados no solo. As fontes naturais incluem a decomposição geológica dos materiais rochosos de base, erupções vulcânicas, etc. As entradas antropogénicas, como a utilização extensiva de fertilizantes agroquímicos (inorgânicos e orgânicos), pesticidas, irrigação com águas residuais, suplementação com lamas de depuração, maiores deposições atmosféricas por unidades industriais e combustão de combustíveis fósseis conduziram a um nível elevado de poluentes inorgânicos nos solos[3] . Os fungicidas, os fertilizantes fosfatados e os fertilizantes inorgânicos têm níveis variáveis de Pb, Cd, Cr, Ni, Zn, etc., consoante as suas fontes. A utilização repetida de fertilizantes fosfatados está a tornar os solos agrícolas continuamente enriquecidos com metais pesados. As fontes naturais e antropogénicas de metais pesados no ambiente estão ilustradas na <u>Figura 1</u>.

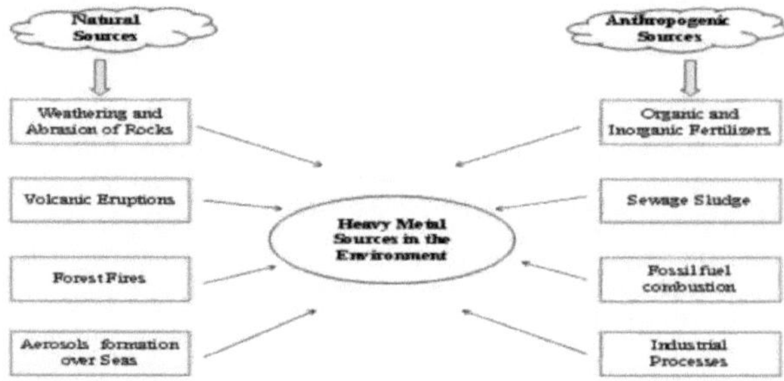

Figura 1 Fontes de metais pesados no ambiente.

Tecnologias de descontaminação envolvidas na remoção de metais pesados do solo

Foram concebidas várias medidas para a recuperação de metais pesados de sítios contaminados. A USEPA[4] classificou as medidas de recuperação de solos contaminados em dois tipos: tratamento *in-situ* e *ex-situ*.

No tratamento *in-situ*, o solo é tratado no seu local original, enquanto no *ex-situ* o solo contaminado é deslocado, escavado e removido do local. Além disso, as tecnologias de descontaminação podem ser divididas em descontaminação física, descontaminação química e descontaminação biológica.

Correção física

A descontaminação física do solo inclui principalmente a substituição do solo e a dessorção térmica do solo. No método de substituição do solo, o solo contaminado é parcialmente substituído por solo limpo, de modo a minimizar a concentração de contaminantes no solo[5] . No entanto, este método é dispendioso e só é viável numa pequena área. Pelo contrário, no método de dessorção térmica, o solo contaminado é aquecido de modo a volatilizar o poluente no solo. Estes metais voláteis são recolhidos por pressão de vácuo e são assim removidos do solo[5] .

Remediação química

A remediação química envolve a lixiviação química, a fixação química, a remediação eletrocinética e a vitrificação, etc. O processo de lixiviação química envolve a lavagem de solos contaminados com água, reagentes, fluidos e gases que ajudam o poluente a lixiviar-se do solo. Os metais extraídos por este método são recuperados do lixiviado através da utilização de agentes quelantes, tensioactivos, etc.[6] . Na fixação química, são adicionados aos solos contaminados alguns reagentes que formam ligações insolúveis com os metais pesados e diminuem a sua mobilidade nos solos[7] . O solo contaminado por metais pesados pode ser remediado pelo processo de remediação eletrocinética, que envolve a aplicação de alta tensão ao solo para a remoção do metal[8] . Por último, o processo de vitrificação envolve o aquecimento do solo a temperaturas muito elevadas (1400-2000°C) para que o poluente se volatilize ou se decomponha.

Remediação biológica

Inclui a fitoremediação e a remediação microbiana para a remoção de metais pesados dos solos. A fitorremediação envolve qualquer uma das cinco estratégias: fitoextracção, fitoestabilização, rizofiltração, fitovolatalização e fitodegradação[9] . A fitoextracção envolve a transferência de metais do solo para as partes vegetais acima do solo, resultando assim numa diminuição da concentração de metais nos solos contaminados. Por outro lado, a fitoestabilização refere-se à utilização de plantas para reduzir a mobilidade e a biodisponibilidade dos metais no solo. A rizofiltragem envolve a utilização de raízes de plantas para remover materiais tóxicos da água contaminada. A fitovolatalização envolve a absorção de contaminantes do solo pelas plantas, o seu movimento ascendente e a sua libertação pelas partes aéreas. A fitodegradação, no entanto, envolve a utilização de raízes de plantas e micróbios associados para degradar os poluentes presentes no solo[10] . Destas estratégias, a fitoextracção e a fitovolatalização são as principais opções para a remoção de metais pesados, enquanto a fitoestabilização e a fitodegradação são largamente utilizadas para os contaminantes orgânicos[11] . Outro método de remediação biológica é a utilização de micróbios para a remoção de metais pesados. Os microrganismos alteram as propriedades físicas e químicas dos poluentes, afectando assim a mobilidade e a transformação dos metais pesados nos solos.

Conclusão

A toxicidade dos metais pesados no solo é um dos problemas mais graves do mundo. As várias tecnologias *in-situ* e *ex-situ* disponíveis para solos contaminados são utilizadas para reduzir, remover e degradar os metais pesados do solo. No entanto, os agentes quelantes ou tensioactivos utilizados nestas tecnologias podem ser lixiviados para as águas subterrâneas, prejudicando assim o lençol freático. Além disso, os aditivos utilizados para imobilizar os contaminantes podem não ser específicos para um determinado metal, pelo que podem levar à libertação de um metal tóxico no solo. Assim, são necessários mais estudos no futuro para desenvolver novos métodos que possam efetivamente levar à remoção de metais pesados do solo contaminado.

Referências

1. Babula P, Adam V, Opatrilova R, et al (2008). Metais pesados incomuns, metalóides e sua toxicidade para as plantas: uma revisão. *Environmental Chemistry Letters* .;6(4):189-213.

2. Agência para o registo de substâncias tóxicas e doenças (ATSDR). Lista prioritária de substâncias perigosas do CERCLA; (2015).

3. Cai Q, Long ML, Zhu M, et al. (2009) Transferência na cadeia alimentar de cádmio e chumbo para o gado numa fundição de chumbo-zinco em Guizhou, China. *Environ Pollut* .;157(11):3078-3082.

4. USEPA. *Treatment technologies for site cleanup: annual status report*. 12ª edição. Relatório Técnico EPA-542-R-07-012, Resíduos Sólidos e Resposta a Emergências (5203P), Washington DC, EUA; (2007).

5. Li J, Zhang GN, Li Y. Revisão sobre as tecnologias de remediação de POPs. *Hebei Environmental Science* (2010). p. 65-68.

6. Tampouris S, Papassiopi N, Paspaliaris I. (2001) ,Removal of contaminant metals from fine grained soils, using agglomeration, chloride solutions and pile leaching techniques. *JHazard Mater*.;84(2-3):297-319.

7. Zhou DM, Hao XZ, Xue Y (2004). Avanços nas tecnologias de remediação de solos contaminados. *Ecologia e Ciências Ambientais*; 13(2):234-242.

8. Luo QS, Zhang XH, Wang H, et al. (2004) Mobilização de 2, 4-diclorofenol em solos por eletrocinética não uniforme. *Ata Scientiae Circumstantiae* .;24(6):1104-1109.

9. Salt DE, Smith RD, Raskin I. Phytoremediation. *Revisão Anual de Biologia Vegetal* (1998);49:643-668.

10. Salt DE, Blaylock M, Kumar NPBA, et al. (1995) Phytoremediation:a novel strategy for the removal of toxic metals from the environment using plants. *Biotechnology.*;13(5):468-474.

11. Guerinot ML, (2001) Salt DE. Alimentos fortificados e fitorremediação. Duas faces da mesma moeda. *Plant Physiol.*;125(1):164-167.

CAPÍTULO 15

PAPEL DA ENERGIA VERDE NA CONSECUÇÃO DO DESENVOLVIMENTO SUSTENTÁVEL

Dr. Poonam Shukla*, Garima Tiwari
Departamento de Química, H. N.B.P.G. College Naini Prayagraj, U.P.-211008, Índia

Resumo

A obtenção de soluções para os desafios ambientais que enfrentamos atualmente exige acções potenciais a longo prazo para o desenvolvimento sustentável. A este respeito, as fontes de energia renováveis (energia verde) parecem ser uma das soluções mais eficientes e eficazes. É por isso que existe uma estreita ligação entre as energias renováveis e o desenvolvimento sustentável. Os padrões previstos de utilização futura da energia e os consequentes impactos ambientais (centrados na precipitação ácida, na destruição da camada de ozono estratosférica e no efeito de estufa) são discutidos de forma exaustiva nesta análise. Além disso, as energias renováveis são uma solução potencial para os problemas ambientais, uma vez que podem reduzir as emissões de carbono, limpar o ar e ajudar a criar um futuro mais sustentável. As relações entre as energias renováveis e o desenvolvimento sustentável são descritas com casos pragmáticos e é apresentado um exemplo ilustrativo. Ao longo do artigo, são examinadas várias questões relacionadas com as energias renováveis, o ambiente e o desenvolvimento sustentável, tanto do ponto de vista atual como futuro.

Nesta revisão, apresentamos algumas estratégias de energia verde para o desenvolvimento sustentável. Isto significa que, quando se preferem e aplicam possíveis estratégias energéticas sustentáveis, todos os impactos negativos sobre o desenvolvimento industrial, tecnológico, setorial e social diminuem parcial ou totalmente ao longo da transição e utilização de energias e tecnologias verdes. Assim, as estratégias de energia sustentável podem dar um contributo importante para as economias dos países onde a energia verde (por exemplo, eólica, solar, das marés, biomassa) é produzida de forma exuberante. Por conseguinte, os governos e outras autoridades devem incentivar o investimento no fornecimento e no progresso da energia verde, a fim de substituir os combustíveis fósseis por uma energia verde, para um futuro mais benigno e sustentável do ponto de vista ambiental.

Introdução

A energia é um fator-chave nos debates sobre as dimensões económica, social e ambiental do desenvolvimento sustentável (Dancer, 1999). Há dois tipos de energia que podemos classificar: o primeiro é a energia de origem fóssil, que geralmente inclui o carvão, o petróleo, o gás natural, etc. O outro tipo é a energia verde. Como sabemos, as fontes de energia fósseis não são renováveis. A fim de explicar e descobrir a necessidade de estratégias energéticas sustentáveis para o fornecimento e o progresso da energia verde, comecemos por compreender os principais efeitos negativos dos combustíveis fósseis.

Os combustíveis fósseis têm causado alguns problemas graves de saúde e bem-estar humanos, devido à sua utilização extensiva em vários sectores industriais e não industriais. Na realidade, a utilização extensiva de tecnologias e estratégias baseadas em combustíveis fósseis é a principal fonte destes problemas, que só os seres humanos conseguem ver a governar as sociedades, os países, em suma, o mundo inteiro, ao longo dos séculos. O carvão, o petróleo e o gás natural são os três combustíveis fósseis que se encontram na natureza. O carvão é um combustível fóssil que resulta de milhões de anos de calor e pressão aplicados a matérias vegetais e animais em decomposição, este processo é conhecido por carbonatação. Mais de 50% do peso do carvão provém de material vegetal fossilizado. Chegámos a um nível insuportável. É urgente desenvolver estrategicamente a energia verde para um futuro sustentável sem qualquer impacto ambiental e social negativo. Aqui, devemos definir energia verde! Pode ser definida como a fonte de energia que tem um impacto ambiental negativo nulo ou mínimo, mais benigna para o ambiente e mais sustentável, e que é produzida a partir de energia solar, hídrica, biomassa, eólica, geotérmica, etc. Assim, a energia verde reduz os impactos negativos dos recursos energéticos fósseis e as emissões globais da produção de eletricidade, reduz também os gases com efeito de estufa e oferece uma oportunidade de desempenhar um papel ativo na melhoria do ambiente e de satisfazer a procura de energia limpa para aplicações industriais e não industriais. Considerando os benefícios das energias renováveis, a sustentabilidade do aprovisionamento e do progresso das energias verdes é considerada um elemento-chave nas interacções entre a natureza e a sociedade. O desenvolvimento sustentável exige um aprovisionamento de recursos energéticos que esteja disponível de forma sustentável a um custo razoável e que não tenha ou tenha um mínimo de impactos negativos na sociedade. É evidente que os recursos energéticos, como os combustíveis fósseis, são finitos e, por conseguinte, não possuem as características necessárias para a sustentabilidade, enquanto outros, como as fontes de energia verde, são sustentáveis a um prazo relativamente longo (Dincer e Rosen, 2004). Em particular, a energia verde a baixo preço é a forma mais essencial de aumentar o desenvolvimento tecnológico sustentável e a produtividade industrial, bem como o nível de vida das pessoas numa sociedade. No entanto, não há estudos sobre as estratégias de energia verde para o desenvolvimento sustentável na literatura aberta. De facto, foi esta a motivação subjacente a esta revisão. Por essa razão, esta revisão visa essencialmente desenvolver algumas estratégias-chave de energia verde para um futuro sustentável e derivar alguns parâmetros-chave como o impacto da energia verde.

Atualmente, duas questões relacionadas com a energia estão a chamar a atenção dos investigadores em matéria de sustentabilidade. A primeira é como garantir o abastecimento de energia de uma forma sustentável, com baixo impacto ambiental e baixa capacidade de emissão, e a segunda são os obstáculos ao desenvolvimento sustentável da energia e a identificação da forma mais eficaz de os ultrapassar.

Transição para uma energia verde sustentável

A transição para a energia sustentável é o processo de produção de eletricidade utilizando recursos renováveis como a energia eólica, solar, hídrica, geotérmica e a biomassa. Esta transição pode ajudar a reduzir as emissões de gases com efeito de estufa, a combater as alterações climáticas e a promover a sustentabilidade. A manutenção de um desenvolvimento mais elevado e sustentável é a área principal das estratégias governamentais em todo o mundo. Esta atividade requer uma quantidade razoável de energia substancial e os recursos energéticos são essenciais para alcançar a sustentabilidade. No entanto, a utilização abundante desses recursos naturais tem provocado graves problemas ambientais e imposto consequências negativas para a saúde humana e para a produtividade, aumentando a concentração de gases com efeito de estufa (GEE) na atmosfera, uma vez que geram uma grande quantidade de resíduos subprodutos no processo de consecução de maiores actividades económicas.

Por conseguinte, estas actividades também contribuem para o aumento do nível do mar, da temperatura do ar, do oceano global e do degelo das camadas de neve e de gelo, bem como para a extinção de diferentes espécies em todo o mundo e afectam o pH das massas de água. Estes factores aumentam coletivamente o rácio de concentração dos GEE, o que conduz ao aquecimento global e às alterações climáticas no ambiente. De acordo com Bernstein et al. (2007) e Lau et al. (2010), até 2100, a existência de metade da população mundial, em particular as pessoas que vivem na zona costeira, pode estar em perigo devido ao aumento da temperatura global, em média, para 6,4°C a partir de 1,1°C e à subida do nível do mar em cerca de 16,5 a 53,8 cm, respetivamente. E a migração devido a factores ambientais poderá ser um fenómeno crescente no século XXI. Tendo em conta a amplificação demográfica, os verdadeiros números da migração climática poderão ser entre 5,3 e 18 vezes superiores aos estimados pelos modelos de deslocação que apenas examinam a migração influenciada unicamente pela subida do nível do mar (Hauer e co-autores). **As "Alterações Climáticas Globais"** são um problema alarmante para a obtenção de um desenvolvimento sustentável nos dias de hoje.

Consequentemente, o dióxido de carbono (CO2) é identificado como o principal poluente libertado durante o consumo de energia gerada por combustíveis fósseis. De acordo com Wen-Cheng Lu (2017), cerca de 52% do CO_2 anual relacionado com a energia provém de países em desenvolvimento e espera-se que, no futuro, um grande volume de CO_2 relacionado com a energia seja libertado a partir daí, embora atualmente dois terços (2/3) do CO_2 total provenham de países desenvolvidos que consomem energia cinco vezes mais do que os países em desenvolvimento. Devido à maior progressão económica e ao desenvolvimento do mercado internacional, o consumo de energia aumentará nos países em vias de desenvolvimento, representando cerca de 90 por cento do aumento total previsto do consumo de energia a nível mundial.

Mais precisamente, as actividades relacionadas com a produção de energia, a desflorestação e os transportes, industriais, residenciais e comerciais são a indicação das actividades humanas que estão estritamente correlacionadas com a emissão de CO_2. Em geral, o CO_2 é descarregado na atmosfera a partir da combustão de combustíveis não renováveis, como o petróleo, o carvão e o gás natural, como fontes de energia. O Painel Internacional sobre as Alterações Climáticas (IPCC) especificou que, se não houver um compromisso adequado e não forem tomadas medidas urgentes para controlar a utilização da energia do carvão de combustíveis fósseis, as emissões de CO_2 serão libertadas para a atmosfera a um ritmo bizarro (IEA, 2015). Por esta razão, o grau de mudança climática global será exagerado, levando a fortes efeitos a longo prazo em todo o mundo, que já estão a aumentar atualmente.

Além disso, é um facto óbvio que, para sustentar o seu progresso económico, muitas nações ainda hoje dependem largamente das fontes de energia dos combustíveis fósseis. Devido a esta dependência de combustíveis fósseis, a energia que não é verde gera emissões extensas de CO_2, aquecimento global e enormes problemas ambientais, como tempestades, inundações e secas, etc., como fenómenos regulares em todo o mundo.

Estima-se que, durante o século XX, cerca de trinta mil milhões de toneladas de CO_2 provenientes da queima de combustíveis fósseis são lançadas na atmosfera todos os anos, enquanto que, nos últimos anos, as emissões de CO_2 provenientes da queima de combustíveis fósseis também registaram uma tendência crescente (AIE, 2015). Além disso, mais de 80% da futura procura total de energia primária será satisfeita por fontes de energia não renováveis de combustíveis fósseis, o que representa cerca de 90% do total das emissões de CO_2 relacionadas com a energia.

Os combustíveis fósseis têm sido um motor essencial do progresso tecnológico, social, económico e de desenvolvimento de um país. Os combustíveis fósseis são utilizados para o aquecimento, os transportes, a produção de eletricidade e a criação de produtos comuns como cosméticos, tintas, computadores e electrodomésticos. A invasão da Ucrânia pela Rússia, em fevereiro de 2022, teve um forte impacto nos mercados energéticos mundiais. A irregularidade dos preços, a escassez da oferta, as questões de segurança e a incerteza económica contribuíram para o que a Agência Internacional da Energia (AIE) designa como "a primeira crise energética verdadeiramente global, com efeitos que se farão sentir nos próximos anos". Talvez a mudança mais visível para a maioria das pessoas seja o facto de os preços da energia estarem a aumentar. A AIE afirma que os elevados custos dos combustíveis são responsáveis por 90% do aumento dos custos médios da produção de eletricidade a nível mundial.

Fig 1: Um gráfico que mostra como a invasão da Ucrânia pela Rússia conduziu à crise energética

No entanto, este crescimento da emissão de CO_2 devido à energia proveniente de combustíveis fósseis é um aviso prévio e terrível para os esforços globais de combate às alterações climáticas e demonstra que o esforço atual não é suficiente para cumprir os objectivos do Acordo de Paris (temperatura média global não superior a 20°C). Segundo Roberts (2017), existe um fosso entre os objectivos de Paris em matéria de alterações climáticas (menos de 2%) e a realidade (mais de 4%). Vários académicos previram que, se não forem tomadas medidas exactas, todas as esperanças de atingir os dois graus estarão quase certamente fora de alcance e o ambiente mundial enfrentará os desafios da sustentabilidade. Além disso, chegaremos a um nível que não será mais tolerável. Por conseguinte, é urgente adotar as políticas certas para desenvolver estratégias de energia verde para um futuro sustentável que limitem o aquecimento a cerca de 2 graus, gerando emissões baixas ou nulas, o que exige uma ação rápida por parte de todas as nações.

Consequentemente, nos últimos anos, os cientistas e os decisores políticos têm vindo a dedicar uma atenção considerável à crescente preocupação com as estratégias de energia verde na via do desenvolvimento sustentável. Por conseguinte, a energia verde, que é geralmente originária de fontes naturais, como a luz solar, o vento, a chuva, as marés, as plantas, as algas, o calor geotérmico, é naturalmente renovável, bem como amiga do ambiente e mais sustentável (Bhowmik et al. 2017). No processo de transição para a energia verde, um conjunto de oportunidades pode produzir enormes benefícios para o mundo através da sustentação do desenvolvimento económico e social, garantindo o acesso à energia para todos, aumentando a segurança energética, melhorando o padrão ambiental ao reduzir a dependência dos combustíveis fósseis e reduzindo as alterações climáticas com cortes nos gases com efeito de estufa e nas emissões globais dos sectores industrial e não industrial.

Tendo em conta os benefícios da energia verde em relação à energia dos combustíveis fósseis, Midilli et al. (2004a, b) afirmaram que as políticas proactivas e de longa data devem ser aplicadas em maior escala para aumentar a prática da energia verde em todo o mundo, que é considerada como uma base essencial da interação entre a natureza e a sociedade.

A energia verde no contexto do desenvolvimento sustentável

Embora o termo Desenvolvimento Sustentável seja difícil de definir, enquanto conceito, é muito popular em todo o mundo. Existem muitos acordos para definir o desenvolvimento sustentável. A definição mais conhecida a nível mundial é dada pelo relatório Brundtland em 1987; definida como "desenvolvimento sustentável é o desenvolvimento que satisfaz as necessidades do presente sem comprometer a capacidade das gerações futuras de satisfazerem as suas próprias necessidades". Outra definição frequentemente citada é a de "Caring provides for the Earth": "melhorar a qualidade da vida humana enquanto se vive dentro da capacidade de suporte dos ecossistemas" (Munro 1995). Atualmente, a ideia de desenvolvimento sustentável centra-se no desenvolvimento económico, no desenvolvimento social e na proteção do ambiente para as gerações futuras.

Diagrama de Venn da sustentabilidade, em que a sustentabilidade é considerada como a área em que as três dimensões se sobrepõem.

Os académicos distinguem normalmente três áreas diferentes da sustentabilidade. São elas a ambiental, a social e a económica. Há muitos termos utilizados para este termo. Os autores podem falar de três pilares, dimensões, componentes, aspectos, perspectivas, factores ou objectivos. Todos têm um significado semelhante neste contexto. O modelo das três dimensões tem uma base teórica. Surgiu sem um único centro de origem. Os académicos raramente questionam a própria distinção. A ideia de sustentabilidade com três dimensões é uma interpretação que preside à literatura.

Embora a energia verde seja um instrumento fundamental para alcançar o desenvolvimento sustentável, o resultado desejado não será possível se não for concebida uma política eficiente para proteger o ambiente e considerar instantaneamente as questões económicas e sociais. Precisamente, a energia verde é crucial para o desenvolvimento sustentável, porque tem a capacidade de reduzir os conflitos sociais, políticos, económicos e ambientais a nível mundial. Por conseguinte, é muito importante planear estratégias sustentáveis de energia verde. No entanto, os principais contributos da implementação de estratégias de energia verde para o desenvolvimento sustentável são apresentados de seguida:

- Desenvolvimento socioeconómico sustentável
- Aumentar o acesso à energia
- Reforçar a segurança energética
- Melhoria da qualidade do ambiente e atenuação das alterações climáticas

Barreiras à implantação de energias verdes num contexto de desenvolvimento sustentável

Explicar a estratégia para a energia verde na perspetiva do desenvolvimento sustentável inclui todas as questões de sustentabilidade, como as ambientais, sociais e económicas. Esta interdependência entre as variáveis implica que a tarefa de formar uma estratégia para a energia verde não é fácil, porque existem algumas barreiras à implantação da energia verde, e essas barreiras estão integradas nas perspectivas sociais, económicas e ambientais específicas que foram descritas a seguir.

* Barreiras económicas
* Barreiras informativas e de sensibilização
* Barreiras sócio-culturais
* Barreiras de mercado

Roteiro de políticas para a realização do potencial de energia verde da Índia

Reconhecendo a importância do combate às alterações climáticas, a Índia estabeleceu o objetivo de se tornar zero emissões líquidas até 2070. Para além do objetivo fixado para 2070, o país também fixou alguns dos seguintes objectivos para 2030:

* Satisfazer 50% das necessidades energéticas a partir de energias renováveis
* Atingir uma capacidade de combustível não fóssil de 500 GW
* Reduzir as emissões de carbono em mil milhões de toneladas
* Reduzir a intesidade carbónica em 45%

Iniciativas políticas fundamentais, como a política relativa ao hidrogénio verde, a política relativa à energia eólica offshore, a promoção de veículos eléctricos, o lançamento de mercados verdes e a criação de condições de acesso livre para a aquisição de energia verde reflectem o empenho do Governo. No entanto, apesar deste impulso, a atual dependência energética da Índia assenta essencialmente no carvão e no petróleo bruto. Para os substituir por fontes de energia limpas, seriam necessários investimentos consideráveis.

Estratégias políticas para um futuro energético verde e sustentável

No futuro, para lidar com a energia sustentável, o facto obrigatório é desenvolver estratégias sustentáveis de energia verde. Nomeadamente, para aumentar o fornecimento adequado de energia verde, os países desenvolvidos e em desenvolvimento devem adotar as seguintes estratégias

(i) Reforçar a obrigação de utilizar a energia verde

(ii) Apoio organizacional à energia verde

(iii) Apoio institucional e técnico à energia verde

(iv) Divulgação da importância da energia verde para a realização dos objectivos de desenvolvimento sustentável

(v) Reforçar a colaboração nacional e internacional

A participação global poderia servir como uma plataforma eficaz para a partilha de conhecimentos tecnológicos e das melhores práticas para alargar os mercados de energia verde. Tendo em conta os benefícios da colaboração global, os governos de cada país deveriam empenhar-se numa colaboração fechada entre si.

Conclusões

É óbvio que o papel da energia verde para uma energia sustentável no futuro é inexorável. O principal fator que determina a importância da energia verde é a procura de energia. A fim de satisfazer a procura de energia, os países de todo o mundo tomaram iniciativas para produzir energia verde a partir de fontes naturais como a energia hidráulica, solar, eólica, das marés, geotérmica, biomassa e biogás, etc. Os países poderão obter um desenvolvimento sustentável quando a energia verde for produzida em abundância.

O rico fornecimento de energia verde pode ajudar o país a fornecer uma energia mais sustentável no futuro, a ampliar a segurança energética para toda a sua população, a reduzir os impactos negativos no ser humano e no ambiente e a diminuir os conflitos entre nações relativamente às reservas de energia. Por essa razão, para manter a sustentabilidade global, é obrigatório diminuir o uso de energia gerada a partir de combustíveis fósseis e substituí-la por energia verde. No entanto, a transição para a energia verde deve ser encorajada tendo em conta o importante papel da energia verde na resolução da crise global e na obtenção de estabilidade.

Referências
* Energia verde e desenvolvimento sustentável
(Most. Asikha Aktar, Mukaramah Binti Harum, Md. Mahmudulah Alam)
* As energias verdes e o ambiente
(Abdeen Mustafa Omer)
* Influência da tecnologia verde, do consumo de energia verde, da eficiência energética, do comércio, do desenvolvimento económico e do IDE nas alterações climáticas no Sul da Ásia
(Gulzara Tariq, Huaping Sun, Imad Ali, Amjad Ali Pasha, Muhammad Sohail Khan, Mustafa Mutuir Rahman, Abdullah Mohammad e Qasim Shah)
* Energias renováveis para o desenvolvimento sustentável na Índia: situação atual, perspectivas futuras, desafios, emprego e oportunidades de investimento
(Charles Rajesh Kumar.J e M.A. Majid)
* 6 formas como a invasão russa da Ucrânia remodelou o mundo da energia
(Ewan Thomson)

CAPÍTULO 16

RADIAÇÕES ELECTROMAGNÉTICAS: POLUIÇÃO E CONTROLO

Sarita Agrawal e Shubhra Malviya

Departamento de Zoologia, S. S. Khanna Giurls' Degree College, Prayagraj

Resumo

A radiação electromagnética é uma das muitas abordagens em que a energia viaja através do espaço. O calor de uma fogueira, a luz do sol, os raios X utilizados por um médico, bem como a força utilizada para preparar refeições num micro-ondas são todos variedades de radiação electromagnética. Embora estes tipos de força possam parecer bastante excepcionais uns dos outros, estão associados na medida em que todos eles apresentam propriedades ondulatórias.

os campos electromagnéticos podem criar um risco orgânico. Por exemplo, tocar ou ficar à volta de uma antena enquanto um emissor de alta potência está em funcionamento pode provocar queimaduras (o mecanismo é igual ao utilizado num forno de micro-ondas). O impacto do aquecimento varia com a intensidade e a frequência da energia electromagnética, bem como com o inverso retangular da distância à fonte. Os olhos e os testículos são especialmente propensos ao aquecimento por radiofrequência devido à escassez de fluxo sanguíneo nestas áreas, que pode querer dissipar a acumulação de calor de qualquer outra forma.

Os danos causados por esta poluição são, no entanto, questionáveis, se considerarmos que não existem provas claras e definitivas do seu mau efeito no ser humano. Isto apesar do facto de os campos electromagnéticos de frequência extraordinariamente baixa terem sido classificados como indubitavelmente cancerígenos. Por estas razões, nos últimos anos, tem-se verificado um aumento generalizado da investigação científica para compreender o impacto das radiações electromagnéticas nos organismos vivos.

Introdução

A radiação pode ser descrita como qualquer processo em que a energia emitida por um corpo viaja através de um meio ou do espaço, acabando por ser absorvida por outro corpo. O termo radiação é frequentemente associado à radiação ionizante (por exemplo, a que ocorre em armas nucleares, reactores nucleares e substâncias radioactivas), mas pode também referir-se à radiação electromagnética (ou seja, ondas de rádio, luz infravermelha, luz visível, luz ultravioleta e raios X), que também pode ser radiação ionizante, à radiação acústica ou a outros processos mais obscuros. É comum em todos os processos de radiação ter a quantidade de energia transferida, e outros aspectos do processo podem ser caracterizados com unidades físicas semelhantes.

Radiação electromagnética

A radiação electromagnética tem diferentes propriedades e apresenta uma variedade de fenómenos. Algumas características básicas da radiação são:

1. A radiação viaja no vácuo com uma velocidade de cerca de $3x\ 10^8$ ms^{-1} . A velocidade é independente do comprimento de onda da radiação.

2. A energia radiante viaja em linha reta.

3. A radiação produz pressão na superfície que atinge.

4. A radiação apresenta os fenómenos de reflexão, refração, interferências e difração.

5. A energia radiante diminui com o quadrado da distância à fonte.

6. A radiação tem um carácter duplo e comporta-se como onda e quanta de energia. Os quanta individuais de energia radiada são capazes de ionizar átomos ou moléculas da substância em que a energia é absorvida. Isto leva a alterações químicas que podem danificar os tecidos biológicos e os materiais estruturais. As fontes de radiação ionizante incluem a maioria dos processos nucleares (por exemplo, fissão nuclear, fusão nuclear e decaimento radioativo), equipamento de raios X, experiências de física de alta energia e radiação cósmica. Os efeitos destas formas de radiação nos tecidos vivos só recentemente foram estudados. Em vez de produzir iões carregados ao atravessar a matéria, a radiação electromagnética tem energia suficiente apenas para a excitação, o movimento de um eletrão para um estado de energia mais elevado. A radiação electromagnética (por vezes abreviada EMR) assume a forma de ondas que se auto-propagam no vácuo ou na matéria. A radiação EM tem uma componente de campo elétrico e magnético que oscila em fase perpendicular entre si e à direção de propagação da energia. A radiação electromagnética é classificada em tipos de acordo com a frequência da onda, estes tipos incluem (por ordem crescente de frequência): ondas de rádio, micro-ondas, radiação terahertz, radiação infravermelha, luz visível, radiação ultravioleta, raios X e raios gama. Destas, as ondas de rádio têm o comprimento de onda mais longo e os raios gama o mais curto. Uma pequena janela de frequências, designada por espetro visível ou luz, é detectada pelo olho de vários organismos, com variações dos limites deste espetro estreito. A radiação EM transporta energia e momento, que podem ser transmitidos quando interage com a matéria.

Poluição por radiação

A poluição por radiações é o aumento da radiação natural de fundo. Existem muitas fontes de poluição por radiações, tais como laboratórios de investigação, centrais nucleares, etc. O pior caso de poluição por radiações foi o desastre de Chernobyl, que ocorreu há mais de um século, mas cujos efeitos ainda hoje se fazem sentir.

A poluição por radiações é qualquer forma de radiação ionizante ou não ionizante resultante de actividades humanas. A radiação mais conhecida resulta da detonação de dispositivos nucleares e da libertação controlada de energia por centrais nucleares. Outras fontes de radiação incluem instalações de reprocessamento de combustível usado, subprodutos de operações mineiras e laboratórios de investigação experimental. O aumento da exposição a raios X médicos e a emissões de radiação de fornos de micro-ondas e outros electrodomésticos, embora de magnitude consideravelmente menor, constituem fontes de radiação ambiental. Os efeitos ambientais da exposição a radiações ionizantes de alto nível foram amplamente documentados através de estudos efectuados no pós-guerra sobre indivíduos que estiveram expostos a radiações nucleares no Japão. Algumas formas de cancro aparecem imediatamente, mas foram registadas doenças latentes de envenenamento por radiação 10 a 30 anos após a exposição. Os efeitos da exposição a radiações de baixo nível ainda não são conhecidos. Uma grande preocupação relativamente a este tipo de exposição é o potencial de danos genéticos.

Os resíduos nucleares radioactivos não podem ser tratados por métodos químicos convencionais e devem ser armazenados em contentores fortemente protegidos em zonas afastadas de habitats biológicos. A radiação é energia que se desloca sob a forma de ondas ou de partículas de alta velocidade. Ocorre naturalmente na luz solar e nas ondas sonoras. A radiação produzida pelo homem é utilizada nos raios X, nas armas nucleares, nas centrais nucleares e no tratamento do cancro.

A exposição a pequenas quantidades de radiação durante um longo período de tempo aumenta o risco de cancro. Pode também provocar mutações nos genes. Uma grande quantidade de radiação durante um curto período de tempo, como numa emergência de radiação, pode causar queimaduras ou doença da radiação. Os sintomas da doença da radiação incluem náuseas, fraqueza, queda de cabelo, queimaduras na pele e redução da função dos órgãos. Se a exposição for suficientemente grande, pode provocar o envelhecimento prematuro ou mesmo a morte.

Efeitos biológicos

O corpo humano é composto por muitos órgãos, e cada órgão do corpo é composto por células especializadas. A radiação ionizante pode potencialmente afetar o funcionamento normal destas células.

Efeitos nas células

O efeito biológico começa com a ionização dos átomos. O mecanismo pelo qual a radiação causa danos ao tecido humano ou a qualquer outro material é a ionização dos átomos do material. A radiação ionizante absorvida pelo tecido humano tem energia suficiente para remover os electrões dos átomos que constituem as moléculas do tecido. Quando o eletrão que era partilhado por dois átomos para formar uma ligação molecular é deslocado pela radiação ionizante, a ligação é quebrada e, assim, a molécula desfaz-se. Este é um modelo básico para compreender os danos causados pela radiação. Quando a radiação ionizante interage com as células, pode ou não atingir uma parte crítica da célula. Consideramos que os cromossomas são a parte mais crítica da célula, uma vez que contêm a informação genética e as instruções necessárias para que a célula desempenhe a sua função e faça cópias de si própria para efeitos de reprodução. Além disso, existem mecanismos de reparação muito eficazes que reparam constantemente os danos celulares, incluindo os danos nos cromossomas.

A ionização pode formar substâncias quimicamente activas que, em alguns casos, alteram a estrutura das células. Estas alterações podem ser as mesmas que ocorrem naturalmente na célula e podem não ter qualquer efeito negativo. Alguns acontecimentos ionizantes produzem substâncias que não se encontram normalmente na célula. Estas podem levar à rutura da estrutura celular e dos seus componentes. As células podem reparar os danos se estes forem limitados. Mesmo os danos nos cromossomas são normalmente reparados. Muitos milhares de aberrações cromossómicas ocorrem constantemente no nosso corpo.

Se uma célula for muito danificada pela radiação, ou se for danificada de tal forma que a reprodução seja afetada, a célula pode morrer. Os danos causados pelas radiações nas células podem depender do grau de sensibilidade das células às radiações.

Nem todas as células são igualmente sensíveis aos danos causados pela radiação. Em geral, as células que se dividem rapidamente e/ou são relativamente não especializadas tendem a mostrar efeitos em doses mais baixas de radiação do que aquelas que se dividem menos rapidamente e são mais especializadas. Exemplos de células mais sensíveis são as que produzem sangue. Este sistema (chamado sistema hemopoiético) é o indicador biológico mais sensível da exposição à radiação.

Dose aguda e crónica de radiação

Os potenciais efeitos biológicos dependem da quantidade e da rapidez com que a dose de radiação é recebida. As doses de radiação podem ser agrupadas em duas categorias: dose aguda e dose crónica.

ACUTEDOSE

Uma dose aguda de radiação é definida como uma dose elevada (10 rad ou mais, em todo o corpo) administrada durante um curto período de tempo (da ordem de alguns dias, no máximo). Estas condições são referidas em geral como síndroma de radiação aguda.

Tal como na maioria das doenças, os sintomas específicos e a terapia que um médico pode prescrever, as perspectivas de recuperação variam de pessoa para pessoa e dependem geralmente da idade e do estado geral de saúde do indivíduo.

A síndrome dos órgãos formadores de sangue (medula óssea) (>100 rad) é caracterizada por danos nas células. Os sintomas incluem hemorragias internas, fadiga, infecções bacterianas e febre.

A síndrome do trato gastrointestinal (>1000 rad) caracteriza-se por danos nas células que se dividem menos rapidamente (como os revestimentos do estômago e dos intestinos). Os sintomas incluem náuseas, vómitos, diarreia, desidratação, desequilíbrio eletrolítico, perda da capacidade de digestão, úlceras hemorrágicas e os sintomas da síndrome dos órgãos formadores de sangue.

A síndrome do sistema nervoso central (>5000 rad) caracteriza-se por danos nas células que não se reproduzem, como as células nervosas. Os sintomas incluem perda de coordenação, confusão, coma, convulsões, choque e os sintomas das síndromes dos órgãos formadores do sangue e do trato gastrointestinal.

Outros efeitos de uma dose aguda incluem:

• 200 a 300 rad na pele podem resultar em vermelhidão da pele (eritema), semelhante a uma queimadura solar ligeira e pode resultar em queda de cabelo devido a danos nos folículos capilares.

• 125 a 200 rad nos ovários podem resultar na supressão prolongada ou permanente da menstruação em cerca de cinquenta por cento (50%) das mulheres.

• 600 rad nos ovários ou nos testículos podem resultar em esterilização permanente.

• 50 rad na glândula tiroide podem resultar em tumores benignos (não cancerosos).

DOSE CRÓNICA:

Uma dose crónica é uma quantidade relativamente pequena de radiação recebida durante um longo período de tempo. O organismo está mais bem equipado para tolerar uma dose crónica do que uma dose aguda. O risco destes efeitos não é diretamente mensurável em populações de trabalhadores expostos, pelo que os valores de risco a níveis profissionais são estimativas baseadas em factores de risco medidos em doses elevadas.

Os efeitos biológicos de níveis elevados de exposição à radiação são bastante conhecidos, mas os efeitos de níveis baixos de radiação são mais difíceis de determinar porque os efeitos determinísticos acima descritos não ocorrem a esses níveis.

Efeitos somáticos e genéticos

Os efeitos somáticos surgem na pessoa exposta. Os efeitos somáticos podem ser divididos em duas classes, com base no ritmo a que a dose foi recebida.

• Os efeitos somáticos imediatos são aqueles que ocorrem logo após uma dose aguda. Por exemplo, a perda temporária de cabelo que ocorre cerca de três semanas após uma dose de 400 rad no couro cabeludo. Espera-se que novos cabelos cresçam dentro de dois meses após a dose, embora a cor e a textura possam ser diferentes.

• Os efeitos somáticos retardados são aqueles que podem ocorrer anos após a receção da dose de radiação. Entre os efeitos retardados observados até à data, conta-se um aumento do potencial de desenvolvimento de cancro e cataratas.

• Os efeitos genéticos, ou hereditários, aparecem na geração futura da pessoa exposta como resultado dos danos causados pela radiação nas células reprodutoras. Os efeitos genéticos são anomalias que podem ocorrer nas gerações futuras de indivíduos expostos. Foram amplamente estudados em plantas e animais, mas os riscos de efeitos genéticos no ser humano são considerados consideravelmente menores do que os riscos de efeitos somáticos. Por conseguinte, os limites utilizados para proteger a pessoa exposta de danos são igualmente eficazes para proteger as gerações futuras de danos.

ENVENENAMENTO POR RADIAÇÃO

O envenenamento por radiações, também conhecido como "doença das radiações" ou "dose rasteira", é uma forma de lesão dos tecidos dos órgãos devido a uma exposição excessiva a radiações ionizantes. O termo é geralmente utilizado para se referir a um problema agudo causado por uma grande dose de radiação num curto período de tempo, embora também ocorra com a exposição a longo prazo. O nome clínico da doença da radiação é síndroma de radiação aguda (ARS), tal como descrito pelo CDC. Existe uma síndrome de radiação crónica, mas é muito pouco frequente; foi observada em trabalhadores dos primeiros locais de produção de fontes de rádio e nos primeiros dias do programa nuclear soviético. Uma exposição curta pode resultar na síndrome de radiação aguda; a síndrome de radiação crónica requer um nível elevado e prolongado de exposição.

A utilização de radionuclídeos na ciência e na indústria está estritamente regulamentada na maioria dos países. No caso de uma libertação acidental e deliberada de materiais radioactivos, as medidas recomendadas são a evacuação ou o abrigo no local.

EFEITOS AGUDOS VS EFEITOS CRÓNICOS

A doença das radiações está geralmente associada a uma exposição aguda e tem um conjunto caraterístico de sintomas que aparecem de forma ordenada. Os sintomas da doença das radiações tornam-se mais graves à medida que a dose de radiação aumenta.

Exposição

Externo

A exposição externa é uma exposição que ocorre quando a fonte radioactiva (ou outra fonte de radiação) está fora (e permanece fora) do organismo que está exposto. De seguida, apresentamos uma série de três exemplos de exposição externa.

• Uma pessoa que coloca uma fonte radioactiva selada no seu bolso

• Um viajante espacial que é tratado contra o cancro por teleterapia ou braquiterapia. Embora na braquiterapia a fonte esteja dentro da pessoa, não deixa de ser uma exposição externa porque a parte ativa da fonte nunca entra em contacto direto com os tecidos biológicos da pessoa.

• Muitas vezes é fácil estimar a exposição externa

INTERNO

A exposição interna ocorre quando o material radioativo entra no organismo e os átomos radioactivos são incorporados no organismo. Alguns
exemplos de exposições internas são os seguintes

• A exposição devido ao 40K presente numa pessoa normal.

• A exposição à ingestão de uma substância radioactiva solúvel, como o^{89} Sr no leite de vaca.

• Uma pessoa que está a ser tratada contra o cancro através de um método de radioterapia de fonte aberta em que um radioisótopo é utilizado como medicamento.

GUERRA NUCLEAR

A guerra nuclear é mais complexa. Queimaduras térmicas provocadas pela radiação infravermelha. Queimaduras beta provocadas por radiações ionizantes superficiais (isto seria provocado por partículas de precipitação radioactiva; as maiores partículas da precipitação radioactiva local teriam provavelmente actividades muito elevadas porque seriam depositadas muito pouco tempo após a detonação e é provável que uma dessas partículas sobre a pele pudesse provocar uma queimadura localizada); no entanto, estas partículas são muito pouco penetrantes e têm um curto alcance. Queimaduras por radiação gama de alta penetração. Isto causaria provavelmente uma penetração gama profunda no corpo, o que resultaria numa irradiação uniforme de todo o corpo em vez de apenas uma queimadura superficial. No caso de irradiadores de corpo inteiro envolvendo produtos médicos, alguns dos sujeitos humanos desenvolveram lesões na sua pele entre o momento da irradiação e a morte.

Contaminação radioactiva

A contaminação radioactiva é a distribuição não controlada de material radioativo num determinado ambiente. É normalmente o resultado de um derrame ou acidente durante a produção ou utilização de radionuclídeos, um núcleo instável que possui energia excessiva. A contaminação pode ocorrer a partir de gases, líquidos ou partículas radioactivas. Por exemplo, se um radionuclídeo utilizado em medicina nuclear for acidentalmente derramado, o material pode ser espalhado pelas pessoas que andam à sua volta. A contaminação radioactiva pode também ser um resultado inevitável de certos processos, como a libertação de xénon radioativo no reprocessamento de combustível nuclear. Nos casos em que o material radioativo não pode ser contido, pode ser diluído até concentrações seguras. A precipitação radioactiva é a distribuição da contaminação radioactiva provocada por uma explosão nuclear.

Por conseguinte, o material radioativo em contentores selados e designados não é propriamente referido como contaminação, embora as unidades de medida possam ser as mesmas. A aplicação de fertilizantes contendo fosfato também está a contaminar lentamente as terras agrícolas devido às impurezas de urânio no fosfato.

Regulamentação da poluição por radiações

Ao regulamentar a energia nuclear para proporcionar proteção contra a radiação, a maioria dos países, incluindo o Canadá, aceita as recomendações da Comissão Internacional de Proteção Radiológica (ICRP) sobre a resposta à dose e outras questões.

Em 1977, a ICRP enunciou três princípios básicos de proteção radiológica que foram amplamente aprovados pelas agências reguladoras nacionais:

1. Nenhuma prática deve ser adoptada se a sua introdução não produzir um benefício líquido positivo (princípio da justificação).

2. Todas as exposições devem ser mantidas a um nível tão baixo quanto razoavelmente possível, tendo em conta factores económicos e sociais.

3. A exposição de indivíduos não deve exceder os limites recomendados pela Comissão para as circunstâncias adequadas.

A CIPR, devido à sua natureza, restringiu o seu princípio aos danos potenciais das radiações, estritamente as radiações ionizantes, mas, logicamente, os princípios devem ser alargados a todos os riscos, dos quais o das radiações é apenas um. Seria ilógico e pouco ético reduzir o risco das radiações para a sociedade ou para os indivíduos se isso fosse feito à custa do aumento do risco global.

Para além do CIPR, o Comité Científico das Nações Unidas sobre os Efeitos das Radiações Atómicas (UNSCEAR) e os comités da Academia Nacional das Ciências dos EUA sobre os Efeitos Biológicos das Radiações Ionizantes (BEIR) são importantes na avaliação das publicações técnicas nesta área mas, ao contrário do CIPR, não fazem recomendações sobre a proteção radiológica. Embora estes três organismos sejam independentes e, muitas vezes, divirjam em pormenores, estão amplamente de acordo quanto à resposta à dose de radiação na regulação das doses de radiação. Deduzem-no extrapolando das doses elevadas em que foram observados efeitos para as doses muito baixas a que as pessoas estão expostas devido a radiações naturais e antropogénicas, partindo do princípio de que não haveria qualquer efeito na dose zero.

Os campos electromagnéticos estão relacionados com muitos dos elementos que reconhecidamente produzem preocupação pública. Os campos são invisíveis; significam uma nova tecnologia; a linha de força, a estação de base e as diferentes fontes de publicidade são incontroláveis pelo indivíduo descoberto; para muitas das fontes de publicidade, o indivíduo descoberto não utiliza diretamente a fonte de publicidade. O cenário científico atual é um cenário de incerteza e é regularmente referido que a existência de perigos não pode ser excluída. Assim, o selecionador terá de estabilizar as vantagens para a saúde pública e as taxas e penalizações técnicas e realistas de um certo número de esquemas que devem ser considerados para limitar a publicidade à população.

Referências

o   Beychok, Milton R., Aqueous Wastes from Petroleum and Petrochemical Plants(1st Edition ed.). John Wiley & Sons, 1967.

o   Beychok, Milton R., "A data base for dioxin and furan emissions from refuse incinerators", Atmospheric Environment, janeiro de 1987.

o   Bowden, Rob, Transportation: Our Impact on the Planet, Raintree, 2004

o   Barnes FS, Greenebaum B, eds. (2018). *Aspectos biológicos e médicos dos campos eletromagnéticos* (3 ed.). CRC Press. p. 378. ISBN 978-1420009460. Arquivado do original em 4 de janeiro de 2021. Recuperado em 29 de janeiro de 2019.

o   David Urbinato, "London's Historic "Pea-Soupers", Agência de Proteção Ambiental dos Estados Unidos, 1994.

o   Declaração da Conferência das Nações Unidas sobre o Ambiente Humano, 1972

o   Gershon Cohen Ph.D., "The Solution to Pollution is Still Dilution", Earth Island Institute, Retrieved on 2006.

o   Kidder, Robert, "Disasters Chronic and Acute: Issues in the study of Environmental Pollution in Urban Japan", em: Pradyumna P. Karan e Kristin E. Stapleton (eds.), The Japanese City, Lexington: University Press of Kentucky, 1997.

o   Melosi, Martin V. (ed.), Pollution & Reform in American Cities, 1870-1930, Austin: University of Texas Press, 1980.

CAPÍTULO 17

UTILIZAÇÃO DO ESPECTRO ELECTROMAGNÉTICO E DA GUERRA ELECTRÓNICA NO DOMÍNIO MILITAR

Dr. Deepak Professor Assistente do Departamento de Defesa e Estudos Estratégicos H.N.B. Govt. P.G. College, Naini -Prayagraj

INTRODUÇÃO

Como todos nós aprendemos com a história, a superioridade tática e o avanço das armas sempre foram uma vantagem na guerra. Na história da guerra humana, foram constantemente desenvolvidos novos meios de armamento, bem como as suas contramedidas. Nos tempos modernos, após a invenção da eletrónica e o aumento do conhecimento humano sobre o espetro eletromagnético, este está a ser utilizado como arma na guerra. Além disso, foi criada uma nova consciência em relação ao mesmo. A guerra electromagnética foi introduzida pela primeira vez na guerra russo-japonesa em 1904 e foi reforçada durante a Segunda Guerra Mundial, quando surgiram tecnologias mais avançadas como o RADAR. Desde então, a utilização do espetro eletromagnético como arma tem sido um desejo e uma necessidade de todos os países para se defenderem do mesmo e desenvolverem mecanismos aperfeiçoados de ataque e de recolha de informações.

O espetro eletromagnético é constituído pelos comprimentos de onda criados pelas cargas electromagnéticas, das quais o Sol é a principal fonte. Existem diferentes comprimentos de onda de diferentes radiações e nem todos os comprimentos de onda atingem a superfície da terra devido à atmosfera protetora da terra. Por isso, não é fácil ter acesso a elas e utilizá-las. Além disso, depois de ter acesso ao espetro eletromagnético, outro desafio é criar tecnologias avançadas para manter a energia de forma a que possa ser mantida sob controlo adequado e não cause qualquer dano aos detentores do acesso.

A guerra eletrónica é um tipo de guerra em que o espetro eletromagnético é utilizado para melhorar as capacidades militares. Desempenha um papel importante nas operações conjuntas. Também ajuda na navegação e os veículos electrónicos são desenvolvidos para servir este propósito. Também ajuda a guiar os mísseis lançados para os respectivos terminais.

Desde a Segunda Guerra Mundial, a Rússia e a China são dois países que fizeram desenvolvimentos significativos no domínio da guerra electromagnética. O avanço eletromagnético da Rússia tem sido um desafio para as forças armadas dos EUA e também surgiu como a necessidade de as forças armadas de diferentes países lidarem com o avanço emergente do mesmo.

Espectro de electroímanes

A definição mais simples do espetro eletromagnético é a de comprimentos de onda da radiação electromagnética. Neste caso, há dois objectos no papel, um que emite a radiação e outro que a absorve, ou seja, uma fonte e um recetor. Estes espectros podem variar desde pequenas ondas gama até ondas de rádio muito longas. Os espectros electromagnéticos são utilizados em tecnologias como a rádio, as máquinas de raios X e quase todas as tecnologias que funcionam com energia eléctrica. O Sol é a principal fonte de radiação electromagnética, mas esta radiação pode variar entre radiações de energia muito elevada e radiações de energia comparativamente mais baixa. As radiações de menor energia podem ser úteis de muitas maneiras. Por outro lado, as radiações de maior energia são fortes e podem ser prejudiciais para a matéria orgânica, uma vez que podem alterar os átomos e as moléculas das nossas células. No entanto, as radiações de maior energia podem ser utilizadas para fins muito mais elevados e de forma benéfica. Por exemplo, a radiação de ondas de alta energia é frequentemente utilizada para matar células cancerígenas e curar a doença.

O nosso acesso à radiação electromagnética

A principal função da atmosfera da Terra é proteger a vida das substâncias nocivas que se encontram no seu exterior. Uma dessas substâncias nocivas é a forte radiação electromagnética. Como já foi referido, as radiações electromagnéticas têm diferentes comprimentos de onda e, por isso, apenas algumas radiações de comprimentos de onda maiores podem atingir a superfície da Terra. Outras são impedidas por diferentes camadas da atmosfera. Isto dificulta aos cientistas o acesso fácil à radiação electromagnética. No entanto, o vapor de água, o dióxido de carbono e o ozono são os principais absorventes da radiação electromagnética.

Aplicações militares do espetro eletromagnético

O espetro eletromagnético é eficaz, mas também é um campo de avanço igualmente sensível que pode ser utilizado para melhorar as capacidades das três forças militares - Marinha, Exército e Força Aérea. Eis alguns dos campos de aplicação mais significativos do espetro eletromagnético nas forças armadas

- **Marinha** - A Marinha utiliza ondas de rádio de baixa frequência para contactar e transferir informações para submarinos submarinos.
- **Airforce** - A Airforce utiliza micro-ondas electromagnéticas de alta frequência para estabelecer contacto contínuo entre aeronaves.
- Ajuda na navegação e na cartografia por satélite.
- Útil em todos os aspectos militares para detetar assinaturas de calor em tecnologias como mísseis, aviões, veículos, etc.
- Guiar os mísseis lançados em direção aos seus alvos.
- Utilização de lasers para desativar sensores de recolha de informações

- Qualquer objeto que tenha uma temperatura mais elevada em comparação com o ambiente circundante pode ser detectado utilizando sensores de infravermelhos, uma vez que emitem radiações nos segmentos infravermelhos do espetro.
- As ligações 5g têm um melhor comprimento de onda e, por conseguinte, são mais eficazes na transmissão de dados.
- Deteção de drones e objectos desconhecidos nas vias aéreas e abate dos mesmos através de sensores sem envolvimento humano ativo

GUERRA ELECTRÓNICA

O significado de guerra eletrónica ou EW é a utilização do espetro eletromagnético ou da energia dirigida para diferentes fins, como -
- Para controlar o espetro
- Para se defender de ataques inimigos
- Para atacar o inimigo

História da guerra eletrónica nas forças armadas

A guerra eletrónica (EW) tem uma longa e célebre história nas operações militares. A utilização de sinais electrónicos para enganar, perturbar ou destruir as comunicações e os sistemas de navegação do inimigo remonta aos primórdios das comunicações por rádio.

Durante a Segunda Guerra Mundial, tanto as potências do Eixo como as dos Aliados desenvolveram capacidades sofisticadas de guerra eletrónica, incluindo técnicas de empastelamento e de engano, para obterem uma vantagem tática. Os Aliados desenvolveram uma gama de sistemas de guerra eletrónica, incluindo dispositivos de empastelamento de radares, equipamento de deteção de direção de rádio e mísseis anti-radiação.

No período pós-guerra, a guerra eletrónica continuou a desempenhar um papel importante nas operações militares. O desenvolvimento de sistemas de radar mais sofisticados e a proliferação de dispositivos electrónicos levaram ao desenvolvimento de novas capacidades de guerra eletrónica, incluindo sistemas de informação eletrónica (ELINT) e de contramedidas electrónicas (ECM).

Durante a Guerra Fria, as capacidades de guerra eletrónica tornaram-se cada vez mais importantes no contexto da dissuasão nuclear. O desenvolvimento de sistemas sofisticados de guerra eletrónica, incluindo plataformas aéreas de interferência e equipamento terrestre de interferência no radar, foi considerado essencial para evitar um ataque surpresa do inimigo.

Nos últimos anos, a guerra eletrónica tem continuado a evoluir com os avanços da tecnologia. O desenvolvimento de novos tipos de dispositivos electrónicos e a emergência da ciberguerra conduziram ao desenvolvimento de novas capacidades de guerra eletrónica, incluindo a capacidade de conduzir operações cibernéticas ofensivas contra redes inimigas.

De um modo geral, a história da guerra eletrónica em operações militares é longa e fascinante, marcada pelo desenvolvimento de capacidades de guerra eletrónica cada vez mais sofisticadas em resposta à evolução das ameaças e dos avanços tecnológicos.

Importância da guerra eletrónica

• Controlar os espectros electromagnéticos

• Ter uma compreensão prévia e informações sobre as possíveis ameaças e preparar a defesa contra as mesmas.

• Permitir operações conjuntas no domínio do espetro eletromagnético JEMO

• Interpretar os dados dos adversários e ajudar a descodificar a informação para os mesmos.

• Prevenir ataques inimigos através da utilização de energia dirigida

• A interrupção dos ataques inimigos aumenta a eficácia do trabalho do exército e reforça o papel da capacidade de sobrevivência.

• Ajuda a prevenir conflitos ou a pôr-lhes termo mesmo antes de eles começarem na prática

• Nem todas as partes têm acesso ao conhecimento do espetro eletromagnético, o que mantém a posição experiente no comparativo com outra parte, aumentando a probabilidade de sucesso da missão para a parte avançada.

Âmbito da guerra eletrónica

O âmbito da guerra eletrónica (EW) está em constante expansão à medida que a tecnologia avança e surgem novas ameaças. A guerra eletrónica tem sido tradicionalmente associada a aplicações militares, mas é cada vez mais utilizada numa vasta gama de domínios, incluindo:

1. **Operações militares**: A guerra eletrónica é parte integrante das operações militares e é utilizada para perturbar ou impedir a utilização de sistemas electrónicos por parte de um adversário, recolher informações sobre as suas actividades e proteger as forças amigas de ataques electrónicos.

2. **Cibersegurança:** As técnicas de guerra eletrónica são também utilizadas na cibersegurança para defender contra ciberataques e para recolher informações sobre ciberameaças.

3. **Aplicação da lei**: Os serviços de aplicação da lei utilizam técnicas de guerra eletrónica para recolher informações e realizar operações de vigilância.

4. **Aviação**: A guerra eletrónica é utilizada na aviação para proteger as aeronaves dos sistemas de mísseis terra-ar e para bloquear os sistemas de radar inimigos.

5. **Operações marítimas**: A guerra eletrónica é utilizada nas operações marítimas para perturbar ou impedir a utilização dos sistemas de comunicação e navegação do inimigo.

6. **Operações espaciais**: À medida que o espaço se torna cada vez mais militarizado, a guerra eletrónica está a ser utilizada para proteger os satélites e outros bens espaciais de ataques.

Em geral, o âmbito da guerra eletrónica é vasto e continua a evoluir à medida que a tecnologia avança e surgem novas aplicações. Consequentemente, é provável que a guerra eletrónica venha a desempenhar um papel cada vez mais importante numa vasta gama de aplicações militares e civis no futuro.

Adaptação global dos espectros electromagnéticos e da guerra eletrónica

O acesso à informação e à experiência na utilização dos espectros electromagnéticos é um desejo de todos os países para atingirem os patamares do progresso e da segurança, mas também é algo que está agora a emergir como uma necessidade e um desafio de todos os países para se defenderem de outros países com a adaptação e o conhecimento dos mesmos.

Nesta corrida, a Rússia e a China são dois países que demonstraram um avanço significativo na utilização do espetro eletromagnético.

Os relatórios dizem que a China conseguiu formar veículos aéreos não tripulados com capacidades de guerra electromagnética. Além disso, a Rússia demonstrou a expressão do espetro eletromagnético na vida real, utilizando-o contra os EUA, o que tornou o conhecimento e o avanço das forças electromagnéticas uma necessidade para os EUA.

Rússia

A Rússia tem uma longa história de investimento em capacidades de guerra eletrónica (EW) e é amplamente considerada como uma das principais potências mundiais neste domínio. As forças armadas russas investiram fortemente no desenvolvimento de uma série de sistemas de guerra eletrónica, incluindo contramedidas electrónicas (ECM), medidas de apoio eletrónico (ESM) e sistemas de informações electrónicas (ELINT).

Algumas das principais capacidades de guerra eletrónica da Rússia incluem:

1. **Interferência e falsificação**: Os militares russos desenvolveram uma série de sistemas de interferência e falsificação que podem afetar as comunicações, os sistemas de radar e os sistemas de navegação do inimigo.

2. Interferência aérea: A Rússia desenvolveu plataformas de interferência aerotransportadas, como o bombardeiro Tu-22M3, que podem ser utilizadas para desativar os sistemas de radar inimigos a partir do ar.

3. **ELINT e ESM:** A Rússia investiu no desenvolvimento de capacidades ELINT e ESM para recolher informações sobre sistemas electrónicos inimigos e para detetar e localizar sinais electrónicos inimigos.

4. **Guerra cibernética**: A Rússia também desenvolveu capacidades sofisticadas de guerra cibernética, que podem ser utilizadas para conduzir operações ofensivas contra redes informáticas inimigas.

De um modo geral, a Rússia tem investido fortemente no desenvolvimento de uma série de capacidades de guerra eletrónica para reforçar as suas capacidades de defesa e para combater as ameaças dos seus adversários. As forças armadas russas continuam a desenvolver e a modernizar as suas capacidades de guerra eletrónica para acompanhar os avanços tecnológicos e para manter uma postura de dissuasão credível.

China

A China tem vindo a desenvolver rapidamente as suas capacidades de guerra eletrónica (EW) ao longo da última década, com destaque para o desenvolvimento de sistemas avançados de contramedidas electrónicas (ECM) e de medidas de apoio eletrónico (ESM). A China também investiu fortemente no desenvolvimento de capacidades de ciberguerra, que são consideradas essenciais para a sua estratégia de segurança nacional.

Algumas das principais capacidades de guerra eletrónica da China incluem:

1. **Interferência e falsificação**: A China desenvolveu uma série de sistemas de interferência e de falsificação que podem afetar as comunicações, os sistemas de radar e os sistemas de navegação do inimigo.

2. **Interferência aérea**: A China desenvolveu plataformas de interferência no ar, como o avião de guerra eletrónica Y-8G, que pode ser utilizado para perturbar os sistemas de radar inimigos a partir do ar.

3. **ELINT e ESM**: A China investiu no desenvolvimento de capacidades ELINT e ESM para recolher informações sobre sistemas electrónicos inimigos e para detetar e localizar sinais electrónicos inimigos.

4. **Guerra cibernética**: A China desenvolveu capacidades avançadas de guerra cibernética, que incluem capacidades defensivas e ofensivas e podem ser utilizadas para conduzir operações contra redes informáticas inimigas.

De um modo geral, as capacidades de guerra eletrónica da China são vistas como uma parte essencial dos seus esforços de modernização militar e destinam-se a combater as potenciais ameaças dos seus adversários na região. Espera-se que as forças armadas chinesas continuem a investir e a desenvolver as suas capacidades de guerra eletrónica nos próximos anos.

TIPOS DE GUERRA ELECTRÓNICA

1. **Ataque eletrónico (EA):** O ataque eletrónico é a utilização de energia electromagnética para perturbar, negar ou enganar os sistemas electrónicos de um inimigo. Inclui o empastelamento, a falsificação e o engano eletrónico. O empastelamento envolve a transmissão de energia electromagnética na mesma frequência que o sistema visado para causar interferência ou sobrecarga. O spoofing envolve a transmissão

de sinais falsos para enganar ou induzir em erro os sistemas electrónicos do inimigo. O engano eletrónico consiste na utilização de meios electrónicos para criar indicações falsas ou enganadoras das actividades do inimigo.

2. **Proteção eletrónica (PE):** A proteção eletrónica é a utilização de contramedidas electrónicas para proteger as forças amigas de ataques electrónicos. Inclui medidas como o salto de frequência, o espetro alargado e a encriptação para dificultar o empastelamento ou a interceção de comunicações amigáveis pelo inimigo.

3. **Apoio Eletrónico (ES):** O apoio eletrónico é a utilização de sensores electrónicos e outros meios para detetar, localizar e identificar fontes de energia electromagnética no ambiente. Inclui inteligência de sinais (SIGINT) e inteligência eletrónica

(ELINT) para recolher informações sobre os sistemas e capacidades electrónicas do inimigo.

Capacidades da guerra eletrónica

- **Interferência**: O empastelamento é a transmissão intencional de sinais de radiofrequência para interferir ou perturbar as comunicações ou os sistemas de radar de um adversário. O empastelamento pode ser utilizado para criar ruído ou interferência ou para transmitir sinais falsos para enganar o inimigo.

- **Engano eletrónico**: A deceção eletrónica envolve a utilização de sinais electrónicos para enganar ou iludir o inimigo. Isto pode incluir técnicas como a criação de imagens de radar falsas, a manipulação de sinais para disfarçar a localização ou a identidade de forças amigas ou a simulação da presença de um grande número de tropas.

- **Ataque eletrónico**: O ataque eletrónico envolve a utilização de energia electromagnética para atacar os sistemas electrónicos do inimigo. Isto pode incluir empastelamento, falsificação e outras técnicas para perturbar, negar ou enganar o inimigo.

- **Proteção eletrónica**: A proteção eletrónica envolve medidas tomadas para proteger as forças amigas de ataques electrónicos. Isto pode incluir a utilização de encriptação, salto de frequência e outras técnicas para impedir que o inimigo intercepte ou bloqueie as comunicações amigas.

- **Inteligência de sinais (SIGINT)**: A SIGINT envolve a interceção e análise de sinais electrónicos para obter informações sobre as actividades, comunicações e capacidades do inimigo.

- **Inteligência eletrónica (ELINT)**: A ELINT envolve a recolha e análise de sinais electrónicos para obter informações sobre os sistemas e capacidades electrónicas do inimigo. Isto pode incluir a análise de emissões de radar para determinar a localização e o tipo de sistemas de radar inimigos.

Em geral, a guerra eletrónica fornece uma gama de capacidades que podem ser utilizadas para interromper ou impedir a utilização de sistemas electrónicos por parte de um adversário, recolher informações sobre as suas actividades e proteger as forças amigas de ataques electrónicos.

Desafios da guerra eletrónica

A guerra eletrónica (EW) enfrenta vários desafios que têm de ser ultrapassados para manter a sua eficácia nos conflitos modernos. Alguns dos principais desafios da guerra eletrónica incluem:

1. **Tecnologia em rápida evolução**: Como a tecnologia continua a avançar rapidamente, os sistemas de guerra eletrónica têm de acompanhar o ritmo para se manterem eficazes. Isto exige um investimento contínuo em investigação e desenvolvimento para se manterem à frente da curva.

2. **Adaptação a novas ameaças**: Os adversários estão constantemente a desenvolver novas formas de combater os sistemas de guerra eletrónica, pelo que a guerra eletrónica deve ser capaz de se adaptar a ameaças novas e emergentes.

3. **Congestionamento do espetro**: Com um número crescente de dispositivos a utilizar o espetro de radiofrequências, existe o risco de congestionamento que pode limitar a eficacia dos sistemas de guerra eletrónica. Isto exige uma gestão cuidadosa do espetro para garantir que os sistemas de guerra eletrónica possam funcionar eficazmente.

4. **Cibersegurança**: À medida que a guerra eletrónica se torna mais dependente das redes informáticas, aumenta o risco de ciberataques que podem comprometer a eficácia dos sistemas de guerra eletrónica.

5. **Recursos limitados**: Os sistemas de guerra eletrónica podem ser caros e requerem recursos significativos para serem desenvolvidos, operados e mantidos. Isto pode limitar a disponibilidade destes sistemas, particularmente para forças militares mais pequenas com recursos limitados.

Guerra eletrónica na Índia

A Índia tem vindo a desenvolver as suas capacidades de guerra eletrónica (EW) ao longo dos anos para melhorar as suas capacidades de defesa. As forças armadas indianas investiram em vários tipos de sistemas de guerra eletrónica, incluindo contramedidas electrónicas (ECM), medidas de apoio eletrónico (ESM) e sistemas de informações electrónicas (ELINT).

Algumas das principais capacidades de guerra eletrónica da Índia incluem

1. **Interferência nas comunicações**: As forças armadas indianas dispõem de uma série de sistemas de interferência que podem ser utilizados para perturbar os sistemas de comunicação do inimigo, incluindo rádios, telemóveis e outros dispositivos electrónicos.

2. **Bloqueio de radares**: A Índia desenvolveu uma gama de sistemas de empastelamento de radares para desativar os sistemas de radar inimigos, incluindo radares terrestres e aéreos.

3. **Informações electrónicas (ELINT):** A Índia desenvolveu capacidades ELINT para recolher informações sobre os sistemas e capacidades electrónicas do inimigo.

4. **Medidas de apoio eletrónico (ESM):** A Índia investiu em sistemas ESM para detetar e localizar sinais electrónicos do inimigo e para identificar o tipo de equipamento utilizado.

5. **Ciberguerra**: A Índia também desenvolveu capacidades de ciberguerra para se defender contra ciberataques e para conduzir operações ofensivas contra redes informáticas inimigas.

De um modo geral, a Índia investiu no desenvolvimento de uma série de capacidades de guerra eletrónica para reforçar as suas capacidades de defesa e combater as ameaças dos seus adversários. As forças armadas indianas continuam a desenvolver e a modernizar as suas capacidades de guerra eletrónica para acompanhar os avanços tecnológicos e para manter uma postura de dissuasão credível.

CONCLUSÃO

A guerra eletrónica tornou-se uma parte cada vez mais importante da guerra moderna, com as forças armadas de todo o mundo a investirem no desenvolvimento de capacidades avançadas de guerra eletrónica para obterem uma vantagem estratégica no campo de batalha. Embora a guerra eletrónica coloque desafios e riscos significativos, uma gestão e coordenação eficazes das capacidades de guerra eletrónica podem ajudar a garantir que estas são utilizadas de forma eficaz e segura nos conflitos modernos.

É uma capacidade essencial para as forças armadas modernas obterem uma vantagem estratégica no campo de batalha. A sua história remonta ao início do século XX e tem continuado a evoluir com os avanços da tecnologia. Embora a guerra eletrónica coloque desafios e riscos significativos, incluindo a necessidade de adaptação a uma tecnologia em rápida evolução e o risco de danos colaterais, uma gestão e coordenação eficazes das capacidades de guerra eletrónica podem ajudar a garantir a sua eficácia e segurança. À medida que as forças militares continuam a investir na guerra eletrónica, esta continuará a ser um instrumento importante para obter uma vantagem tática nos conflitos modernos.

REFRÊNCIAS

1. . Vladimir Semenoff, The Russo - Japanese War at Sea 1904-5: Volume 1 - Port Arthur, as Batalhas do Mar Amarelo.

2. https://www.gao.gov/products/gao-21-440t

3. https://www.defense.gov/News/News-Histórias/Article/Article/2858331/defense- official-says-electromagnetic- spectrum-superiority-is-vital-to-security/

4. https://warontherocks.com/2021/01/to-rule-the-invisible-battlefield-the- electromagnetic-spectrum-and-chinese-military- power/

5. https://apps.dtic.mil/sti/citations/AD1115153

6. https://www.army-technology.com/buyers-guide/electronic-warfare-jamming- systems/

CAPÍTULO 18

QUÍMICA VERDE

Archana Dixit & Rachna Prakash Srivastava
Departamento de Química
Colégio P.G. para Raparigas Dayanand, Kanpur

A química verde (por vezes designada por química sustentável) é o ramo da química que se ocupa da conceção e otimização de processos e produtos com vista a reduzir ou eliminar totalmente a produção e utilização de substâncias tóxicas. A química verde não é o mesmo que a química ambiental. A primeira centra-se no impacto ambiental da química e no desenvolvimento de práticas sustentáveis que respeitem o ambiente (como a redução do consumo de recursos não renováveis e estratégias de controlo da poluição ambiental). A segunda centra-se nos efeitos que certos produtos químicos tóxicos ou perigosos têm no ambiente.

O conceito de química ecológica desenvolveu-se nas comunidades empresarial e reguladora como uma evolução natural das iniciativas de prevenção da poluição. Nos nossos esforços para melhorar a proteção das culturas, os produtos comerciais e os medicamentos, também causámos danos não intencionais ao nosso planeta e aos seres humanos.

Em meados do século XX, alguns dos efeitos negativos a longo prazo destes avanços não podiam ser ignorados. A poluição sufocou muitos dos cursos de água do mundo e a chuva ácida deteriorou a saúde das florestas. Havia buracos mensuráveis no ozono da Terra. Suspeitava-se que alguns produtos químicos de uso comum causavam ou estavam diretamente ligados ao cancro humano e a outros efeitos adversos para a saúde humana e ambiental. Muitos governos começaram a regulamentar a produção e eliminação de resíduos e emissões industriais. Os Estados Unidos criaram a Agência de Proteção do Ambiente (EPA) em 1970, que foi encarregada de proteger a saúde humana e ambiental através da definição e aplicação de regulamentos ambientais.

A química verde leva o mandato da EPA um passo mais além e cria uma nova realidade para a química e a engenharia, pedindo aos químicos e engenheiros que concebam produtos químicos, processos químicos e produtos comerciais de forma a, no mínimo, evitar a criação de tóxicos e resíduos.

A Química Verde não é política. A Química Verde não é uma manobra de relações públicas. A Química Verde não é um sonho impossível.

Somos capazes de desenvolver processos químicos e produtos amigos do ambiente que, em primeiro lugar, evitam a poluição. Através da prática da química verde, podemos criar alternativas às substâncias perigosas. Podemos conceber processos químicos que reduzam os resíduos e a procura de recursos cada vez mais escassos. Podemos empregar processos que utilizam quantidades menores de energia. Podemos fazer tudo isto e ainda manter o crescimento económico e as oportunidades, fornecendo produtos e serviços a preços acessíveis a uma população mundial em crescimento.

Este é um domínio aberto à inovação, a novas ideias e a progressos revolucionários.

Este é o futuro da química. Esta é a química verde.

Definição de Química Verde

A química sustentável e verde, em termos muito simples, é apenas uma forma diferente de pensar sobre como a química e a engenharia química podem ser feitas. Ao longo dos anos, foram propostos diferentes princípios que podem ser utilizados na conceção, desenvolvimento e implementação de produtos e processos químicos. Estes princípios permitem aos cientistas e engenheiros proteger e beneficiar a economia, as pessoas e o planeta, encontrando formas criativas e inovadoras de reduzir os resíduos, conservar a energia e descobrir substitutos para substâncias perigosas.

É importante notar que o âmbito destes princípios da química e engenharia ecológicas vai para além das preocupações com os perigos da toxicidade química e inclui a conservação de energia, a redução de resíduos e considerações sobre o ciclo de vida, tais como a utilização de matérias-primas mais sustentáveis ou renováveis e a conceção para o fim de vida ou a disposição final do produto.

A química verde também pode ser definida através da utilização de métricas. Embora não tenha sido estabelecido um conjunto unificado de métricas, foram propostas muitas formas de quantificar processos e produtos mais ecológicos. Estas métricas incluem as de massa, energia, redução ou eliminação de substâncias perigosas e impactes ambientais do ciclo de vida.

Os doze princípios propostos pelos químicos americanos Paul Anastas e John Warner, no ano de 1998, para lançar as bases da química verde são os seguintes

Prevenção dos resíduos: A prevenção da formação de resíduos é sempre preferível à limpeza dos resíduos depois de gerados.

Economia de átomos: Os processos e métodos sintéticos que são dispositivos através da química verde devem sempre tentar maximizar o consumo e a incorporação de todas as matérias-primas no produto final. Isto deve ser rigorosamente seguido para minimizar os resíduos gerados por qualquer processo.

Evitar a produção de substâncias químicas perigosas: As reacções e os processos que implicam a síntese de certas substâncias tóxicas perigosas para a saúde humana devem ser optimizados de modo a evitar a produção dessas substâncias.

• **A conceção de produtos químicos seguros:** Durante a conceção de produtos químicos que desempenham uma função específica, há que ter o cuidado de tornar o produto químico tão pouco tóxico para os seres humanos e o ambiente quanto possível.

• **Conceção de auxiliares e solventes seguros:** A utilização de produtos auxiliares nos processos deve ser evitada ao máximo. Mesmo nos casos em que seja absolutamente necessário utilizá-los, estes devem ser optimizados para serem o menos perigosos possível.

• **Eficiência energética:** A quantidade de energia consumida pelo processo deve ser minimizada ao máximo possível.

• **Incorporação de matérias-primas renováveis:** A utilização de matérias-primas renováveis e de matérias-primas renováveis deve ser preferida à utilização de matérias-primas não renováveis.

• **Redução da produção de derivados:** A utilização desnecessária de derivados deve ser minimizada, uma vez que estes tendem a exigir a utilização de reagentes e produtos químicos adicionais, resultando na produção de resíduos em excesso.

• **Incorporação da catálise:** A fim de reduzir as necessidades energéticas das reacções químicas no processo, deve ser defendida a utilização de catalisadores químicos e reagentes catalíticos.

•   **Conceber os produtos químicos para a degradação:** Ao conceber um produto químico para servir uma função específica, é necessário ter cuidado durante o processo de conceção para garantir que o produto químico não é um poluente ambiental. Isto pode ser feito garantindo que o produto químico se decompõe em substâncias não tóxicas.

•   **Incorporar a análise em tempo real:** Os processos e as metodologias analíticas devem ser desenvolvidos de forma a poderem oferecer dados em tempo real para a sua monitorização. Isto pode permitir que as partes envolvidas parem ou controlem o processo antes da formação de substâncias tóxicas/perigosas.

•   **Incorporação da química segura para a prevenção de acidentes:** Ao conceber processos químicos, é importante certificar-se de que as substâncias utilizadas nos processos são seguras. Isto pode ajudar a prevenir certos acidentes no local de trabalho, como explosões e incêndios. Além disso, pode ajudar a desenvolver um ambiente mais seguro para o processo.

Exemplos do impacto da química verde

Utilização de solventes ecológicos

Muitas reacções de síntese química que são realizadas à escala industrial requerem grandes quantidades de solventes químicos. Além disso, estes solventes são também utilizados industrialmente para fins de desengorduramento e limpeza. No entanto, sabe-se que muitos dos solventes tradicionais que foram utilizados para esses fins no passado são tóxicos para os seres humanos. Alguns desses solventes são também conhecidos por serem clorados.

O avanço da química verde trouxe muitas alternativas a estes solventes tóxicos. Os solventes verdes que estão a surgir como alternativas são conhecidos por serem derivados de fontes renováveis e também por serem biodegradáveis. Assim, a química verde tem um grande potencial para reduzir a toxicidade de certos ambientes industriais através do desenvolvimento de alternativas mais seguras.

Desenvolvimento de técnicas sintéticas especializadas

O desenvolvimento de técnicas sintéticas especializadas pode otimizar os processos de modo a torná-los mais amigos do ambiente, fazendo-os aderir aos princípios da química verde. Um exemplo importante de uma técnica sintética melhorada é o desenvolvimento da reação de metátese de olefinas no domínio da química orgânica. Esta reação, desenvolvida por Robert Grubbs, Richard Schrock e Yves Chauvin, ganhou o Prémio Nobel da Química em 2005.

Outros desenvolvimentos notáveis trazidos pelos avanços na química verde incluem:

O emprego do dióxido de carbono supercrítico como solvente verde (em alternativa a outros solventes tóxicos).

Incorporar a utilização de hidrogénio em reacções de síntese enantioselectiva (também conhecida como síntese assimétrica).

Incorporação de soluções aquosas de peróxido de hidrogénio (um composto químico com a fórmula H2O2) para conduzir reacções de oxidação relativamente limpas.

Outras aplicações notáveis da química verde incluem a oxidação supercrítica da água (frequentemente abreviada como SCWO), reacções em meio seco (também conhecidas como reacções em estado sólido e reacções com menos solventes) e reacções em água.

Produção de hidrazina

Inicialmente, o método mais popular para a produção de hidrazina (um composto químico inorgânico com a fórmula química N2H4) era o processo Olin Raschig, que envolvia a utilização de amoníaco e hipoclorito de sódio. No entanto, com o desenvolvimento da química verde, foi descoberta uma alternativa mais amiga do ambiente a este processo.

No processo de peróxido para a produção de hidrazina, o amoníaco reage com peróxido de hidrogénio. Neste método alternativo, a água é o único produto secundário. É também de salientar que o processo de peróxido não necessita de solventes de extração auxiliares.

Referências

1   .https://byjus.com/chemistry/what-is-green-chemistry/

2   PY Bruce *Organic Chemistry* (Pearson Education, 4th Ed, Upper Saddle River, NJ, 2004).

3   KC Nicolaou, EJ Sorensen Classics in Total Synthesis (VCH, Nova Iorque, 1996).

4   RW Armstrong, et al., Total synthesis of palytoxin carboxylic acid and palytoxin amide. *JAm Chem Soc* **111**, 7530-7533 (1989).

5   Guzman-Lucero, D.; Guzman, J.; Likhatchev, D.; Martinez-Palou, R. (2005). Síntese assistida por micro-ondas de 4,4 - diaminotrifenilmetanos. Tetrahedron Lett., 46(7), pp. 1119-1122

CAPÍTULO 19

POLUIÇÃO RADIOACTIVA

Shail Kumari
Professor Assistente
Departamento de Química
Colégio P.G. para raparigas Dayanand, Kanpur

Poluição radioactiva

A poluição radioactiva é definida como a poluição física dos organismos vivos e do seu ambiente em resultado da libertação de substâncias radioactivas no ambiente durante explosões nucleares e ensaios de armas nucleares, produção e desmantelamento de armas nucleares, extração de minérios radioactivos, manuseamento e eliminação de resíduos radioactivos e acidentes em centrais nucleares. Os ensaios nucleares são efectuados para determinar a eficácia, o rendimento e a capacidade explosiva das armas nucleares. A proporção de poluição radioactiva é de 15% da energia total da explosão. A poluição radioactiva da água, das fontes de água e do espaço aéreo é o resultado da precipitação radioactiva da nuvem de uma explosão nuclear. Os radionuclídeos são as principais fontes de poluição; emitem partículas beta e raios gama, substâncias radioactivas.

Tipos de poluição radioactiva: Uma preocupação global para os seres humanos

Estes podem ser divididos em três tipos:

Resíduos de baixo nível - Estes incluem os resíduos eliminados em hospitais e indústrias e são materiais radioactivos de curta duração. As fontes de poluição por radiação são emitidas por vários materiais de baixo nível radioativo, como algodão, trapos, papel, ferramentas, etc. Estes resíduos são normalmente queimados aquando da sua eliminação.

Resíduos de muito baixo nível - Incluem os resíduos radioactivos mais fracos. criados durante a demolição de materiais como gesso, tijolo, válvulas, tubos, betão, etc.

Resíduos de nível intermédio - Este tipo de poluição é de nível intermédio, uma vez que são criados por elementos radioactivos de alto nível. Por conseguinte, estes materiais são enterrados aquando da sua eliminação para evitar a contaminação.

Resíduos de alto nível - Estes tipos de resíduos radioactivos de alto nível são emitidos pela queima de urânio no reator nuclear. Estes resíduos produzidos são muito quentes e radioactivos, pelo que necessitam de operações de blindagem e arrefecimento.

O que é a Poluição Radioactiva / Contaminação Radioactiva?

A contaminação radioactiva é definida como a deposição ou introdução de substâncias radioactivas no ambiente, quando a sua presença não é intencional ou os níveis de radioatividade são indesejáveis. Este tipo de poluição é nocivo para a vida devido à emissão de radiações ionizantes. Este tipo de radiação é suficientemente potente para causar danos nos tecidos e no ADN dos genes.

Como é causada a poluição radioactiva?

A radioatividade pode ocorrer de duas formas:

Radioatividade natural

Radioatividade de origem humana

A radioatividade natural, como o nome sugere, ocorre naturalmente no nosso ambiente. Alguns elementos radioactivos, como o urânio e o tório, estão presentes nas rochas e no solo, embora em quantidades vestigiais. Curiosamente, os seres humanos e todos os outros organismos vivos contêm nuclídeos como o carbono-14, que são criados pelos raios cósmicos.

A radioatividade de origem humana é o resultado da descarga de uma arma nuclear ou da rutura da contenção de um reator nuclear. Nestes cenários, todos os organismos vivos nas proximidades do evento nuclear ficarão contaminados por produtos de cisão e restos de combustível nuclear. Esta contaminação pode assumir a forma de poeiras radioactivas ou mesmo de partículas que se encontram em várias superfícies.

Exemplos de poluição radioactiva

Um dos casos mais infames que resultou em poluição radioactiva foi o desastre de Chernobyl. Outros exemplos incluem:

Desastre nuclear de Fukushima Daiichi

Fratura nuclear (após explosões nucleares atmosféricas)

Acidentes críticos

-

Poluição nuclear

A poluição nuclear é por vezes também designada por contaminação radioactiva. É a deposição ou presença de materiais radioactivos em sólidos, líquidos, gases ou superfícies. A sua presença nestes corpos pode ser indesejável ou não intencional. Hoje em dia, porém, é comum referirmo-nos à poluição nuclear como a poluição da atmosfera por radiações ou partículas radioactivas.

Antes de passarmos a compreender a poluição nuclear, vamos dar uma pequena lição de física sobre radioatividade. Alguns elementos da natureza são instáveis no seu estado natural. Por isso, os átomos desses elementos têm um núcleo instável. Para atingir a estabilidade, o núcleo começa a libertar radiação. Chamamos a este fenómeno decaimento radioativo ou radioatividade. Como é que isto se relaciona com a poluição nuclear e a energia nuclear? Bem, obtemos energia nuclear através da radioatividade. Chamamos-lhe energia nuclear porque é a energia libertada pelo núcleo do átomo. Em suma, as partículas em decaimento radioativo fornecem-nos energia nuclear.

O decaimento das partículas radioactivas liberta raios alfa, beta, gama e neutrões livres. Estas partículas são radiações ionizantes. São incrivelmente nocivas para a saúde humana e para o ambiente.

O grau de perigo que estas partículas representam depende da sua concentração na atmosfera, do tipo de radiação que emitem, da energia ou intensidade da radiação e da sua proximidade de animais, plantas e seres humanos. A instabilidade destas partículas afecta séria e gravemente a vida humana, vegetal e animal.

Causas da poluição nuclear

A produção de energia nuclear provoca quase sempre poluição nuclear. É claro que as centrais nucleares tentam limitar o número de contaminantes radioactivos que libertam. No entanto, os materiais radioactivos e os resíduos nucleares continuam a entrar no ambiente.

1. Eliminação de resíduos nucleares

As centrais nucleares utilizam combustível para funcionar. Quando a central não pode continuar a utilizar esse combustível, tem de eliminar o combustível usado. A maioria dos combustíveis nucleares tem uma meia-vida de até quatro mil milhões de anos. Isto significa que a energia pode permanecer radioactiva durante quatro mil milhões de anos!

Quando nós, humanos, descobrimos e começámos a utilizar a energia nuclear, muitos dos resíduos nucleares acabavam nos oceanos. Ainda hoje, continuamos a deitar os nossos resíduos nucleares nos mares. O Oceano Pacífico é um famoso local de descarga de resíduos nucleares para muitos países.

Para além de o despejar nos oceanos, algumas centrais nucleares armazenam o combustível usado em piscinas subterrâneas. O combustível nuclear é quente e precisa de arrefecer antes de poder ser eliminado. No entanto, o armazenamento subterrâneo de resíduos nucleares coloca em risco de contaminação as águas subterrâneas e os terrenos circundantes. Se a área circundante for de cultivo, os materiais radioactivos podem entrar nas culturas e, em última análise, na nossa cadeia alimentar.

2. Acidentes nucleares

Encontramos algumas das áreas mais concentradas de poluição nuclear na região em torno de acidentes em centrais nucleares. A história só testemunhou um punhado de acontecimentos deste género. Mas os efeitos são catastróficos e prevalecem muitos anos após o acidente.

Muitos recordarão o desastre nuclear de Chornobyl, em 1986, como um dos mais infames e devastadores acidentes nucleares. O desastre ocorreu na atual Ucrânia. A falha de um reator nuclear destruiu toda a central nuclear. A Europa Oriental assistiu à poluição atmosférica causada pela libertação de materiais perigosos e radioactivos. Esta situação afectou milhares de pessoas. Muitas pessoas morreram devido à exposição à radioatividade do reator de Chornobyl.

3. Armas nucleares

A Segunda Guerra Mundial assistiu à utilização alargada de armas nucleares pelos países. Todos nos lembramos de quando o nosso professor de história explicou como as cidades japonesas de Hiroshima e Nagasaki foram destruídas por bombas atómicas. Desde a Segunda Guerra Mundial, os países têm-se esforçado por desenvolver armas nucleares em nome da defesa.

Os países testam as suas armas nucleares disparando-as para a atmosfera. A explosão na atmosfera devolve os detritos à Terra sob a forma de radiação. Quando esta radiação se instala na vegetação e nos nossos mares e oceanos, entra na cadeia alimentar.

Os efeitos da poluição nuclear

A radiação da poluição nuclear tem energia suficiente para danificar as células vivas e o seu ADN. As células do nosso corpo são capazes de reparar estes danos. No entanto, se o nosso corpo não conseguir reparar corretamente os danos, as células podem morrer ou, eventualmente, tornar-se cancerosas.

A exposição a níveis extremamente elevados de radiação pode provocar queimaduras na pele e síndroma de radiação aguda (também conhecida como doença da radiação). Níveis elevados de radiação podem também causar efeitos a longo prazo na saúde, como cancro e doenças cardiovasculares.

A exposição a níveis baixos de radiação não provoca efeitos imediatos na saúde. No entanto, contribui de forma pouco significativa para o risco global de cancro.

A exposição a um nível elevado de radiação num curto espaço de tempo provoca sintomas como náuseas e vómitos. Estes sintomas podem surgir poucas horas após a exposição. Mas podem resultar em morte nos dias ou semanas seguintes. É a isto que os cientistas chamam síndroma de radiação aguda ou doença da radiação.

O nível de radiação necessário para desenvolver a síndrome de radiação aguda é equivalente a receber **18.000** raios X do tórax em poucos minutos. A síndrome de radiação aguda é extremamente rara. Os cientistas observam a síndrome principalmente em pessoas expostas a uma explosão nuclear ou na proximidade de uma rutura de uma fonte altamente radioactiva.

Estudos realizados em numerosos sobreviventes de bombas atómicas e trabalhadores da indústria de radiações mostraram que a exposição a radiações aumenta a probabilidade de contrair cancro. Quanto mais elevada for a dose de exposição, maior é o risco de desenvolver cancro.

Medidas de controlo da poluição nuclear

1. Confinamento de resíduos nucleares

A radiação nuclear é uma forma de transferência de calor. Embora a radiação possa ocorrer em quase todas as condições, o calor aumenta a quantidade de radiação. Mais radiação significa um maior risco para a saúde. **Os cientistas descobriram recentemente** que, para além das cinzas libertadas pelas centrais nucleares, até as cinzas de carvão e as cinzas de madeira contêm radiação devido ao seu calor. Por conseguinte, devemos armazenar os resíduos nucleares em locais frescos, longe de uma fonte de calor.

2. Aplicação da lei

Precisamos de leis que protejam a saúde humana e o ambiente das radiações nucleares e radioactivas. As agências federais de cada país devem estabelecer normas e limites de exposição à radiação. Os governos nacionais também devem desenvolver normas para as centrais nucleares. Devem implementar acções rigorosas contra as centrais nucleares que não cumpram os regulamentos ambientais e de saúde.

3. Medidas individuais de prevenção

Devemos testar regularmente a nossa casa para detetar a presença de rádon. Na Internet pode encontrar muitos serviços de consultoria e kits de teste baratos.

Se comprar uma casa nova, certifique-se de que fica longe das fontes primárias de radiação e poluição nuclear.

Referências

1.https://www.vedantu.com/chemistry/effects-of-radioactive-pollution.

2.Environ Health Perspect. 2009 Jan; 117(1): A20-A27.

Missing the Dark: Health Effects of Light Pollution (Saudades da escuridão: efeitos da poluição luminosa na saúde): 10.1289/ehp.117-a20

3.https://www.cdc.gov/nceh/radiation/emergencies/contamination.htm

4.https://www.vedantu.com/chemistry/effects-of-radioactive-pollution

CAPÍTULO 20

IMPACTO DA POLUIÇÃO INDUSTRIAL NO ECOSSISTEMA E SUA RECUPERAÇÃO

Nidhi Gupta
Professor Assistente, Departamento de Botânica,
Colégio de Pós-Graduação para Raparigas Dayanand Kanpur
Correio eletrónico: nidhi.dgc@gmail.com

RESUMO

Em termos mais simples, a poluição industrial é a poluição cuja fonte tem origem na indústria. A revolução industrial trouxe mais fábricas e tecnologias, que agora podem ser responsabilizadas pelo efeito que causaram ao longo dos anos na poluição do ar, da terra e da água no nosso planeta. Esta poluição é uma das piores porque o fumo e outros produtos químicos emitidos pelas indústrias para a atmosfera contribuem muito para a destruição da camada de ozono, o aquecimento global e os problemas de saúde dos animais e dos seres humanos. A poluição radioactiva é causada pela libertação não mitigada de elementos e resíduos radioactivos na terra, na água, no ar ou em organismos vivos próximos. Estes materiais radioactivos libertam então radiações ionizantes que poluem e contaminam o ambiente circundante. A poluição industrial é considerada um fator importante de contaminação do ambiente. Resulta na degradação do ambiente e impõe custos elevados à sociedade, bem como à saúde e segurança humanas. As indústrias têxtil, do cimento, do vidro, do plástico, do açúcar, dos curtumes e do petróleo são as principais indústrias poluentes. Pouca ou nenhuma atenção é dada a esta grave questão da poluição industrial. Não existe uma abordagem sistemática utilizada por muitos sectores industriais para a eliminação e drenagem adequadas dos seus efluentes nocivos.

Palavras-chave : poluição industrial, destruição da camada de ozono, degradação, efluentes.

INTRODUÇÃO :

A poluição cuja fonte provém diretamente da indústria é conhecida como poluição industrial. Após a Revolução Industrial, a produção e a tecnologia avançaram, o que deu origem a mais fábricas e mais indústria. Estas fábricas emitiam fumo para a atmosfera. A poluição industrial é um termo adicional que significa que uma enorme quantidade de resíduos é descarregada de várias categorias de instalações industriais.

As indústrias devem respeitar as limitações e os limites estabelecidos pelo conselho de poluição em cada Estado e não ultrapassar os limites por eles prescritos para evitar litígios indesejados e para melhorar a sociedade em geral, prevenindo a poluição industrial.

Causas da poluição industrial

- Queima de carvão
- Queima de combustíveis fósseis como o petróleo, o gás natural e o petróleo.
- Solventes químicos utilizados na indústria de tinturaria e curtumes.
- Libertação de gases e resíduos líquidos não tratados para o ambiente.
- Tratamento inadequado de resíduos químicos radioactivos.

REVISÃO DA LITERATURA :

O desenvolvimento é um processo multidimensional que implica mudanças qualitativas nas estruturas socioeconómicas e políticas, nas atitudes populares, nas instituições nacionais, bem como na aceleração do crescimento económico, na redução das desigualdades e na erradicação da pobreza. Tem impactos positivos e negativos na sociedade. A criação de indústrias é essencial para acelerar o ritmo do crescimento económico, mas a industrialização aleatória em nome do desenvolvimento afectou a vida e os meios de subsistência das pessoas e deteriorou o ecossistema local[1] . A industrialização trouxe prosperidade económica; além disso, resultou num aumento da população, da urbanização, de uma pressão óbvia sobre os sistemas básicos de vida, ao mesmo tempo que aproximou os impactos ambientais dos limiares de tolerância. O crescimento industrial em expansão e uma massa de terra relativamente baixa, a sustentabilidade ambiental está a tornar-se um fator decisivo importante no processo de desenvolvimento industrial. As provas acumuladas indicam constantemente que a transição das indústrias existentes para uma rede eco-industrial através da aplicação bem sucedida de abordagens ecológicas constitui uma solução viável para preservar os recursos naturais da região, reforçando simultaneamente a economia regional numa base duradoura. Requer um planeamento adequado e um quadro harmoniosamente integrado com o ambiente, após uma avaliação cuidadosa das condições passadas e actuais.[2] Durante muito tempo, o crescimento industrial começou a afetar o ambiente com graves problemas de degradação. Provoca um enorme stress em toda a rede biológica e nos componentes do sistema natural, como a água, o ar, o solo, a biodiversidade, incluindo o ecossistema circundante. Conscientes da gravidade do problema, os impactos da industrialização no ambiente devem ser analisados com mais intensidade e sentimento. Os efluentes industriais contêm muitos nutrientes essenciais ou têm propriedades que podem ser facilmente utilizadas para muitos fins de valor acrescentado com benefícios louváveis para a sociedade e o ambiente. A aplicação de abordagens ecológicas baseadas nas tecnologias 6R (reduzir, reutilizar, reciclar, recuperar, redesenhar, repensar) e nos sistemas de ciclo fechado no quadro integrado da Ecologia Industrial (EI) oferece uma excelente possibilidade de preservar os recursos naturais da região, melhorando simultaneamente a situação económica numa base sustentável. Exige um planeamento estratégico adequado que englobe os aspectos técnicos e os factores ecológicos, socioculturais e económicos que podem afetar o processo de industrialização^ Hoje em dia, a poluição das actividades industriais afecta significativamente todos os componentes do ecossistema. Segundo o seu plano de gestão, a industrialização prejudica a flora, a fauna, a hidrologia e a qualidade do ar do parque.[3] Além disso, a falta de funcionários florestais favorece a apropriação ilícita de terras para a instalação de indústrias no interior da floresta. O solo da floresta é perturbado por actividades de desenvolvimento industrial, tais como infra-estruturas, redes rodoviárias, assentamento de mão de obra, deslocação de trabalhadores, recolha, sistemas de transporte e outras actividades relacionadas na região florestal. O potencial de talhadia das espécies de sal está a diminuir rapidamente devido aos canais de descarga de resíduos industriais. As perturbações humanas influenciam a diversidade, o recrescimento e a dominância das espécies arbóreas depois de terem sido perturbadas.[4] A deposição a longo prazo de efluentes industriais no solo da floresta reduz a produtividade e a fertilidade do solo. No entanto, a industrialização e os seus impactos influenciam negativamente a dinâmica e a diversidade da floresta.[5]

DISCUSSÃO:

A revolução industrial trouxe mais fábricas e tecnologias, que agora podem ser responsabilizadas pelo efeito que causaram ao longo dos anos na poluição do ar, da terra e da água do nosso planeta. Esta poluição é uma das piores porque o fumo e outros produtos químicos emitidos pelas indústrias para a atmosfera contribuem muito para a destruição da camada de ozono, o aquecimento global e os problemas de saúde dos animais e dos seres humanos.[9] O sector industrial deve ser responsabilizado pelas suas responsabilidades na gestão adequada dos efluentes, uma vez que contribui para cerca de 50% da poluição ambiental.[12] A poluição ambiental causada por diferentes tipos de indústrias ocorre de diferentes formas, mas pode normalmente ser considerada como poluentes gasosos e particulados que são descarregados de diferentes indústrias e se tornam parte da atmosfera terrestre. Os poluentes gasosos do ambiente industrial poluído consistem em dióxido de enxofre (SO2), diferentes óxidos de azoto (NOx), ozono (O3), monóxido de carbono (CO), sulfureto de hidrogénio (H2S), fluoreto de hidrogénio (HF) e diversas formas gasosas de metais. Estes contaminantes são libertados por grandes instalações industriais, tais como centrais eléctricas alimentadas a combustíveis fósseis, fundições, caldeiras industriais, refinarias de petróleo e instalações fabris, bem como por diferentes unidades industriais. Trata-se de substâncias tóxicas que causam danos ao equilíbrio ambiental, podem provocar lesões nos organismos vivos, produzir doenças respiratórias e reduzir a visibilidade. Diferentes contaminantes ocorrem como substâncias tóxicas na crosta terrestre ou na biosfera e as actividades antropogénicas, como a exploração mineira, a indústria, a agricultura e outras actividades semelhantes, contribuem para a sua libertação no ambiente, conduzindo à toxicidade. "

A poluição industrial pode também afetar a qualidade do ar e penetrar no solo, causando problemas ambientais generalizados. As actividades industriais são uma das principais fontes de poluição do ar, da água e do solo, provocando doenças e a perda de vidas em todo o mundo.[7] Para além de prejudicarem também a saúde humana, as emissões de poluentes industriais prejudicam as plantas, os animais e os seus habitats, alterando os ciclos de reprodução e a biodiversidade. Os poluentes podem também depositar-se em edifícios e monumentos e corroer infra-estruturas vitais, exigindo reparações dispendiosas.[6] A poluição térmica é causada pela atividade industrial, que introduz calor no ambiente de forma descontrolada, por exemplo: A utilização da água como sistema de arrefecimento: as principais causas desta poluição são as instalações industriais e fabris.[8] A poluição radioactiva é causada pela libertação não mitigada de elementos e residuos radioactivos na terra, na água, no ar ou nos organismos vivos próximos. Estes materiais radioactivos libertam então radiações ionizantes que poluem e contaminam o ambiente circundante.[10]

Existem grandes tipos de poluição industrial:

Poluição atmosférica

Poluição da água Poluição térmica Poluição do solo Poluição radioactiva

Poluição sonora

Avisos emitidos a indústrias por poluição

POLUIÇÃO DO AR

A poluição atmosférica é causada pelas emissões de carbono, gases venenosos e fumos libertados pelas indústrias e pelo seu processamento durante o ciclo de produção. Estes poluentes reduzem e degradam o AIQ (Índice de Qualidade do Ar) da zona, provocando várias doenças respiratórias e infecções em adultos e crianças. Estes gases tóxicos afectam mesmo o clima e as condições meteorológicas da região em que se misturam. Este ar afecta mesmo as culturas e as plantas da região num vasto cenário.

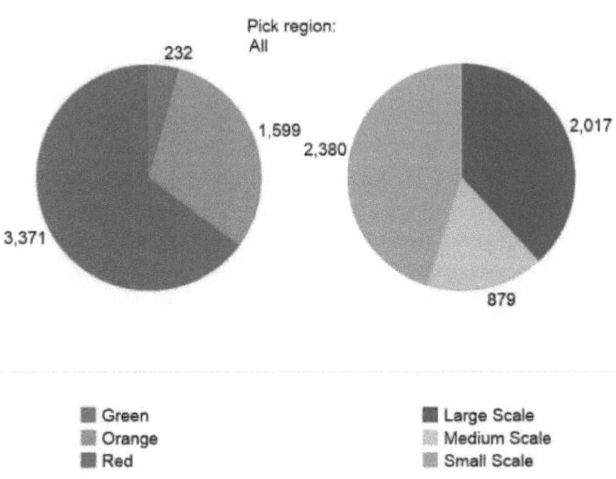

Muitos Estados registaram uma elevada taxa de doenças respiratórias e de incidentes perigosos devido a actividades industriais que provocam a poluição do ar.

Lugares como Deli, Mumbai, Kanpur, Chhattisgarh, Patna e outros estados enfrentam uma séria ameaça de poluição atmosférica devido aos graves efeitos da poluição atmosférica nas suas regiões.

POLUIÇÃO DA ÁGUA

A poluição da água é principalmente o tipo de poluição que provoca a degradação da qualidade da água e a detorção dos seus níveis de qualidade. Os produtos químicos utilizados na indústria de tinturaria e de curtumes são libertados nos rios e lagos, poluindo a água potável e de uso quotidiano local.

Os resíduos não tratados são lançados nos esgotos e drenados para o exterior, misturando-se com a água e tornando-a imprópria para qualquer outro fim, o que leva à contaminação da água e a doenças mortais como a pneumonia e a cólera. A poluição da água não só constitui uma ameaça para os seres humanos, mas também para a vida selvagem e para o solo de diferentes formas, uma vez que estes bebem água de rios e lagos que os infecta intensamente.

A maioria das indústrias necessita de grandes quantidades de água para o seu trabalho. Quando envolvida numa série de processos, a água entra em contacto com metais pesados, produtos químicos nocivos, resíduos radioactivos e até lamas orgânicas.

POLUIÇÃO TÉRMICA

A poluição térmica, por vezes designada por "enriquecimento térmico", é a degradação da qualidade da água por qualquer processo que altere a temperatura ambiente da água. A poluição térmica é a subida ou descida da temperatura de uma massa de água natural causada pela influência humana.

As actividades humanas, tais como a descarga de água quente ou morna de centrais energéticas e de produção, o escoamento da chuva das zonas urbanas, a desflorestação e a libertação de água de reservatórios são as principais causas da poluição térmica. A poluição térmica altera a química da água e prejudica as plantas e os animais, causando stress, doenças e mesmo a morte.

Os organismos aquáticos evoluíram em ambientes relativamente protegidos termicamente, pelo que são geralmente mais sensíveis às flutuações de temperatura do que os seus homólogos terrestres.

As tolerâncias à temperatura entre as espécies de organismos de água doce são muito variáveis, mas todas têm uma gama óptima e limites mínimos e máximos dentro dos quais podem sobreviver.

POLUIÇÃO DO SOLO

A poluição do solo refere-se à contaminação do solo com concentrações anómalas de substâncias tóxicas. Trata-se de uma preocupação ambiental séria, uma vez que encerra muitos riscos para a saúde. Por exemplo, a exposição a um solo com elevadas concentrações de benzeno aumenta o risco de contrair leucemia. A poluição do solo é caracterizada por produtos químicos, sais, compostos venenosos e contaminantes radioactivos que permanecem no solo e têm impactos negativos na saúde animal e no crescimento das plantas. A poluição dos solos pode ocorrer de várias formas.

A poluição do solo e a degradação da fertilidade das terras conduzem a doenças nocivas e afectam a qualidade das culturas em grande escala.

A degradação do nosso solo por contaminantes externos resulta, em grande medida, de práticas agrícolas insustentáveis, da eliminação incorrecta de resíduos (perigosos e não perigosos), da exploração mineira (frequentemente designada por "extração de minerais"), de descargas ilegais e da deposição de lixo. A presença de produtos químicos perigosos no solo, como metais pesados, metais radioactivos, poluentes de nanomateriais e solventes tóxicos.

POLUIÇÃO RADIOACTIVA

A contaminação radioactiva, também designada por poluição radiológica, é a deposição ou a presença de substâncias radioactivas em superfícies ou no interior de sólidos, líquidos ou gases, quando a sua presença não é intencional ou é indesejável. A poluição radioactiva é definida como uma forma de poluição física e nuclear dos organismos vivos e do ambiente (hidrosfera, litosfera e atmosfera) resultante da exposição à libertação de radiações ionizantes de elementos radioactivos como o urânio.

As causas da poluição radioactiva devem-se principalmente a:

- · Acidentes nucleares em centrais de produção de energia nuclear.
- · A utilização de armas nucleares como armas de destruição maciça (WMD).
- - Utilização de radioisótopos.
- - Exploração mineira.
- - Derrame de produtos químicos radioactivos.
- - Testes de radiação.
- - Raios cósmicos e outras fontes naturais

Os compostos radioactivos são muito nocivos porque demoram vários anos a decompor-se naturalmente. A exposição a estes resíduos provoca mutações que têm um efeito destrutivo na saúde e no ambiente. Desenvolvimento de doenças devido à exposição à poluição radioactiva. A doença mais comum que surge em pessoas que foram expostas à poluição radioactiva é o cancro. Outras doenças perigosas que podem ser provocadas pela exposição a resíduos radioactivos incluem anemia, leucemia, hemorragias e doenças cardiovasculares.

Certos elementos com núcleos instáveis podem, em determinadas condições, formar elementos totalmente novos, libertando radiação electromagnética e partículas subatómicas como subprodutos do processo. Estes subprodutos são conhecidos como radiação ionizante e incluem:

- Partículas alfa - dois protões e dois neutrões ligados num núcleo semelhante ao hélio
- Partículas beta - electrões ou posições altamente energizadas.
- Radiação gama - energia electromagnética de alta frequência.

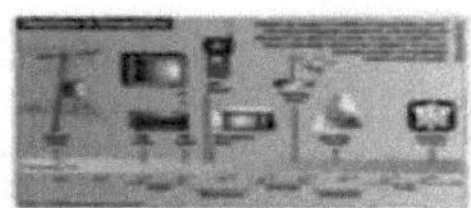

Imagem do slideshare.com poluição radioactiva com estudo de caso por rithik biswas Feb 12, 2015

POLUIÇÃO SONORA

A poluição sonora, ou poluição do som, é a propagação do ruído ou do som com impactos variados na atividade da vida humana ou animal, a maioria dos quais é prejudicial em certa medida. A fonte de ruído exterior em todo o mundo é principalmente causada por máquinas, transportes e sistemas de propagação. A poluição sonora é considerada como qualquer som indesejado ou perturbador que afecta a saúde e o bem-estar dos seres humanos e de outros organismos. O som é medido em decibéis.

Existem muitos sons no ambiente, desde o farfalhar das folhas (20 a 30 decibéis) até ao estrondo de um trovão (120 decibéis) e ao toque de uma sirene (120 a 140 decibéis). Os sons que atingem 85 decibéis ou mais podem prejudicar os ouvidos de uma pessoa. As fontes de som que excedem este limiar incluem coisas familiares, como cortadores de relva potentes (90 decibéis), comboios de metro (90 a 115 decibéis) e concertos de rock ruidosos (110 a 120 decibéis).

α) Ruído industrial

a) Industrial Noise

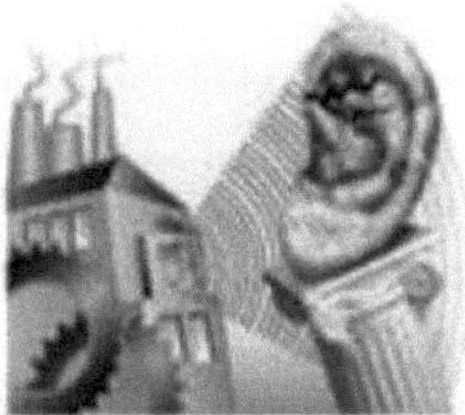

A poluição sonora afecta diariamente milhões de pessoas. O problema de saúde mais comum que provoca é a perda de audição induzida pelo ruído (PAIR). A exposição a ruídos fortes pode também provocar tensão arterial elevada, doenças cardíacas, perturbações do sono e stress. Estes problemas de saúde podem afetar todos os grupos etários, especialmente as crianças.

Verificou-se que muitas crianças que vivem perto de aeroportos ou ruas ruidosas sofrem de stress e de outros problemas, tais como perturbações da memória, do nível de atenção e da capacidade de leitura. Poluição sonora, som indesejado ou excessivo que pode ter efeitos deletérios na saúde humana, na vida selvagem e na qualidade ambiental. Para além de prejudicar também a saúde humana, as emissões de poluentes industriais prejudicam as plantas, os animais e os seus habitats, alterando os ciclos de reprodução e a biodiversidade. Os poluentes podem também depositar-se em edifícios e monumentos e corroer infra-estruturas vitais, exigindo reparações dispendiosas.[6]

Para prevenir a poluição industrial, é importante incorporar uma variedade de serviços:

- Caracterização de resíduos e amostragem.
- Gestão de resíduos perigosos.
- Manifestação e caraterização de resíduos.
- Medidas provisórias e reparação de sítios.
- Descontaminação de equipamentos e instalações.
- Planeamento da minimização de resíduos.
- Construir fábricas no sítio certo.

- Alimentar as fábricas com energias renováveis.
- Análise dos resíduos de fábrica.
- Tratamento correto dos resíduos da fábrica.
- As fábricas devem efetuar avaliações de impacto ambiental.
- A legislação e a aplicação da lei podem ajudar a evitar o desperdício nas fábricas.
- Energia verde e sua utilização.
- Reciclagem de materiais residuais.
- Instalações que tratam internamente os resíduos de água.

As vantagens da prevenção da poluição industrial são as seguintes

7 Estratégias para prevenir a poluição por resíduos industriais

A prevenção da poluição utiliza várias ferramentas, técnicas e procedimentos para reduzir a acumulação de resíduos perigosos, desde a agricultura à tecnologia e às indústrias da saúde. As organizações podem implementar as sete estratégias seguintes para um sistema de gestão de resíduos industriais que ultrapasse as normas federais de conformidade para a prevenção da poluição.

- **Auditar os fluxos de resíduos**

A caraterização dos resíduos consiste essencialmente numa auditoria aos resíduos para determinar o tipo de resíduos de uma organização e a sua taxa de acumulação. A realização de uma caraterização de resíduos ajuda os gestores a planear a redução da poluição e as iniciativas de reciclagem.

Por exemplo, o lixo eletrónico, também conhecido como e-waste, causa estragos nos recursos naturais. As indústrias podem implementar um programa de recolha de reciclagem em resposta, incentivando o pessoal a doar tecnologia usada de que já não necessitam a um parceiro sem fins lucrativos.

- **Rever e atualizar os actuais procedimentos de gestão de resíduos**

Os gestores das instalações devem rever a sua atual estratégia de gestão de resíduos para atualizar ou conceber um plano de ação adequado. Repensar as práticas de gestão actuais é essencial para descobrir onde são mais necessárias melhorias. As revisões podem abordar os objectivos de redução na fonte e as violações de conformidade. Além disso, os novos procedimentos podem oferecer instruções para a segregação correcta dos resíduos e uma melhor forma de medir o progresso para futuras avaliações de risco e esforços de remediação. Garantir que todos os trabalhadores recebem formação sobre o plano estratégico e as tecnologias mais recentes pode melhorar a prevenção da poluição industrial de uma organização.

- **Melhorar a gestão dos resíduos perigosos**

A prevenção da poluição na gestão de resíduos industriais é vital para evitar a exposição a resíduos perigosos. Quando os poluentes tóxicos e os compostos inorgânicos contaminam as águas subterrâneas, os efeitos sobre as pessoas e os ecossistemas são terríveis e a reparação é dispendiosa. Os resíduos perigosos são muitas vezes não biodegradáveis e quanto mais tempo não são geridos, mais prejudiciais se tornam.

Por conseguinte, os gestores das instalações têm de racionalizar a sua manifestação de resíduos para garantir um transporte mais seguro e a conformidade.

- **Integrar as tecnologias de gestão de resíduos**

Os avanços tecnológicos estão a melhorar a forma como as organizações ajustam os seus sistemas de gestão de resíduos industriais. Também fornecem soluções optimizadas para a prevenção da poluição. O controlo da poluição atual inclui materiais de alta tecnologia que optimizam o desempenho e a precisão para uma melhor garantia da qualidade do ar em ambientes industriais.

Outras tecnologias recorrem a soluções de inteligência artificial (IA) para reciclagem e triagem. Por exemplo, a triagem de resíduos com IA permite uma separação mais rápida dos materiais num período de tempo mais curto. Estas tecnologias ajudam a reduzir o erro humano, promovem a segurança no local de trabalho e revelam-se mais económicas para as instalações.

Definir medidas para a reabilitação do sítio

Nalguns casos, é necessária uma reparação para limpar a descarga industrial. As indústrias têm um longo historial de contaminação do ambiente, o que levou à aprovação da Comprehensive Environmental Response and Liability Act de 1980.

A lei responsabiliza os poluidores industriais pela limpeza dos resíduos e pela reparação dos locais causados pela organização. Normalmente, estas áreas contaminadas são "Superfund Sites" e existem perto de fábricas de processamento, minas abandonadas e aterros onde os resíduos foram indevidamente eliminados ou mal geridos.

Os gestores das instalações devem integrar medidas robustas de remediação do local nos seus planos de gestão de resíduos industriais para remover eficazmente os resíduos perigosos da sua organização do ambiente. Isto pode implicar regulamentos intermédios e tratamentos contínuos de solos ou águas contaminados para proteger os seres humanos e a vida selvagem.

CONCLUSÃO

O ritmo crescente das indústrias, a globalização e a fase de desenvolvimento da nossa economia conduziram a uma grande quantidade de poluição industrial em todo o mundo, o que levou à degradação das condições ambientais e a alterações climáticas em todo o globo. A poluição industrial é considerada um fator importante de contaminação do ambiente. Resulta na degradação do ambiente e impõe custos elevados à sociedade, bem como à saúde e segurança humanas. Os têxteis, o cimento, o vidro, o plástico, o açúcar, os curtumes e o petróleo são as principais indústrias poluentes. As causas da poluição industrial são principalmente a poluição atmosférica, a poluição da água, a poluição química, a poluição do solo, a poluição sonora e a poluição radioactiva. Estes poluentes têm vindo a degradar a atmosfera e a prejudicar a vida selvagem, os seres humanos, a terra e até o ecossistema. Para evitar os efeitos nocivos da poluição industrial na vida humana e no ecossistema, os métodos que se revelaram eficazes são o índice de poluição industrial, as empresas que seguem as orientações em matéria de ambiente, o índice de sustentabilidade e os objectivos a seguir pelas indústrias, a criação de códigos e regulamentos com pesadas penalizações para as indústrias que não seguem esses regulamentos.

Medidas rigorosas ajudarão o ambiente e mostrarão mudanças e corrigirão o fenómeno social que tem sido afetado pelas indústrias ao longo dos anos.

A seleção de alternativas ecológicas em detrimento das normais e a utilização de métodos sustentáveis de produção e de processos de fabrico em substituição dos anteriores visam um ecossistema saudável e rentável.

REFERÊNCIAS:

1. Annesha Mech& Parinita Hazarika(2018)ADMAA. Um estudo sobre o impacto dos efluentes industriais no ecossistema local e a vontade de pagar pela sua restauração. Amity Journal of Economics 3(1),61-74.
2. Singh, Ganga prasad&Kar, Abhijit. Um estudo sobre o impacto dos efluentes industriais no ambiente no distrito de Hazaribagh. Revista

internacional de publicações de investigação Reviews vol(2) IsIssue(8),pg 757-766.

3. Nasima Akhtar Roshni et. al .(2022) Impacto da industrialização na composição de espécies vegetais, diversidade e estrutura da população de árvores na floresta tropical húmida decídua no Bangladesh. Revista Internacional de Investigação Florestal.

4. M. J. Lawes, R. Joubert, M. E. Griffiths, S. Boudreau, and C. A. Chapman,(2007) "The effect of the spatial scale of recruitment on tree diversity in afromontane forest fragments," *Biological Conservation*, vol. 139, no. 3-4, pp. 447-456

5. R. Eshaghi, V. Gelare, S. Osman e M. Hosein, (2018) "Efeitos da perturbação antropogénica na composição vegetal, diversidade vegetal e propriedades do solo em florestas de carvalho, Irão", *Journal of Forest Science*, vol. 64, n.º 8, pp. 358-370.

6. https://wwweea.europa.eu > Indústria-Agência Europeia do Ambiente

7. https://www.longdon.org>scolar

8. Science direct.com K.deodds (2020) Poluição térmica - Uma visão geral

9. Ghosh,Arindam Causa, efeitos e solução para a poluição industrial no ambiente

10. Study.com(2023) - Poluição radioactiva - causas e efeitos.

11. Muhammad Kabir et, al. (2020) Industrial pollution and its impact on ecos ystem : A Review. Bioscience Research, 17(2): 1364 - 1372

12. Shah,S.N. & et, al .(2021) Impact of industrial pollution on our society. Pakistan Journal of science vol.73 No. 1 pg 222- 229

A Dra. Archana Dixit é Professora Assistente no Departamento de Química do DGPG College Kanpur. Tem mais de 30 publicações em revistas internacionais e nacionais. É membro de 6 conselhos editoriais e editou mais de 20 livros.

O Prof. Devendra Awasthi é Professor e Diretor do Departamento de Química no Sri J.N.P.G College, Lucknow, com uma experiência de ensino elaborada de mais de 30 anos. Tem mais de 150 publicações em revistas internacionais e nacionais. É membro de vários conselhos editoriais e editou mais de 30 livros.

A Prof. Rachna Srivastava é Professora e Directora do Departamento de Química no Dayanand Girls P.G.College, Kanpur, tendo uma experiência de ensino elaborada de mais de 33 anos. Tem mais de 40 publicações em revistas internacionais e nacionais. É membro de vários conselhos editoriais e editou mais de 25 livros.

Printed by Books on Demand GmbH, Norderstedt / Germany